高性能计算技术丛书

Data Processing Unit
Introduction to DPU Programming

数据处理器
DPU编程入门

NVIDIA 技术服务（北京）有限公司　◎著

机械工业出版社
CHINA MACHINE PRESS

图书在版编目（CIP）数据

数据处理器：DPU 编程入门 /NVIDIA 技术服务（北京）有限公司著 . —北京：机械工业出版社，2023.6（2023.12 重印）
（高性能计算技术丛书）
ISBN 978-7-111-73115-3

Ⅰ. ①数…　Ⅱ. ① N…　Ⅲ. ①程序语言 – 程序设计　Ⅳ. ① TP312

中国国家版本馆 CIP 数据核字（2023）第 077414 号

机械工业出版社（北京市百万庄大街22号　邮政编码：100037）
策划编辑：刘　锋　　　　　　责任编辑：刘　锋
责任校对：韩佳欣　王明欣　　责任印制：李　昂
北京捷迅佳彩印刷有限公司印刷
2023 年 12 月第 1 版第 3 次印刷
186mm×240mm・14.25 印张・259 千字
标准书号：ISBN 978-7-111-73115-3
定价：99.00元

电话服务　　　　　　　　　　网络服务
客服电话：010-88361066　　　机 工 官 网：www.cmpbook.com
　　　　　010-88379833　　　机 工 官 博：weibo.com/cmp1952
　　　　　010-68326294　　　金 书 网：www.golden-book.com
封底无防伪标均为盗版　　　机工教育服务网：www.cmpedu.com

Data Processing Unit

Introduction to DPU Programming

编委会名单

（按姓氏笔画排序）

序

随着云计算的蓬勃发展，越来越多的企业和组织选择将业务迁移到云端，以获得更加稳定和安全的服务，同时大幅降低 IT 运维的成本。云计算带来了大量的数据流量和计算负载，这给数据中心的网络基础设施和数据处理能力带来了很大的挑战。另外，随着深度学习技术的成熟、GPU 算力的提升以及大量训练数据的获取，人工智能（AI）类应用得到了蓬勃发展。AI 类工作负载在数据中心中的计算占比也在显著上升，这对数据中心的数据处理能力提出了更高的要求。DPU（Data Processing Unit）的出现正好能满足这些需求。

DPU 是一种相对较新的芯片类型，伴随着云计算和人工智能的快速发展应运而生。它的出现改变了数据中心的运行方式，使得数据中心的网络基础设施变得更加智能、高效和安全。NVIDIA BlueField DPU 可以与 CPU 和 GPU 等处理芯片以及其他设备协同工作，紧密配合，实现数据处理任务在多个芯片之间的优化、分配和协调，进一步释放 CPU 的处理能力，最小化延迟，从而提高数据中心集群的整体数据处理性能。另外，NVIDIA BlueField DPU 还能够让 IT 人员更有效地管理、监控和维护数据中心，从而简化数据中心运营流程，同时提供先进、强大的安全功能，助力保护数据安全和隐私。在数据中心中，DPU 扮演着越来越重要的角色。

NVIDIA DOCA 是加速 NVIDIA BlueField DPU 应用程序开发的软件框架。DOCA 之于 BlueField DPU，就好比 CUDA 之于 NVIDIA GPU。DOCA 提供了一系列的工具、服务、API 和开发库，支持面向网络数据包处理的硬件卸载和加速、面向存储的开发套件及 SNAP 服务、面向安全加速的工具及开发库，以及面向虚拟化的设备模拟等。NVIDIA

DOCA 为基于 NVIDIA BlueField DPU 进行开发的开发者提供了广泛、深入的应用程序开发支持，极大地简化了开发流程。NVIDIA DOCA 的出现使得面向数据中心网络基础设施的编程变得更加高效、简单和灵活。

本书是为使用 NVIDIA BlueField DPU 和 NVIDIA DOCA 的开发人员和数据科学家提供的实用指南。除了必要的概念和背景介绍，本书还结合很多 DPU 实际落地场景给出了翔实的操作教程。无论你是资深开发人员，还是刚开始接触 NVIDIA BlueField DPU 的应用程序开发者，都能从本书中找到所需的必要知识。通过阅读本书，你会更深刻地理解 NVIDIA BlueField DPU 和 NVIDIA DOCA，以及如何利用与它们相关的强大的软硬件技术来构建云和 AI 应用所需的数据中心网络基础设施。

赖俊杰

NVIDIA 中国区工程和解决方案高级总监

Data Processing Unit

Introduction to DPU Programming

在线资源

本书使用并提供了大量的在线资源。推荐关注如下在线资源，以便查阅本书中所提及的与 NVIDIA BlueField DPU 和 NVIDIA DOCA 相关的技术更新和突破性进展。

- BlueField DPU 产品主页：nvidia.cn/dpubook-1
- BlueField DPU 用户手册：nvidia.cn/dpubook-2
- BlueField DPU 软件手册：nvidia.cn/dpubook-3
- DOCA 开发者主页：nvidia.cn/dpubook-4
- DOCA SDK 文档：nvidia.cn/dpubook-5
- "使用 DOCA 开发 DPU 应用入门"免费课程：nvidia.cn/dpubook-6
- "DOCA 入门：开发 DPU 应用工作流"免费课程：nvidia.cn/dpubook-7

Data Processing Unit
Introduction to DPU Programming

致　谢

　　本书在题目选择、大纲编撰、内容编写及定稿审校过程中，获得了多位同事提供的资源支持，在此向他们对出版此书所做出的无私贡献表示衷心的感谢，并向在定稿审校过程中提供审阅和建议的人员表示感谢！同时，也在此感谢 NVIDIA 中国区工程和解决方案高级总监赖俊杰先生为本书作序，感谢 NVIDIA 全球副总裁刘念宁女士对本书创作的支持与指导！

Data Processing Unit
Introduction to DPU Programming

目　录

03 第3章 NVIDIA BlueField DPU 的安装和使用   30

第三部分　NVIDIA DOCA 概述及开发体验

06
第6章

第五部分　生态体系与网络平台

第 9 章

01

第一部分

DPU的技术发展背景

Data Processing Unit

Introduction to DPU Programming

01

第 1 章

现代数据中心基础设施变革

如今，人工智能正在呈爆发式发展，成为我们这个时代最大的技术驱动力量之一。未来可能所有的应用程序和业务都将人工智能化，企业会更广泛、更深入地应用人工智能，以更具洞察力和效率的方式来开展业务并实现增长。

随着人工智能、数据科学、虚拟仿真等数据流量负载呈指数级增长，**数据处理器**（Data Processing Unit，DPU）应运而生。DPU 可以让你轻松构建一个软件定义、硬件加速的数据中心，并提供安全且经过加速的数据中心基础设施服务。

本章将以现代数据中心基础设施变革为切入点，深入探讨如何利用 DPU 来解决现代数据中心面临的全新挑战。

1.1 现代数据中心面临的全新挑战

在探究现代数据中心面临的全新挑战之前，让我们先一起回顾一下数据中心发展的五个阶段，并展望一下未来数据中心的演进方向，如图 1-1 所示。

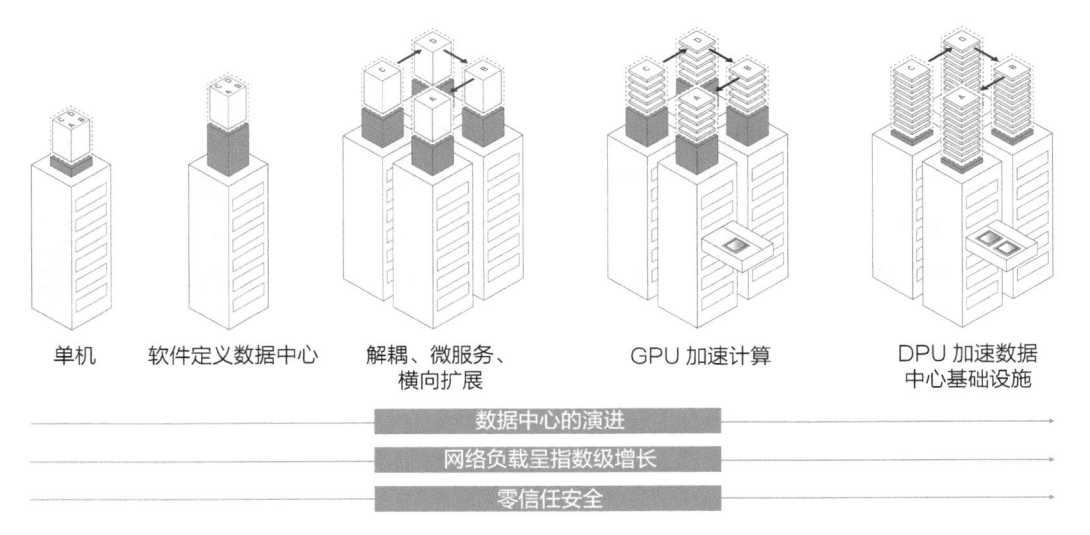

图 1-1　数据中心的发展历程

（引用来源：NVIDIA 演示文稿）

在第一阶段，数据中心最初被设计用来从物理上分隔传统计算单元（如服务器）、计算单元所用的存储，以及连接计算单元和用户的网络。单一业务应用程序运行在单台服务器之上，独占服务器的硬件资源。数据中心的计算能力被用于特定的服务器功能，例如 Web 服务器、数据库服务器或者其他被广泛使用的服务器功能。这些特定功能通常在企业组织中数千个或更多的桌面客户端上运行，由数据中心提供服务，并实现了数据中心的集中管理和资源共享。

在第二阶段，随着数据中心服务器虚拟化的发展，通过在服务器 CPU 上运行网络、存储、安全软件来实现资源池化，从而构建了软件定义数据中心，数据中心的计算能力具有了弹性。虽然软件定义数据中心让运行业务应用程序变得更加灵活，可以根据需求移动或动态地扩展计算、存储或网络资源，也更便于管理，但是，这是以增加服务器 CPU 负载为代价的，而这些服务器 CPU 计算能力本应该用于运行业务应用程序。

在第三阶段，数据中心运行的业务应用程序由许多较小的、松散耦合的、可独立部署的组件或服务组成。微服务是一种云原生软件架构，每个微服务运行在其独立的进程中，通过各自的栈实现单一的业务功能，服务与服务间采用轻量级的机制相互通信。随着微服务在数据中心的大量部署，数据中心规模持续横向扩展，且东西向数据流量呈指数级增长，而多租户数据中心更容易被这些微服务产生的东西向流量所淹没。

在第四阶段，随着计算密集型的深度学习应用的出现，人工智能领域成为数据中心演进的前沿。人工智能、数据科学、虚拟仿真等领域的业务应用程序带来了大量的并行计算负载，GPU 加速计算解决了相关业务应用程序的算力挑战，但对服务器的数据吞吐量产生了更大需求，因为 GPU 能处理比 CPU 多得多的数据。随着人工智能与所有应用程序及业务的深度融合，CPU 已经无法独自支撑数据中心基础设施工作负载。

在第五阶段，随着基础设施成为数据中心最大的工作负载之一，网络工作负载迅猛增长，网络、存储、安全、虚拟化、容器等数据中心基础设施的操作成为数据中心的瓶颈。而 DPU 作为一类新型处理器，可用于提升数据中心基础设施的处理能力，旨在为云计算、核心数据中心和边缘计算等应用场景提供软件定义、硬件加速的数据中心基础设施。这为解决数据中心瓶颈提供了一个很好的解决方案。

从上述数据中心的发展历程来看，我们不难发现现代数据中心所面临的诸多挑战和瓶颈：

- 基础设施规模持续扩大，大规模部署基于容器的微服务，全球 85% 的流量都是东西向的；
- 大部分数据中心基础设施是软件定义的，基础设施工作负载占用 30% 的 CPU 资源；
- 多租户环境打破了软件定义的边界和基于边界的安全性；
- 维护数据隐私的成本高昂，需要对基础设施进行大量投资。

未来，整个数据中心也不再只是基于 CPU，还会引入用于加速计算的 GPU 和用于加速数据处理的 DPU。CPU 负责通用计算，承担业务应用程序工作负载；GPU 负责加速计算，承担人工智能和机器学习工作负载；DPU 负责软件定义、硬件加速基础设施，承担数据密集型工作负载的加速。

如图 1-2 所示，把数据中心基础设施操作从 CPU 卸载到 DPU，可以让 CPU 和 GPU 的计算资源集中到应用程序和业务负载上。DPU 可以让数据中心基础设施操作独立于 CPU 和 GPU，是实现软件定义、硬件加速数据中心基础设施的利器。以统一的数据中心架构作为单元进行管理，适应从小规模到大规模、从云到边缘的部署，也是数据中心演变的大趋势。

在以数据为中心的加速计算模型中，DPU 将成为计算的支柱之一。它会释放宝贵的 CPU 资源来执行其擅长的业务应用程序处理，而不再处理数据中心基础设施任务。此任务会转由 DPU 来解决，从而提升数据中心基础设施的效率。基于其特殊的架构，DPU 成为一个芯片级的数据中心，可以为云、数据中心或边缘计算等环境中的各种工作负载提供安全加速的基础设施，从而解决数据中心基础设施所面临的挑战和瓶颈问题。

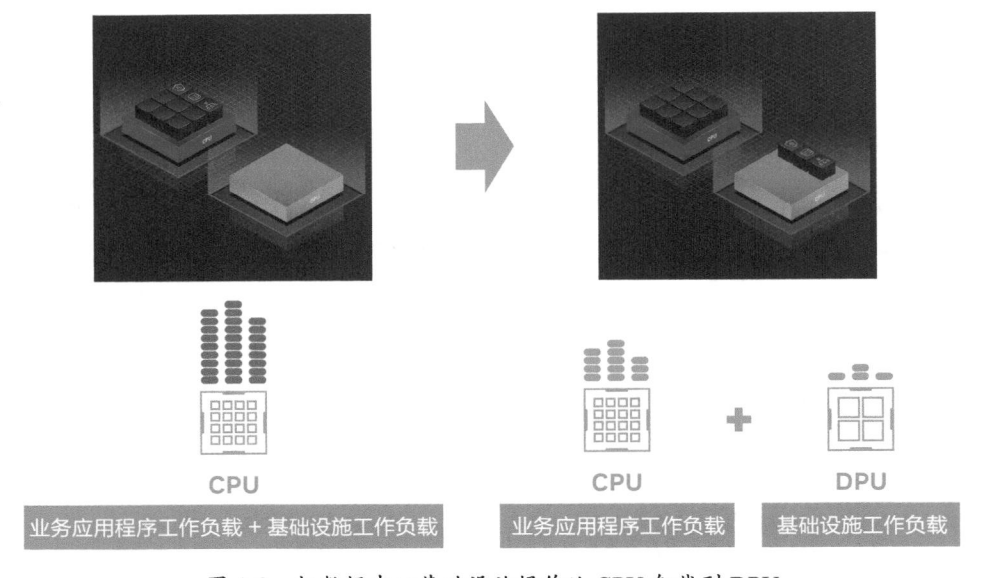

图 1-2 把数据中心基础设施操作从 CPU 卸载到 DPU

  DPU 与 GPU 和 CPU 构成了现代数据中心的三大支柱，形成了新一代数据中心架构。这种"3U"一体的新数据中心架构是计算的未来，数据中心成为我们新的计算单元，如图 1-3 所示。DPU 作为现代数据中心的三大支柱之一，实现了软件定义、硬件加速的数据中心基础设施，且极具灵活性、扩展性、可编程性，支持极致的性能，拥有极高的安全性和强大的功能。

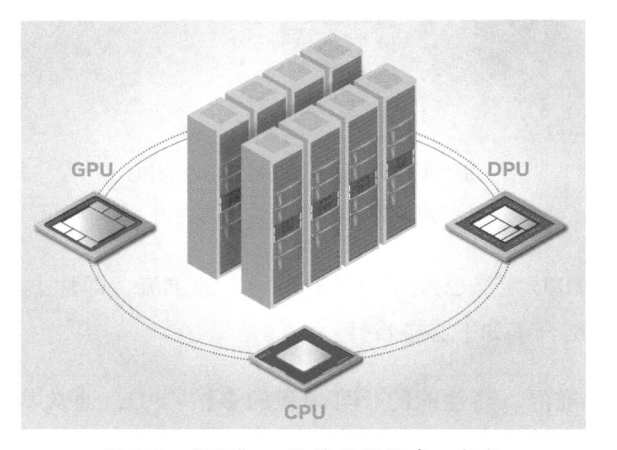

图 1-3 "3U"一体的新数据中心架构

（引用来源：NVIDIA 网页页面）

1.2 DPU 的提出与演进

1.2.1 DPU 定义的提出

在 2020 年 10 月举办的 NVIDIA GTC 秋季大会上，NVIDIA 首席执行官黄仁勋在主题演讲中首次官方推出了一种可大规模商用的新型处理器——数据处理器（Data Processing Unit，DPU）。它是继 CPU、GPU 之后的"第三颗主力芯片"。与此同时，NVIDIA 还发布了首款专注于数据处理的新型处理器产品 NVIDIA BlueField-2 DPU（如图 1-4 所示）和全新 NVIDIA DOCA（Data center infrastructure On a Chip Architecture）软件框架，从而开启了 DPU 元年。

图 1-4 NVIDIA BlueField-2 DPU

（引用来源：NVIDIA 产品图片）

NVIDIA 推出的 DPU 定义已经成为目前市场上的主流，即片上数据中心基础设施的通用处理器芯片。它结合了如下必备特性：

- 集成了行业标准的、高性能的、可编程的多核 CPU，通常基于广泛应用的 ARM 架构，可与其他的片上系统芯片（System on Chip，SoC）组件密切配合，具有完整的系统体系；

- 高性能网络端口，能够以线速的性能解析和处理数据，并将数据高效地传输给 GPU 和 CPU；
- 各种灵活的、可编程的加速引擎，可以卸载人工智能、机器学习、网络安全、电信和存储等应用，并大幅提升性能；
- 具备开放的持续集成功能，未来可以支持更多功能集成，为特定应用场景提供更适用的数据中心架构整合；
- 提供与 DPU 相配的全面、开放的软件框架，提供统一的、行业标准的编程开发接口，让用户可以获得一致的开发体验，无须关注 DPU 的底层硬件接口即可直接对硬件进行简单、灵活的编程，并更好地向下平滑兼容持续演进的新一代 DPU；
- 实现以数据为中心的业务应用与基础设施服务的解耦，提供非凡的数据中心性能、效率和安全性，对实现安全、裸金属、云原生的下一代大规模计算起到至关重要的作用。

1.2.2 DPU 演进的核心驱动力

DPU 概念一经发布，便掀起了一波行业投资和人才争抢的热潮，吸引了众多厂商纷纷布局。DPU 是数据驱动的体系结构设计，面向更底层的基础设施应用与服务，可有效解决数据中心基础设施所面临的挑战与瓶颈问题，也就是将 CPU 不擅长处理且处理效率低下、GPU 又处理不了的数据中心基础设施工作负载卸载到 DPU，从而提升整个计算系统的效率、性能和安全性，降低数据中心整体的投资成本和运营成本。DPU 的出现是体系结构专用化发展的一个重要标志，虽然还处于早期发展阶段，但是它已经进入持续快速发展的快车道。

随着数据中心算力和网络带宽需求的激增，计算能力和网络能力成为数据中心基础设施相辅相成的两个重要发展方向。取得网络带宽与算力需求的平衡，是打破数据中心整体性能受限、满足算力需求的最佳路径。NVIDIA 提出 DPU 的概念，就是要应对数据量和复杂度的指数级增长，将算力移至数据所在的位置，这是目前业内公认的以数据为中心的体系结构创新。而摩尔定律（集成电路上可容纳的晶体管数目，每隔 18 ~ 24 个月便会增加一倍）的放缓与全球数据量的爆发是这项创新的核心驱动力之一。摩尔定律的放缓与全球数据量的爆发正在迅速激化 CPU 性能增长与算力需求增长之间的矛盾。摩尔定律放缓使得 CPU 性能增长的边际成本快速上升。数据表明，近几年 CPU 性能的复合年增长率仅有 3% 左右，而对计算能力的需求却是呈爆发性增长的，这驱动了 DPU 的发展。

《IDC：2025 年中国将拥有全球最大的数据圈》白皮书指出，全球数据圈（每年被创建、采集或复制的数据集合）将从 2018 年的 33ZB 增至 2025 年的 175ZB，增长 5 倍以上，而中国数据圈也将从 2018 年的 7.6ZB 增至 2025 年的 48.6ZB，年均增速 30%，从全球占比 23.4% 迅速扩大到 27.8%，届时中国将成为全球最大的数据圈。另据 IDC 统计，全球算力需求每 3.5 个月就会翻一倍。由此可见，数据量和算力需求的增长速度远远超过了 CPU 性能的增长速度，CPU 作为支撑算力的基础，在性能提升上越发乏力。

从网络带宽与 CPU 性能的发展趋势来看，网络带宽在近年已经达到 400Gbit/s，其复合年均增长率已达到 45%，而 CPU 性能的同期复合年均增长率却只有 3% 左右，致使网络带宽的增速与 CPU 性能的增速出现了严重的失衡。当网络带宽与 CPU 性能增速较为平衡时，网络带宽增长带给 CPU 的算力需求压力并不凸显。但是，随着网络带宽与 CPU 性能之间增速失衡，CPU 已经无法应对网络带宽的增长带来的算力需求增长，也更无多余的算力资源用于数据中心基础设施工作负载。在应用场景多样化带来数据量激增的大背景下，多元算力需求不断拉升。对数据中心来说，DPU 能够通过更明细的分工来有效分担 CPU 的算力压力，能突破算力增长的瓶颈，有效提升数据中心基础设施的效率，激发出数据中心整体系统性能和算力的潜力，从而令数据中心实现整体系统成本的最优化。

另一个使 DPU 成为以数据为中心的体系结构创新的核心驱动力就是异构计算技术。由于异构计算技术的蓬勃发展，DPU 市场仍处于蓝海，呈现出方兴未艾和百家争鸣的格局。当有众多厂商纷纷入局 DPU 产业并布局 DPU 市场时，由于各厂商定义略有不同，DPU 的体系结构也出现了多种核心处理器架构的不同技术路线，如表 1-1 所示。

表 1-1　DPU 厂商及核心处理器架构

国内外厂商	核心处理器	代表产品
NVIDIA	ARM SoC	BlueField DPU
Intel	FPGA+x86 SoC 、FPGA+ARM SoC	IPU
AMD（Xilinx、Pensando）	FPGA、SoC	Alveo、Capri 和 Elba
Marvell	ARM SoC	OCTEON 10 DPU
Broadcom	ARM SoC	Stingray
Fungible	NP-SoC	F1

（续）

国内外厂商	核心处理器	代表产品
AWS	SoC	Nitro 系统
Microsoft Azure	GP-SoC	Catapult v3
Silicom	FPGA	N5010、N5110A 等
阿里云	FPGA+Intel CPU	神龙架构 CIPU
百度智能云	FPGA+Intel CPU	太行 DPU
大禹智芯	ARM SoC+FPGA	Paratus
芯启源	SoC	芯启源 DPU
星云智联	FPGA+SoC+ASIC	NebulaX D1000
云豹智能	SoC	云霄 DPU
益思芯	DSA P4 引擎 + 通用 CPU 核	Stargate DPU
中科驭数	自研 KPU 架构	DPU K1、K2、K2 Pro
云脉芯联	FPGA	xFusion50

DPU 的首要作用就是给 CPU 减负，所以从 DPU 核心处理器架构角度来看，大致可以将其概括为三种类型：第一种是采用通用多核处理器的 DPU，以核心数量取胜，可以提供较好的编程灵活性，但是只是简单地用 DPU 核心替代 CPU 核心，无法支持如线速加解密等特殊算法和应用，与 CPU 核心相比并无显著性能优势；第二种是以专用核为基础的异构核阵列，对特殊算法和应用有较好的针对性和性能表现，可用硬件实现用户自定义的计算逻辑来达到加速计算的目的，但是牺牲了部分可编程灵活性；第三种结合了前面两种类型的优势，将通用多核处理器的可编程灵活性与专用的加速引擎相结合。这种类型将成为 DPU 核心处理器架构的发展趋势，如 NVIDIA BlueField-3 DPU 将包括一个 16 核的 ARM A78 CPU，一个 16 核、256 线程的数据路径加速器（Data Path Accelerator，DPA）和多个专用加速引擎，彻底解耦数据中心基础设施与业务应用程序，从而在网络、存储和安全方面实现性能突破，实现软件定义、硬件加速的数据中心基础设施。

从 DPU 体系结构发展历程和发展趋势来看，异构计算技术在从早期的网络功能卸载，到后续软件定义的网络、存储、安全的卸载，再到专用基础设施功能的加速方面，都发挥了巨大的核心驱动作用，也将继续驱动 DPU 体系结构的创新发展。DPU 作为一种新型处理器，随着数据中心的持续高速发展，也将成为未来计算系统中不可或缺的组成部分，对构建未来数据中心和 AI 工厂具有举足轻重的作用，助力云计算、数据中心和边缘计算在性能、安全性和效率上迈上新的台阶。

1.3 DPU 的应用场景与价值

介绍完 DPU 的概念与演进，我们聚焦到 DPU 的应用场景。从大的业务应用角度来看，DPU 既可以应用于**超级计算**（Super Computing）和**高性能计算**领域，如药物研发、气象分析、科学计算等应用场景，又可以应用于**云计算、企业 AI** 和**虚拟仿真**领域。NVIDIA BlueField DPU 是 NVIDIA Quantum InfiniBand 网络平台和 NVIDIA Spectrum 以太网网络平台的重要组成部分，可以作为软件定义、硬件加速的基础设施，为 NVIDIA 高性能计算平台、NVIDIA 人工智能平台和 NVIDIA Omniverse 平台提供支撑，通过 NVIDIA 系统支持其他应用框架，如智慧城市、医疗健康和电信等领域的应用。

DPU 的典型应用场景包括**云计算、网络安全、高性能计算与人工智能、电信与边缘计算、数据存储、流媒体**等，如图 1-5 所示。

图 1-5　DPU 的典型应用场景
（引用来源：NVIDIA 演示文稿）

在**云计算**应用中，DPU 可广泛应用在裸金属、虚拟化、容器化、私有云、公有云、混合云等各个方面，实现云原生网络功能。DPU 主要是对云计算主机上的网络功能进行虚拟化，实现硬件卸载和硬件加速，减少主机 CPU 算力资源在网络功能上的消耗，释放主机 CPU 算力资源用于业务应用，并隔离业务应用域和基础设施服务域。例如：开放虚拟交换机（OVS）等 Hypervisor、各种容器框架都可以运行在 DPU 上，实现控制平面和业务应用的分离，保障业务应用的安全性；DPU 为软件定义网络（SDN）和虚拟化应用提供硬件加速，将大规模数据中心中原本在主机 CPU 上运行的网络通信和虚拟化操作卸载到 DPU 上，为用户提供应用加速即服务的附加价值。

在**网络安全**应用中，DPU 可应用在分布式安全、下一代防火墙（Next Generation FireWall，NGFW）、微分段（Micro-segmentation）等方面。DPU 可以提供硬件信任根（Root of Trust）、入侵检测系统（IDS）/入侵防御系统（IPS）、DDoS 防御、加解密、正则表达式（RegEx）匹配、公钥加速器（PKA）、功能隔离层、状态防火墙连接跟踪等安全功能。例如：DPU 可以将一些安全相关的业务操作从主机 CPU 卸载，如数据的加解密（IPsec、TLS 等）操作、深度数据包检测（DPI）等，从而大幅提升应用程序的性能，降低主机 CPU 的工作负载，并且支持灵活的网络可编程性。DPU 为所有基础设施任务提供了隔离环境。基础设施任务可以完全独立运行，并与任何 x86 应用程序完全隔离，从而确保高度安全的基础设施堆栈和操作连续性。

在**高性能计算与人工智能**应用中，DPU 可应用在云原生超级计算和深度学习推荐模型（DLRM）加速等方面。DPU 兼容构建云平台与云应用的数据中心基础设施架构体系，部署有 DPU 的裸金属服务器可以很好地支撑 Docker 容器和 Kubernetes 容器。在多租户环境下实现极致性能与效率的同时，DPU 支持大规模实例、弹性伸缩、服务网格（Service Mesh）等二层至七层网络功能，并提供安全的网络通信加速。而且，DPU 支持基于 InfiniBand 网络的 RDMA（远程直接内存访问）技术，可以直接在内存之间交换数据，而不需要主机 CPU 核心参与，实现零拷贝（Zero Copy）、内核旁路（Kernel Bypass）和协议卸载等功能，不仅降低了延迟，还释放了主机 CPU 资源。例如：DPU 可以配合 NVIDIA Merlin 处理深度学习推荐系统加速任务，极大地提升产品数据处理与运行效率，帮助用户实现更为快速的产品开发和迭代。

在**电信与边缘计算**应用中，DPU 可应用在电信云计算、CloudRAN 和边缘计算等方面。通过 DPU 实现网络功能虚拟化（Network Function Virtualization，NFV），为一些原来运行在专用设备或者特定主机上的网络功能赋予云计算的弹性伸缩能力，通过以虚拟机或者容器的方式部署于云计算平台上来对外提供相应的网络功能，为电信云计算、CloudRAN 和边缘计算提供高带宽、高可靠、低延时、低抖动、全覆盖的实时传输网络。例如：DPU 实现了精准定时及基于高精准定时的精准调度能力，可加速 5G 核心网和边缘 UPF 设备，为 5G 应用的可扩展性和通用加速提供了更好的解决方案，可广泛应用于 VR/AR、自动驾驶汽车、自动机械手臂、智慧物流车。

在**数据存储**应用中，DPU 可应用在超融合基础架构（Hyperconverged Infrastructure，HCI）、弹性块存储（Elastic Block Storage）、文件存储（File Storage）、对象存储（Object Storage）、NVMe 存储（NVMe Storage）等方面，为用户带来存储的可组合性和灵活性，同时服务于数据的动态与静态加解密、数据去重、数据压缩等相关功能，在确保数据完整性的同时提升存储的读写性能，实现真正的"存算分离"和虚拟化 I/O 加速。例如：DPU 通过将 BlueField SNAP 技术与强大的多核 ARM 处理器、虚拟交换机和 RDMA 卸载引擎相结合，允许用户像访问本地存储一样来访问与服务器连接的远程 NVMe 存储，不但拥有远程存储在效率和管理方面的优势，而且拥有本地存储的简单、易用性。

在**流媒体**应用中，DPU 可应用在视觉高清、8K 视频和内容分发网络（Content Delivery Network，CDN）等方面。DPU 可以从软件定义、硬件加速数据中心基础设施的角度支撑非常先进和具有丰富视觉效果的高质量视频制作，与 GPU 渲染技术相结合，将人工智能、深度学习、虚拟仿真、视觉渲染等技术应用于电影 / 电视制作、游戏制作、VR/AR 等流媒体应用中，为其提供出色的算力和加速的基础设施。此外，还可以与以太网存储矩阵（Ethernet Storage Fabric）相结合，快速构建基于云计算基础设施的内容分发网络。

1.4 DPU 应用优势

1. DPU 卸载基础设施操作

DPU 将基础设施操作从 CPU 转移至 DPU，释放 CPU 的资源，使更多的服务器 CPU 核可用于运行应用程序，完成业务计算，从而提高服务器和数据中心的效率。通过在 DPU 上运行 OVS，使业务应用域和基础设施域分离，VM 之间的通信延时也得到了大幅缩减，效率得到了大幅提升，几乎不消耗 CPU 核，从而提升了业务应用的性能，保障了安全性。

2. DPU 卸载网络数据平面，实现性能提升

DPU 针对云原生环境进行了优化，在数据中心规模提供软件定义、硬件加速的网络、存储、安全及管理服务。借助 DPU 将网络相关的数据处理（如 VXLAN 和 IPsec 等）卸载到 DPU 加速执行，从而优化数据中心 CPU 资源利用率，实现 400Gbit/s 网络条件下的线速性能。这与未部署 DPU 的场景相比，有了 10 倍的性能优势。

3. DPU 可以提供零信任安全保护

零信任（Zero Trust）是一种以安全性为中心的模型，其核心观点就是：企业不应对其内部和外部的任何事物授予默认信任权限。DPU 可以为企业提供零信任保护，通过将控制平面由主机移至 DPU，实现主机业务与控制平面的完全隔离。DPU 提供了独立、安全的基础设施服务，可以减少数据泄露，防止攻击扩散，拒绝未授权的访问，构建一致的安全策略和可见性。

4. DPU 助力实现"算存分离"

通过在 DPU 上独立实现面向业务应用需求的存储解决方案，可以在数据中心中低成本、灵活地部署或升级高级存储协议，而无须对现有软件栈进行任何更改，极大地方便了用户基于开放系统架构应用各种存储解决方案。而所有的安全加密、数据压缩、负载均衡等复杂操作则完全由 DPU 透明地卸载，实现真正的"算存分离"。

5. DPU 显著降低资本支出和运营支出

借助 DPU 来加速数据中心的服务器，可以显著降低资本性支出（CAPEX）和运营性支出（OPEX）。在使用 DPU 进行 OVS（Open vSwitch）网络卸载的测试示例中，与在 CPU 内核态运行 OVS 相比，将 OVS 卸载到 DPU 在工作负载满载的情况下可节省 127W 耗电量，即降低 29%。而且具有 DPU 卸载功能的服务器将网络吞吐量从 19.8Gbit/s 提升至 49.3Gbit/s，使其增长了一倍多，同时释放了原本在内核态运行 OVS 所需的 18 个 CPU 核心。对于拥有 1 万台服务器的大型数据中心来说，在服务器的 3 年生命周期内可以轻松节省 500 万美元的电力成本，此外还进一步节省了冷却、配电、机架空间等资本性支出。如需进一步了解，请参阅《NVIDIA BlueField DPU 能效》白皮书。

本章小结

本章通过揭示现代数据中心面临的全新挑战与瓶颈，提出了以 CPU、GPU、DPU 为核心的未来数据中心加速计算模型，在介绍 DPU 定义的同时，让读者了解了 DPU 的基本特性、市场前景、应用场景、应用价值和应用优势。

02

第二部分

NVIDIA BlueField DPU
概述及应用

Data Processing Unit
Introduction to DPU Programming

02

第 2 章

NVIDIA BlueField DPU 概述

在第 1 章中，我们介绍了现代数据中心面临的新挑战，以及 DPU 的提出与演进、DPU 应用优势分析。从本章开始，我们进入全书的第二部分，概述 NVIDIA BlueField DPU 及其应用。在本章中，我们将简单介绍 DPU 产品，解释其技术特性和应用场景。

2.1 NVIDIA BlueField DPU 产品简介

如前文所述，DPU 是一种新型的处理器，能够加速数据中心的基础设施处理。NVIDIA BlueField DPU 是一款数据中心基础设施芯片，它将高速网络接口与强大的软件可编程 ARM 核心相结合，实现了突破性的网络、存储和安全性能。NVIDIA BlueField DPU 卸载、加速并隔离了以前在主机 CPU 上运行的一系列软件定义的基础设施服务，突破了性能和可扩展性方面的瓶颈，并消除了现代数据中心的安全威胁。

NVIDIA BlueField DPU 将传统的计算环境转变为安全和加速的数据中心，使企业能够在传统应用的基础上有效地处理数据驱动的云原生应用。通过将数据中心的基础设施与业务应用隔离，NVIDIA BlueField DPU 增强了数据中心的安全性，简化了操作，并降低了其总体拥有成本。NVIDIA BlueField DPU 的物理形态如图 2-1 所示。

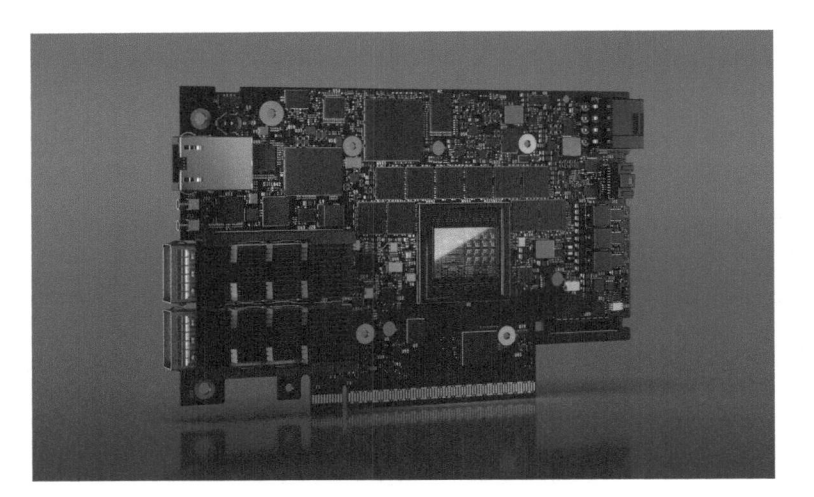

图 2-1　NVIDIA BlueField DPU 的物理形态

（引用来源：NVIDIA 产品图片）

接下来，我们从软件定义网络（SDN）加速、软件定义存储（SDS）加速、安全加速三个角度介绍 NVIDIA BlueField DPU 的特性。

2.1.1　软件定义网络加速

从实现角度来说，NVIDIA BlueField DPU 在软件定义网络加速方面主要包含两部分内容：

- 内嵌 NVIDIA ConnectX 智能网卡，实现主机上 SDN 数据平面的卸载和加速；
- 运行 OVS/OVS-DPDK，实现主机上 SDN 控制平面的卸载。

NVIDIA BlueField DPU 网络卸载和加速的两个核心技术是 ASAP2（Accelerated Switching And Packet Processing） 和 RDMA（Remote Direct Memory Access）。ASAP2 技术支持主机或虚拟机使用高性能 SR-IOV 和传统虚拟化 VirtIO。在 NVIDIA BlueField DPU 默认的 DPU 模式下，OVS/OVS-DPDK 将数据平面和控制平面都卸载到 NVIDIA BlueField DPU 上，主机上无须运行 OVS/OVS-DPDK，成为一个安全隔离和精简的平台，如图 2-2 所示。

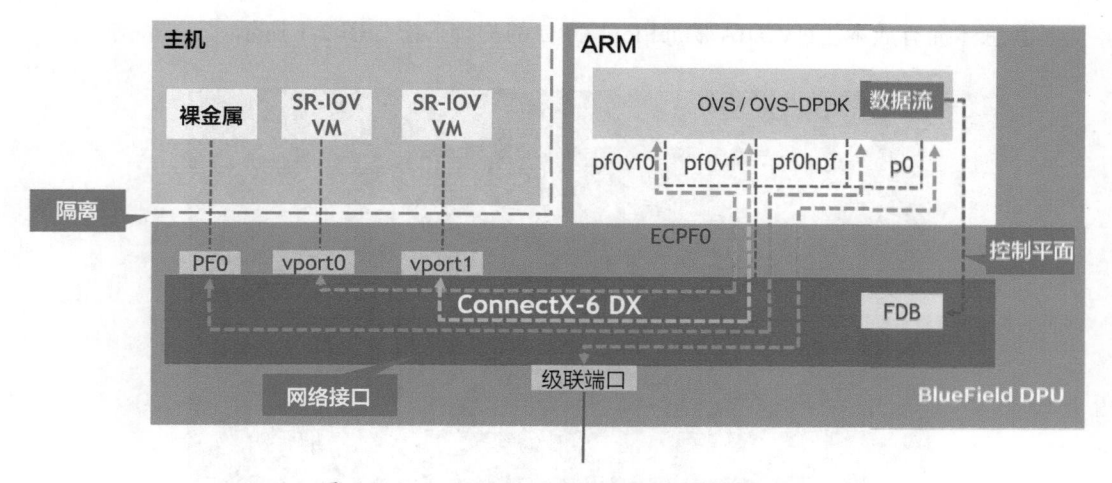

图 2-2　NVIDIA BlueField DPU 上的 ASAP2

（引用来源：NVIDIA 演示文稿）

在 NVIDIA BlueField DPU 上，p0 是级联端口（Uplink）的代表口，pf0hpf 是 PF0 的代表口，PF 默认打开 SwitchDev。在配置 SR-IOV 的情况下，VF 通过其代表口与 NVIDIA BlueField-2 DPU 上的 OVS 通信（后面介绍）。主机上的租户不能直接访问 NVIDIA BlueField DPU。

除了 ASAP2 外，NVIDIA BlueField DPU 还提供 RDMA 技术。具体而言，NVIDIA BlueField DPU 支持 InfiniBand 和 RoCE（RDMA over Converged Ethernet）两种 RDMA 的实现方式。借助于 RDMA 技术，NVIDIA BlueField DPU 可以在保证高吞吐量、低延迟的前提下，实现 CPU 卸载，从而大幅降低 CPU 利用率。

在图 2-2 所示的配置中，VM 中的 SR-IOV 网卡不仅支持 VLAN 模式下的 RoCE，还可以支持 RoCE Overlay 网络，如 VXLAN。NVIDIA BlueField DPU 上的 eSwitch 芯片可以对 RoCE 流量进行解封和封装，并将流量发送到虚拟机或网络中，从而实现虚拟机的低延迟和高带宽。

2.1.2　软件定义存储加速

随着数据量的不断增加，不少企业会优先采用软件定义存储（SDS）技术，以满足自身对存储灵活性、敏捷性、易于管理和低成本的要求。SDS 使用户能够将存储资源从底层硬件平台中分离或抽象出来，通过使存储资源可编程来实现更高的效率和可扩展性。

　　虽然 SDS 技术与传统的存储架构相比具有明显的优势，但它们在为应用提供性能方面（如吞吐量、IOPS 以及延迟）往往表现不佳。很多需要大量存储空间的应用，如专业的可视化应用、深度学习应用和内容分发网络（CDN），对存储也有严格的性能要求，传统的 SDS 解决方案无法满足。

　　NVIDIA BlueField DPU 的 SNAP（Software-defined Network Accelerated Processing）技术可以实现对 SDS 的加速。通过 SNAP，企业可以利用硬件虚拟化来享受 SDS 的所有操作优势和经济性，同时获得直接附加存储（DAS）的性能。NVIDIA BlueField DPU 主机提供的 SDS 卸载和加速如图 2-3 所示。

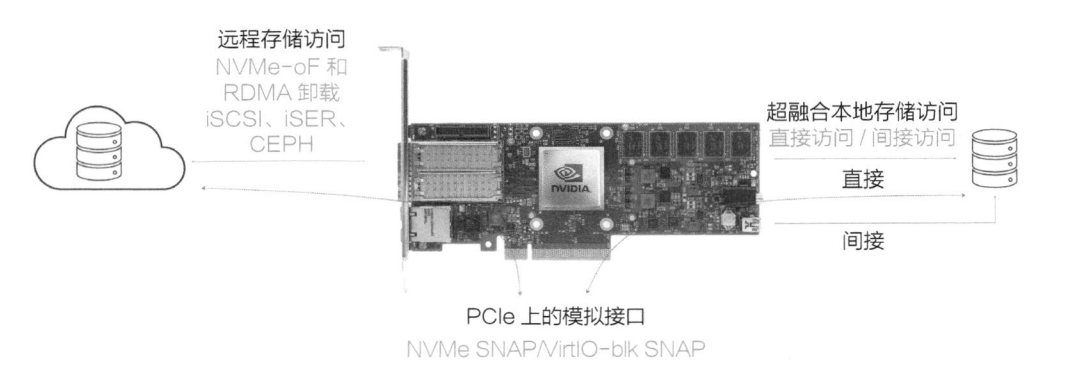

图 2-3　NVIDIA BlueField DPU 上的 SNAP
（引用来源：NVIDIA 演示文稿）

　　从 NVIDIA BlueField DPU 的角度来看，无论本身自带的存储空间还是外接的各类协议下的远端存储，都可以通过 SNAP 技术将其模拟成 NVMe SNAP 或 VirtIO-blk，并且提供给主机或主机上的虚拟机使用，如图 2-4 所示。需要注意的是，如果使用 NVMe SNAP，则需要在系统中安装对应的驱动。

2.1.3　安全加速

　　随着企业逐渐开始采用云计算和边缘计算技术，网络安全成了企业最关心的问题之一。现代数据中心架构中大量使用了虚拟化和云计算。在这个背景下，基础设施暴露了更大的攻击面，使企业面临网络威胁。传统的防火墙设备可以有效地预防南北向安全攻击，但对于东西向流量的攻击往往爱莫能助：一旦网络被入侵，攻击者就会试图在网络中横向移动，从一个服务器跳到另一个服务器。

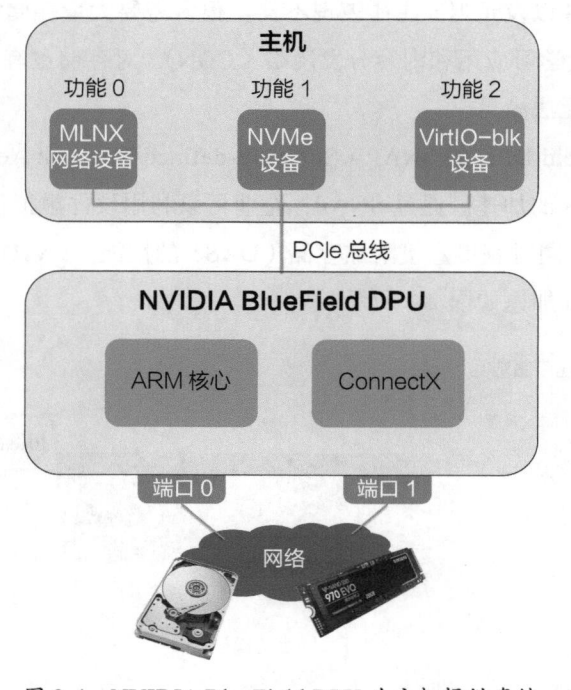

图 2-4　NVIDIA BlueField DPU 为主机提供存储

（引用来源：NVIDIA 演示文稿）

　　针对虚拟化、云计算面临的巨大安全挑战，NVIDIA BlueField DPU 可以为企业提供零信任保护：通过将安全组件的控制平面由主机下放到 DPU，实现主机业务和控制平面的完全隔离，数据将无法穿透。这种隔离是使 NVIDIA BlueField DPU 成为零信任安全解决方案的关键。即使在主机被破坏的情况下，黑客也不能访问 NVIDIA BlueField DPU，从而避免了黑客攻击的进一步蔓延。

　　除了为主机提供零信任保护外，NVIDIA BlueField DPU 还通过提供创新的硬件引擎来改变数据中心的安全状况，这些引擎能够卸载、加速并隔离每台主机整个堆栈的安全，具体包括：

- 以线速加速加解密；
- 执行有状态的数据包过滤和分布式安全策略；

- 在硬件中存储和管理密钥，并加速公共密钥基础设施（PKI）交换；
- 检测恶意代码并缓解攻击。

NVIDIA BlueField DPU 本身自带分布式安全方案和安全加速，如 IPsec、Key Management 等。当然，用户也可以在 NVIDIA BlueField DPU 上部署第三方分布式安全方案。安全方案部署到 NVIDIA BlueField DPU 上后，NVIDIA BlueField DPU 上的 eSwitch 芯片针对 IPsec 进行硬件卸载来提升性能，如图 2-5 所示。在这种方案中，主机以及主机上的 VM 和容器只是加速后的分布式安全组件的使用者。如果主机上某个容器或者 VM 被攻破，主机上其他的容器和 VM 不会受影响。即使主机被黑客攻破，内网中的其他主机也不会受到影响。

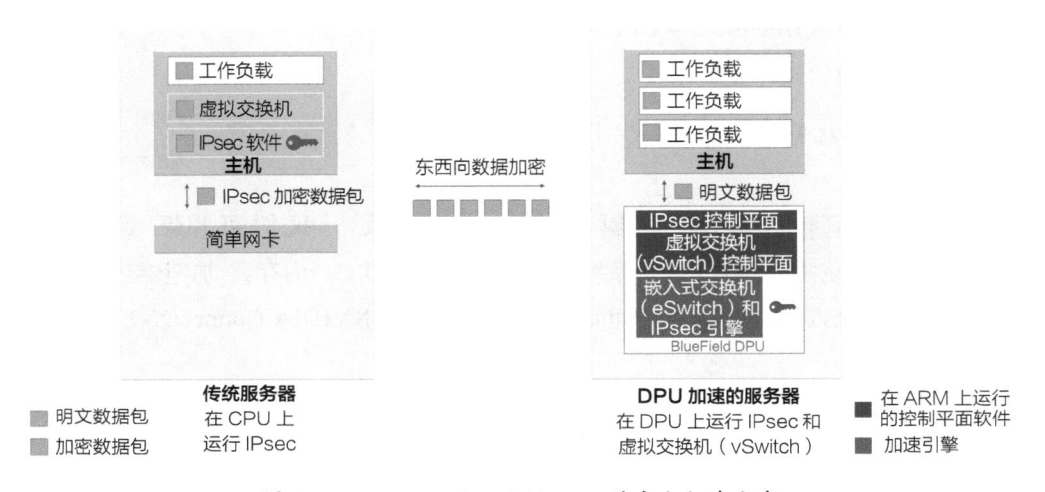

图 2-5　NVIDIA BlueField DPU 的安全加速方案
（引用来源：NVIDIA 演示文稿）

2.2　NVIDIA BlueField-3 DPU 技术特性

NVIDIA BlueField-3 DPU 即 NVIDIA 第三代 DPU，是全球第一款 400Gbit/s 的 DPU，致力于助力企业构建从云到数据中心以及边缘的软件定义、硬件加速的 IT 基础设施。通过 400Gbit/s 以太网或 NDR 400Gbit/s InfiniBand 网络连接，NVIDIA BlueField-3 DPU 可以卸载、加速和隔离软件定义的网络、存储、安全和管理功能，从而提高数据中心的性能、效率和安全性。

　　NVIDIA BlueField-3 DPU 利用 NVIDIA DOCA 软件开发包的优势，为开发者提供了一个完整、开放的软件平台，以便开发者在 NVIDIA BlueField DPU 上开发软件定义和硬件加速的网络、存储、安全和管理等应用。NVIDIA DOCA 包含利用 NVIDIA BlueField DPU 来创建、编译和优化应用的运行时环境，用于配置、升级和监控整个数据中心数千个 DPU 的编排工具，以及各种库、API 和日益增加的各种应用，如深度数据包检测和负载均衡等。更为重要的是，每一代 NVIDIA BlueField DPU 都支持 NVIDIA DOCA 开发包。随着每代 DPU 的演进，原先开发的应用程序可以完全向后兼容，且 DPU 路线图上的后续产品依然保证完全向前兼容，从而充分保护了客户的技术投资。目前在 NVIDIA BlueField-3 DPU 上运行的应用程序和数据中心基础设施，在不久的未来将能不加修改地加速运行在 NVIDIA BlueField-4 DPU 等后续产品上。

2.2.1　NVIDIA BlueField-3 DPU 技术规格

　　NVIDIA BlueField-3 DPU 的逻辑架构如图 2-6 所示。我们可以看到，NVIDIA BlueField-3 DPU 整体上分为 I/O 子系统、计算子系统（CPU、内存）、加速器三大部分。

　　在 I/O 子系统方面，NVIDIA BlueField-3 DPU 内嵌 NVIDIA ConnectX-7 智能网卡，其 I/O 特性如下：

- 网口速率支持 1 × 400Gbit/s、2 × 100/200Gbit/s 以太网和 InfiniBand
- 支持 50G & 100G PAM4 SerDes
- 支持 32 通道的 PCIe Gen 5.0
- 集成 PCIe 交换机，最多可以支持 4 个多主机（Multi-hosts）

在计算子系统方面，NVIDIA BlueField-3 DPU 包含的组件如下：

- 16 × ARM A78 v8.2+@2.3GHz
- SkyMesh 全一致的低延迟互连
- 8MB L2 缓存，16 MB LLC 系统缓存
- Dual DDR5-5600 内存接口

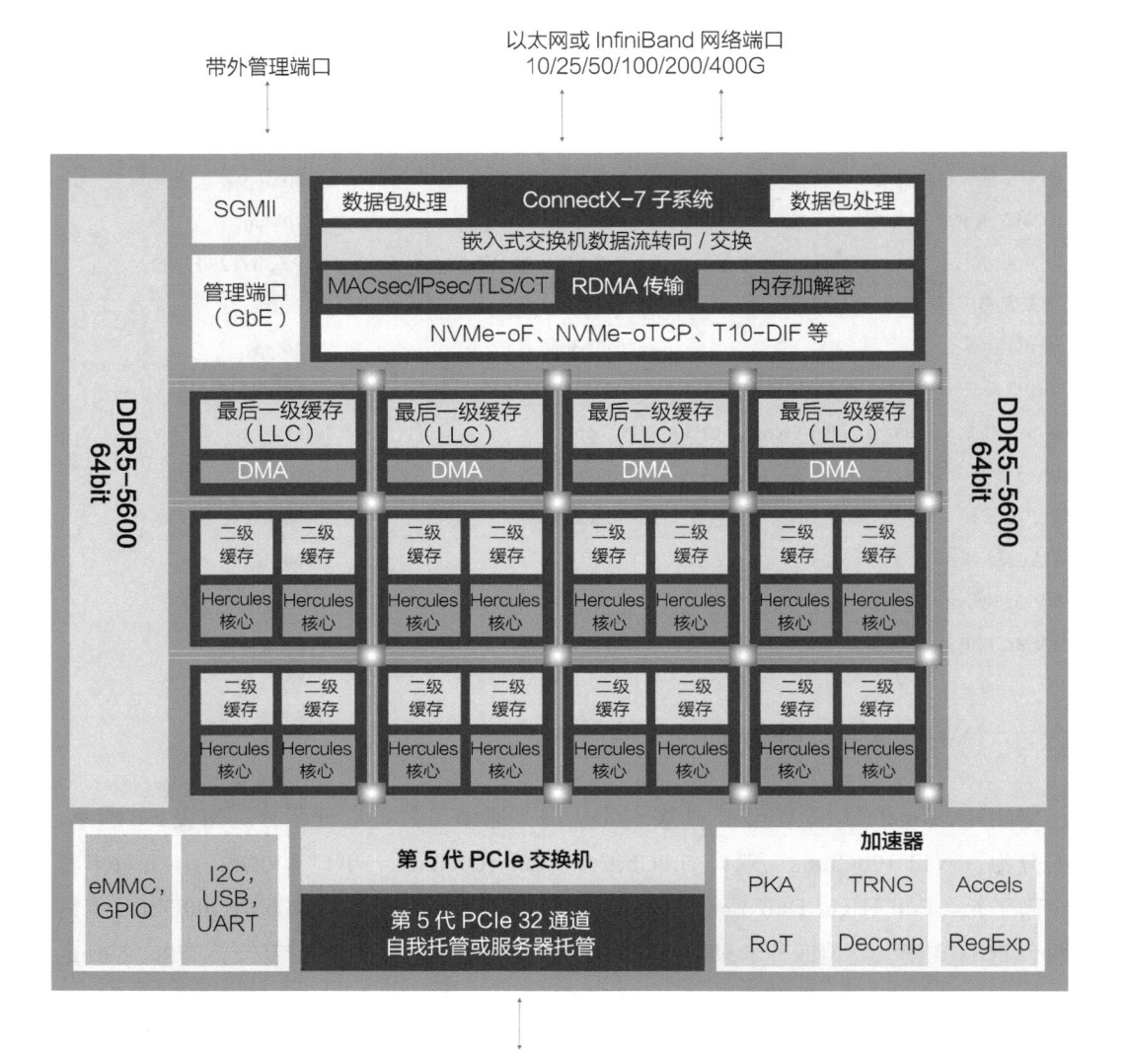

图 2-6　NVIDIA BlueField-3 DPU 逻辑架构图
（引用来源：NVIDIA 演示文稿）

在加速器方面，NVIDIA BlueField-3 DPU 还包含 PKA、TRNG、Accels、RoT、Decomp、RegExp 等加速器组件，这部分内容会在第 8 章详细介绍。

与 NVIDIA BlueField-2 DPU 相比，NVIDIA BlueField-3 DPU 的性能有大幅提升，具体如表 2-1 所示。需要注意的是，表 2-1 涉及数据包速率（Packet Rate）的值，是发送（Tx）和接收（Rx）之和。

表 2-1　NVIDIA BlueField-3 DPU 相比 NVIDIA BlueField-2 DPU 的性能提升

产品	BlueField-2 DPU	BlueField-3 DPU
带宽	200Gbit/s	400Gbit/s
DPDK 最大包转发速率	215Mpps	280Mpps
RDMA 最大包转发速率	215Mpps	370Mpps
计算能力	SPECINT2K17:9.8	SPECINT2K17: 42
内存带宽	17GB/s	80GB/s
VirtIO 加速	40Mpps	92Mpps
VirtIO 延迟	16μs	14μs
每秒连接数（Connection Per Second，CPS）	1.5M	8M
IPsec 加速	100Gbit/s	400Gbit/s
TLS 加速	200Gbit/s	400Gbit/s
MACsec 加速		400Gbit/s
NVMe SNAP	5.4M IOPS @4K	10M IOPS @4K
NVMe/TCP	2.1M IOPS	5M IOPS

2.2.2　NVIDIA BlueField-3 DPU 产品线

　　NVIDIA BlueField-3 DPU 产品线主要从网口速率与数量进行区分。如表 2-2 所示，主要分为：双口 100Gbit/s、双口 200Gbit/s、双口 400Gbit/s、单口 400Gbit/s。五种卡都是全高半长（Full Hight Half Length，FHHL）、QSFP112 接口。其中双口 400Gbit/s 卡需要两个 PCIe 插槽，其他四种卡只需要一个插槽。五种型号的网络接口都支持 VPI（Virtual Protocol Interconnect），即同时支持以太网和 InfiniBand 网络模式，可通过命令行进行模式切换。其中 B3240 是五种卡中配置最高的。

表 2-2　NVIDIA BlueField-3 DPU 五种产品型号

型号	B3210	B3220	B3240	B3140L	B3220SH
QSFP112 网络端口	2×100Gbit/s 端口	2×200Gbit/s 端口	2×400Gbit/s 端口	1×400Gbit/s 端口	2×200Gbit/s 端口
卡形态	全高半长单插槽	全高半长单插槽	全高半长双插槽	全高半长单插槽	全高半长单插槽
A78 ARM 核心	16 @2.3GHz	16 @2.3GHz	16 @2.3GHz	8 @2.0GHz	16 @2.0GHz

（续）

型号	B3210	B3220	B3240	B3140L	B3220SH
PCIe	PCIe 5.0, ×32	PCIe 5.0, ×32	PCIe 5.0, ×32	PCIe 5.0, ×16	PCIe 5.0, ×32
Memory DDR5-5600	128bit, 32GB	128bit, 32GB	128bit, 32GB	64bit, 16GB	128bit, 48GB
eMMC/集成 SSD	40GB pSLC/128GB	40GB pSLC/128 GB	40GB pSLC/128GB	40GB pSLC/128GB	40GB pSLC/128GB
BMC	集成	集成	集成	集成	集成
带外管理	RJ45	RJ45	RJ45	RJ45	RJ45
外部电源	是	是	是	否	是
InfiniBand / Ethernet 支持（默认方式）	是（Eth）	是（Eth）	是（IB）	是（IB）	是（Eth）

2.3 NVIDIA BlueField-3 DPU 的用例

作为数据中心的基础设施处理器，NVIDIA BlueField-3 DPU 有着广泛的用例，比较有代表性的几类是：云原生超级计算、数据科学与人工智能、视频流、边缘的智能服务。接下来，我们针对这四类用例展开说明。

2.3.1 云原生超级计算

当今最具挑战性的高性能计算（HPC）和人工智能（AI）工作负载需要依靠超级计算机的力量，NVIDIA 云原生超级计算平台利用 NVIDIA BlueField DPU 架构以及高速、低延迟的 NVIDIA InfiniBand 网络来提供最佳的裸机性能，同时还天然支持多节点租户隔离，如图 2-7 所示。

在传统超级计算中，主机（Host）上需要安装 HPC/AI 的通信框架以及存储文件系统客户端等组件。而在 NVIDIA BlueField DPU 支持的云原生超级计算架构中，所有相关的组件只需安装在 NVIDIA BlueField DPU 上，从而让多个用户安全地共享主机资源而不会降低应用性能。NVIDIA BlueField DPU 的卸载加速使主机上的 CPU 可以专注于处理业务，最大化整体系统性能。

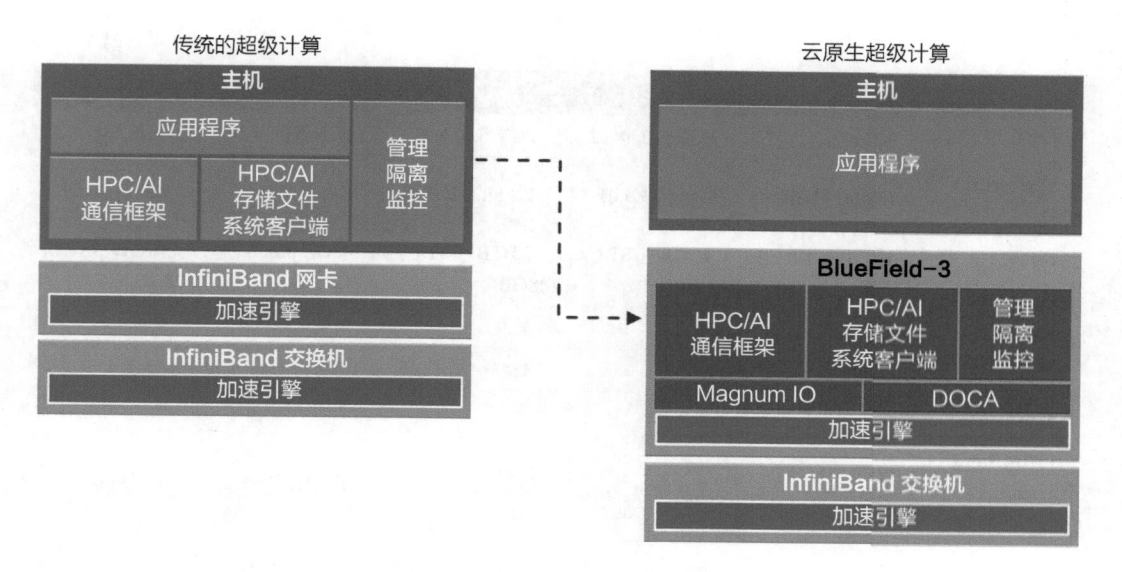

图 2-7　NVIDIA BlueField DPU 支持的云原生超级计算

（引用来源：NVIDIA 网页页面）

HPC 和 AI 的通信框架和库在决定应用性能方面起着关键作用。由于其延迟和带宽敏感的性质，将库从主机 CPU 或 GPU 卸载到 NVIDIA BlueField DPU，不仅可以大幅提升性能，还可以减少操作系统抖动的负面影响。

2.3.2　数据科学与人工智能

数据科学与人工智能工作负载的 GPU 加速计算日益盛行，这越来越依赖于强大的网络基础设施。由于应用处理的规模远远超过了单台计算机和整个数据中心所能处理的范围，高吞吐量、低延迟网络在 GPU 场景中广泛被使用。NVIDIA BlueField DPU 加强了一系列的硬件加速引擎，可以服务于 GPU 到 GPU（GPUDirect RDMA，GDR）、GPU 到存储（GPUDirect Storage，GDS）的通信。

在 GPU 池化的具体配置中，NVIDIA GDR 技术被普遍使用。GDR 允许在 GPU 之间进行高效、零拷贝的数据传输，同时充分利用了 NVIDIA BlueField DPU 专用集成电路（ASIC）的硬件引擎。利用 GDR，网卡可以直接读写 GPU 内存，消除不必要的内存拷贝，减少 CPU 开销，降低延迟，从而大幅提高性能，如图 2-8 所示。

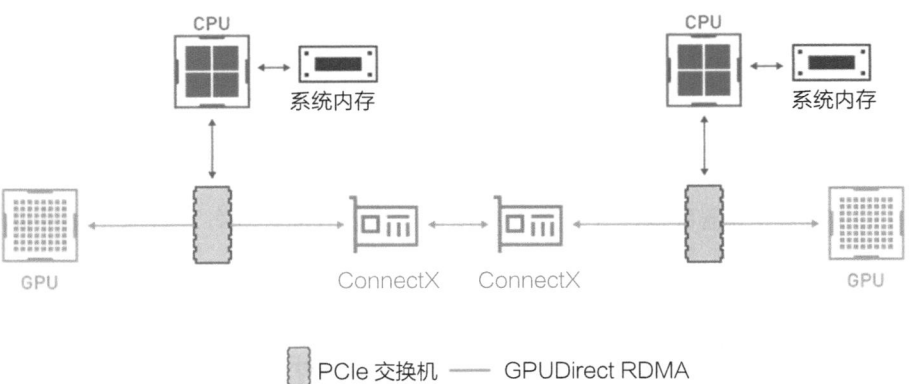

图 2-8　NVIDIA GPUDirect RDMA

（引用来源：NVIDIA 网页页面）

GDS 为本地 / 远程存储（如 NVMe/NVMe-oF）和 GPU 之间提供了直接访问路径。当 GPU 和存储不在同一机箱内时，NVIDIA BlueField DPU 可以在分布式环境中实现这种直接通信。NVIDIA BlueField DPU 的 GDS 增加了带宽，降低了延迟。启用 GDS 可以缓解大规模数据科学与人工智能工作负载的存储瓶颈。如图 2-9 所示。

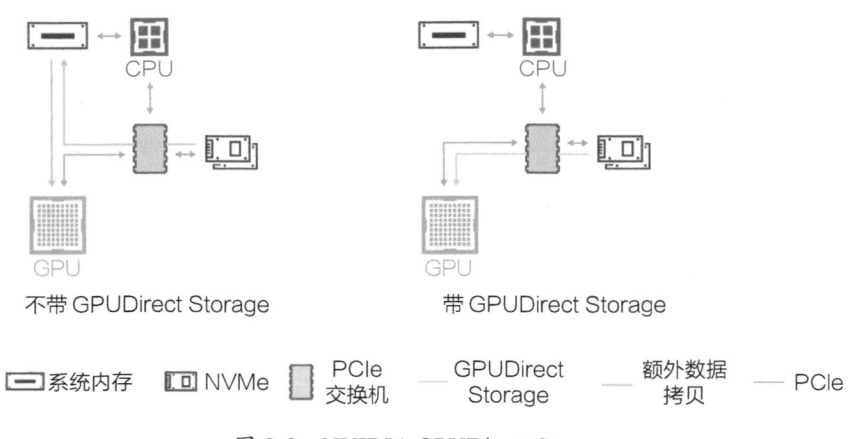

图 2-9　NVIDIA GPUDirect Storage

（引用来源：NVIDIA 网页页面）

2.3.3　视频流

随着视频内容方面需求的增加，媒体和娱乐市场正在预期 4 K 和 8 K 超高清（UHD）

视频内容的巨大增长。在视频制作的一系列新兴趋势中，高动态范围和更高的帧率正在重塑视频的质量。

视频制作室为预期的需求做准备，逐渐将其基于串行数字接口（SDI）的专有视频制作解决方案转移到基于下一代互联网协议（IP）的基础设施。这些制作室大多采用商务现货供应（COTS）服务器硬件，在合规性、规模和性能方面存在各种挑战，同时缺乏虚拟化基础设施和基于云解决方案的经济性和运营优势。

NVIDIA BlueField DPU 改变了云、数据中心和边缘的视频流，使高性能网络基础设施能够大规模地提供高清和超高清视频流。NVIDIA BlueField DPU 由专门建造的、符合美国电影电视工程师学会（SMPTE）标准的 NVIDIA Rivermax SDK 提供支持，它提供零拷贝、精确时间协议（PTP）支持、帧级视频传输，通过将视频流卸载和加速到 DPU 并绕过系统内核来减少 CPU 周期。更重要的是，NVIDIA BlueField DPU 提供内置的基于硬件的视频加速，能够在 GPU 环境中提供卓越的性能。如图 2-10 所示。

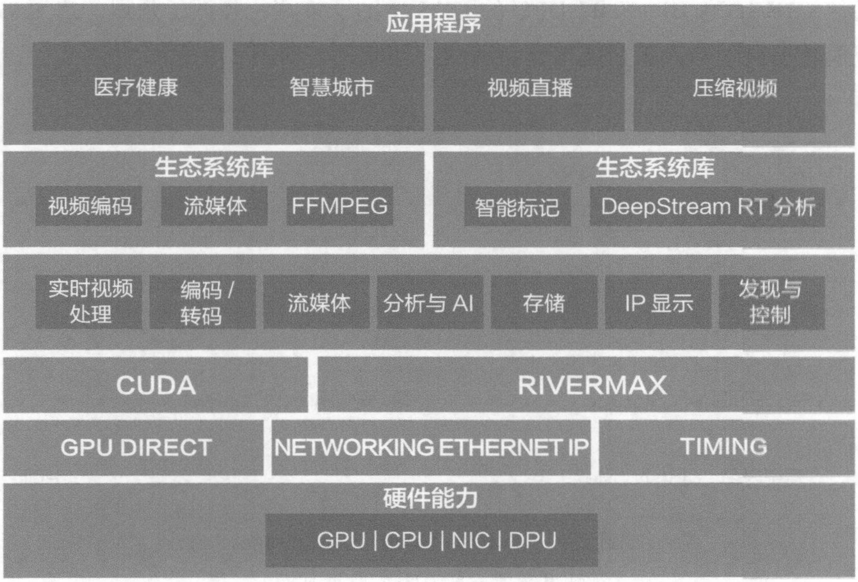

图 2-10　NVIDIA Rivermax SDK
（引用来源：NVIDIA 网页页面）

对于制作室来说，部署 NVIDIA BlueField DPU 使他们能够将相同的硬件基础设施重新用于不同的工作负载，从而以前所未有的灵活性和敏捷性成功地、经济地交付下一代 UHD 视频流。

2.3.4　边缘的智能服务

5G 网络正在开创一个通信的新时代，它能以 4G 网络十分之一的延迟提供其 1000 倍的带宽和 100 倍的速度。5G 允许每平方公里连接数以百万计的设备，正被部署在工厂和零售店等边缘位置作为 Wi-Fi 的替代。NVIDIA AI-on-5G 是一个创新的计算平台，它将 NVIDIA BlueField DPU 与 NVIDIA 广泛的 AI 软件库以及针对 5G 的 NVIDIA Aerial SDK 结合在一起，如图 2-11 所示。

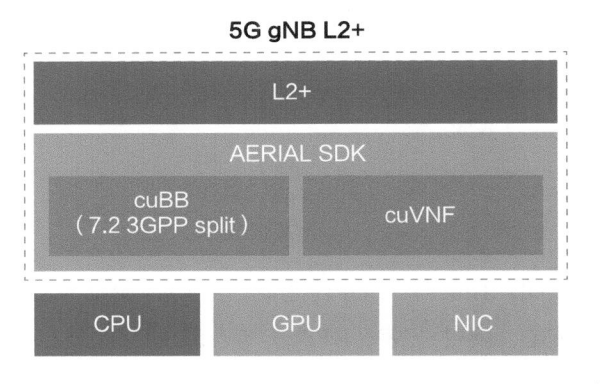

图 2-11　NVIDIA Aerial SDK 堆栈

（引用来源：NVIDIA 网页页面）

NVIDIA BlueField DPU 及 NVIDIA DOCA 助力的 AI-on-5G 平台缩短了部署时间，可以为一系列超低延迟的企业 AI 项目提供动力，包括用于产品开发和制造的精密机器人、自动导航车辆以及数字孪生应用。它针对 5G 连接和多租户、云原生环境进行了优化，在边缘提供软件定义的、硬件加速的网络、存储、安全和管理服务。

本章小结

本章介绍了 NVIDIA BlueField DPU 产品、技术特性以及应用场景。相信读者读完本章后已经对 NVIDIA BlueField DPU 有了一定的了解。

03

第 3 章

NVIDIA BlueField DPU 的安装和使用

在初步了解了 NVIDIA BlueField DPU 之后，我们开始动手安装和使用它，从实践中理解 DPU 的工作模式、硬件安装、BFB 安装、SDK Manager GUI 工具的使用以及 NVIDIA BlueField DPU 的管理。

3.1　NVIDIA BlueField DPU 的工作模式

NVIDIA BlueField DPU 有以下几种不同的工作模式：

- **DPU 模式**（DPU Mode），出厂默认模式；
- **零信任 DPU 模式**（Zero Trust DPU Mode），DPU 模式的扩展，对主机侧有额外的权限限制；
- **NIC 模式**（NIC Mode），将 DPU 作为普通网卡使用。

3.1.1 DPU 模式

DPU 模式,也叫作 ECPF(Embedded CPU Function Ownership)模式,是 NVIDIA BlueField DPU 的出厂默认工作模式。在 DPU 模式下,网卡的所有资源和功能都被 DPU 侧 ARM 子系统控制和拥有。主机的所有网络通信都需要先经过 DPU 侧 ARM 子系统上的虚拟交换控制平面软件的转发决策再送到主机。在此模式下,DPU 被认为是一个可信的功能单元,由数据中心和服务器管理员掌握和管理(也就是 IaaS 服务供应商控制并管理着 DPU),他们可以执行所有的操作,包括:加载网络驱动软件、复位端口、启用或者停用端口、更新固件、改变 DPU 工作模式等。

DPU 同时也为主机提供了网络接口以进行网络通信,但是无法通过这个网络接口完全控制和操作 DPU 的所有功能,只有有限的权限,特别是以下几点:

- 主机侧的驱动必须等待 DPU 侧的驱动完成加载和所有配置之后,方能成功加载;
- 所有 ICM(Interface Configuration Memory)资源都由 DPU 侧的 ECPF 来分配并保存在 DPU 的内存中,而不是由主机驱动分配和保存在主机内存中;
- DPU 侧的 ECPF 控制并配置网卡的嵌入式交换单元,这意味着所有进出主机的网络流量都需要先经过 DPU 侧 ARM 子系统的转发决策。

如图 3-1 所示,在 DPU 模式下,主机侧看到的网络接口 PF0、PF1,其网络流量首先必须经过 DPU 侧 ARM 子系统的虚拟交换控制软件,如图中的 OVS(Open vSwitch),在经过转发决策后,转发规则可以被硬件卸载到网卡的嵌入式交换单元,后续的数据流可以在嵌入式交换单元中快速匹配转发规则并实现匹配和转发的硬件卸载。

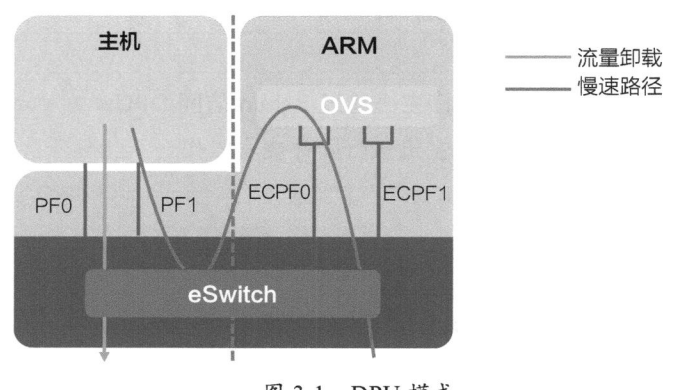

图 3-1　DPU 模式
(引用来源:NVIDIA 技术文档)

在服务器和 DPU 初始状态下，主机的网络通信处于阻塞状态，直到 DPU 侧的虚拟交换控制软件开始工作。一旦 DPU 侧的虚拟交换控制软件开始工作，主机的网络通信默认会被允许并通畅起来。

有两种方式可以和主机通信：一种方式是使用代表口（Representor）转发流量给主机（举个例子，主机侧的 PF0 网络接口，在 DPU 侧 ARM 子系统下有一个对应的代表口 `pf0hpf`，从 DPU 侧 ARM 子系统转发到 `pf0hpf` 代表口的所有报文都会被主机的 PF0 收到，反向也是同理，这种方式是纯软件转发，每条出入主机的报文都需要由 DPU 侧 ARM 子系统来完成转发）；另一种方式是将转发规则下发到硬件的嵌入式交换机，以实现流量匹配和转发的硬件卸载（不再经过 DPU 侧 ARM 子系统）。

如果想进一步了解相关操作实践，请访问 nvidia.cn/dpubook-8。

3.1.2　零信任 DPU 模式

零信任 DPU 模式在上述 DPU 模式的基础上实现了额外的安全等级，以阻止主机的系统管理员从主机侧访问和管理 DPU。一旦零信任 DPU 模式配置生效，数据中心管理员就只能通过 DPU 侧 ARM 子系统和 / 或 DPU 的 BMC 网络连接来管理和控制 DPU，无法再通过主机来完成。

为了安全和隔离，可以限制主机不能通过执行特定的操作来危害 DPU。当配置 DPU 进入零信任 DPU 模式时，以下项目都可以被单独限制：

- 端口拥有者——主机不能指定自己为端口拥有者；
- 硬件计数器——主机不能访问硬件计数器；
- 硬件追踪功能可以被屏蔽；
- Rshim 接口可以被屏蔽，不允许主机通过 Rshim 访问 DPU；
- 固件烧写可以被限制，不允许主机执行固件烧写操作。

⊚ **操作实践**：启用主机限制

　1）启动 MST 服务；

　2）设置零信任 DPU 模式，在 DPU 侧 ARM 子系统中运行命令：

```
$ mlxprivhost -d /dev/mst/<device> r --disable_rshim --disable_tracer
--disable_counter_rd --disable_port_owner
```

✎ **注　意**　如果 Rshim 被禁用了，或者任何 `--disable_*` 的标志被执行后，都需要服务器冷重启生效。

◉ **操作实践**：停止主机限制，在 DPU 侧 ARM 子系统中运行以下命令切换到特权模式：

```
$ mlxprivhost -d /dev/mst/<device> p
```

✎ **注　意**　如果 Rshim 被禁用后重新启用，或者任何 `--disable_*` 的标志被执行后再次重新启用，都需要服务器冷重启生效。

如果想进一步了解相关操作实践，请访问 nvidia.cn/dpubook-8。

3.1.3　NIC 模式

在 NIC 模式下，主机可以将 DPU 完全当作普通网卡一样使用。DPU 侧 ARM 子系统中的 ECPF 模块在这种模式下处于不工作状态，但使用者仍旧可以访问 DPU 侧 ARM 子系统并允许使用 `mlxconfig` 来调整固件参数。

✎ **注　意**　请关注 DPU OS 用户手册中列出的已知问题，用户手册有可能经常更新，目前版本要求在配置 NIC 模式之前，必须先恢复以下固件参数的默认值：HIDE_PORT2_PF、NVME_EMULATION_ENABLE、VIRTIO_NET_EMULATION_ENABLE。

◉ **操作实践**：要启用 DPU 的 NIC 模式，在主机服务器上执行以下操作：

```
$ mst start
$ mlxconfig -d /dev/mst/<device> s
INTERNAL_CPU_MODEL=1 \
INTERNAL_CPU_PAGE_SUPPLIER=1 \
INTERNAL_CPU_ESWITCH_MANAGER=1 \
INTERNAL_CPU_IB_VPORT0=1 \
INTERNAL_CPU_OFFLOAD_ENGINE=1
$ mlxfwreset -d /dev/mst/<device> r
Minimal reset level for device,
/dev/mst/mt41686_pciconf0:
3: Driver restart and PCI reset
Continue with reset?[y/N] y
```

```
-I- Sending Reset Command To Fw          -Done
-I- Stopping Driver                      -Done
-I- Resetting PCI                        -Done
-I- Starting Driver                       -Done
-I- Restarting MST                       -Done
-I- FW was loaded successfully.
```

> 📎 **注 意** 如果要限制 Rshim PF（可选），请增加固件配置 mlxconfig INTERNAL_CPU_RSHIM=1，并且通过服务器冷重启使其生效。多主机功能（Multihost）在 DPU NIC 模式下是不支持的，要获取 DPU 的固件二进制升级文件，请访问 nvidia.cn/dpubook-9。

🔘 **操作实践**：从 NIC 模式切换回 DPU（ECPF）模式：

1）在主机上安装 Rshim 驱动并启动 Rshim 服务；

2）禁用 NIC 模式，运行以下命令：

```
$ mst start
$ mlxconfig -d /dev/mst/<device> s
INTERNAL_CPU_MODEL=1 \
INTERNAL_CPU_PAGE_SUPPLIER=0 \
INTERNAL_CPU_ESWITCH_MANAGER=0 \
INTERNAL_CPU_IB_VPORT0=0 \
INTERNAL_CPU_OFFLOAD_ENGINE=0
$ mlxfwreset -d /dev/mst/<device> r
```

> 📎 **注 意** 如果之前配置了 INTERNAL_CPU_RSHIM=1，请确保将此配置通过 mlxconfig 重置为 0，并且通过服务器冷重启使其生效。

表 3-1 所示为支持 NVIDIA BlueField DPU 以 NIC 模式运行的操作系统。

表 3-1 操作系统支持列表

发行版系统	系统版本	核心版本
Ubuntu 18.04	18.04	4.15.0-20
Ubuntu 20.04	20.04	5.4.0-26
Ubuntu 22.04	22.04	5.15
Debian	10.8	4.19.0-14
RHEL/CentOS 7.6	7.6	3.10.0-957

（续）

发行版系统	系统版本	核心版本
RHEL/CentOS 8.0	8	4.18.0-80
RHEL/CentOS 8.2	8.2	4.18.0-193
RHEL/CentOS 8.4	8.4	4.18.0-305
RHEL/CentOS 8.5	8.5	4.18.0-348
RHEL/CentOS 8.6	8.6	4.18.0-359

3.2 NVIDIA BlueField DPU 的硬件安装

3.2.1 NVIDIA BlueField DPU 的硬件单元

本节以 NVIDIA BlueField-2 DPU 卡 MBF2H512C-AECOT 为例，介绍 NVIDIA BlueField DPU 卡的硬件单元及 I/O 接口。对于 NVIDIA 提供的其他不同规格的 NVIDIA BlueField DPU 卡的具体指标，可以从如下链接获取：nvidia.cn/dpubook-10。

MBF2H512C-AECOT 移除散热器后的正面及背面视图如图 3-2 所示（仅用于展示，实际产品可能存在差异）。

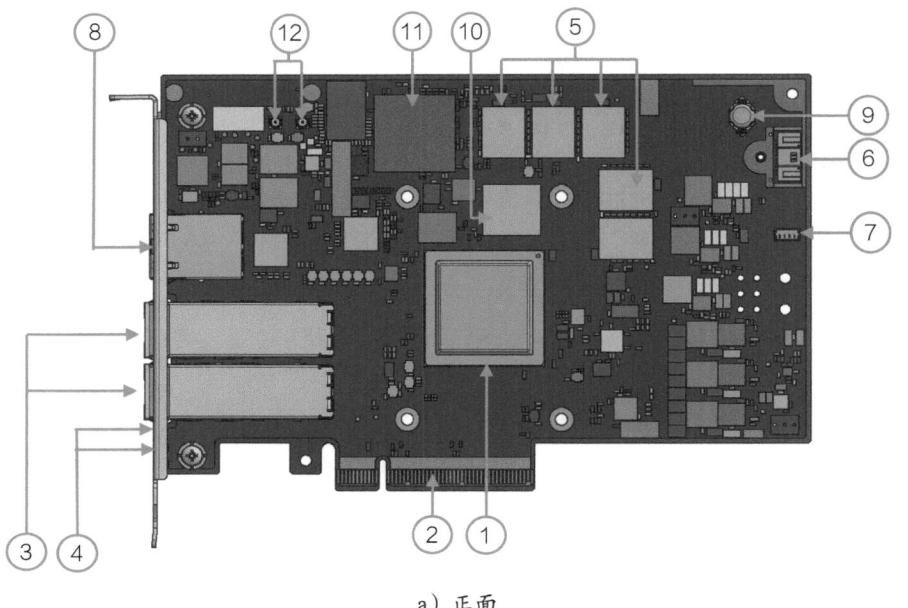

a）正面

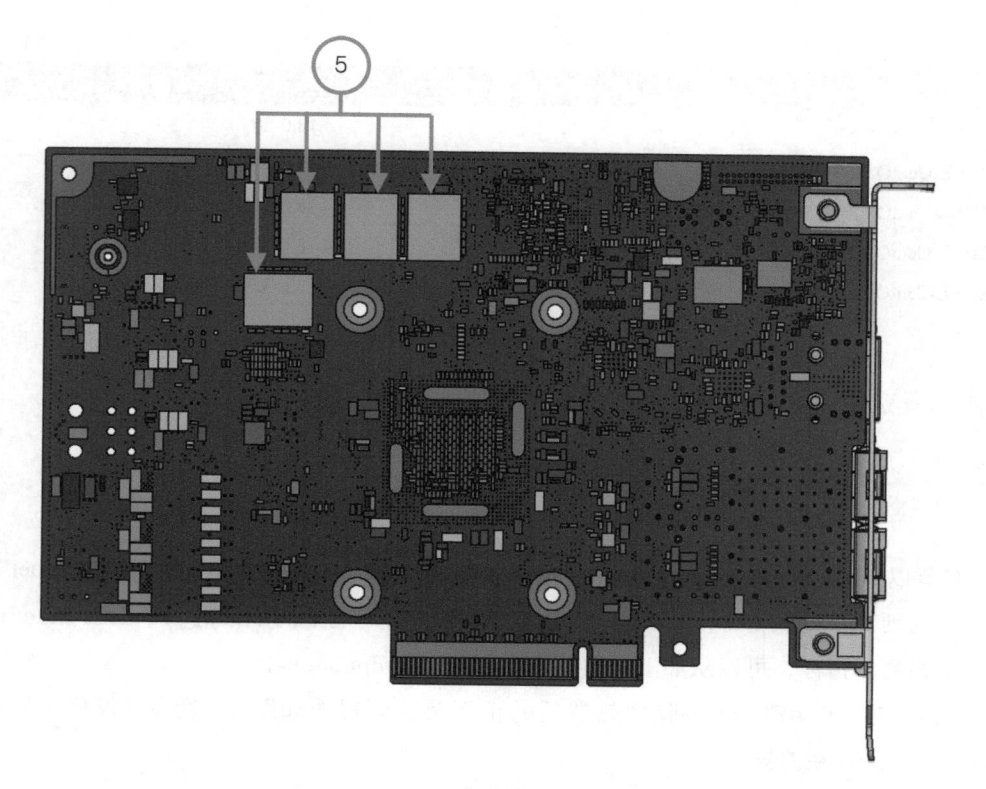

b）背面

①—NVIDIA BlueField DPU 芯片　②—PCIe 金手指接口（含 SMBus）

③—网络接口（MBF2H512C-AECOT 网络接口类型为 SFP56，可以使用 SFP28/SFP+

类型的 AOC、DAC 或者光模块与外部以太网对接）

④—网络接口指示灯　⑤—板载 DDR4 SDRAM　⑥—内部管理接口（含 NCSI 及 UART）

⑦—4pin 插针式 USB 接口　⑧—1GBase-T 带外管理接口（带指示灯）

⑨—RTC 电池位　⑩—eMMC 芯片　⑪—BMC 芯片　⑫—MMCX RA PPS IN/OUT 接口

图 3-2　MBF2H512C-AECOT 示意图

（引用来源：NVIDIA 技术文档）

图 3-3 所示为该 DPU 卡的接口框图。

NVIDIA BlueField DPU 卡提供的接口是非常丰富的，在使用中，各接口能够提供的管理功能如表 3-2 所示，用户可按照实际需求启用相应接口。

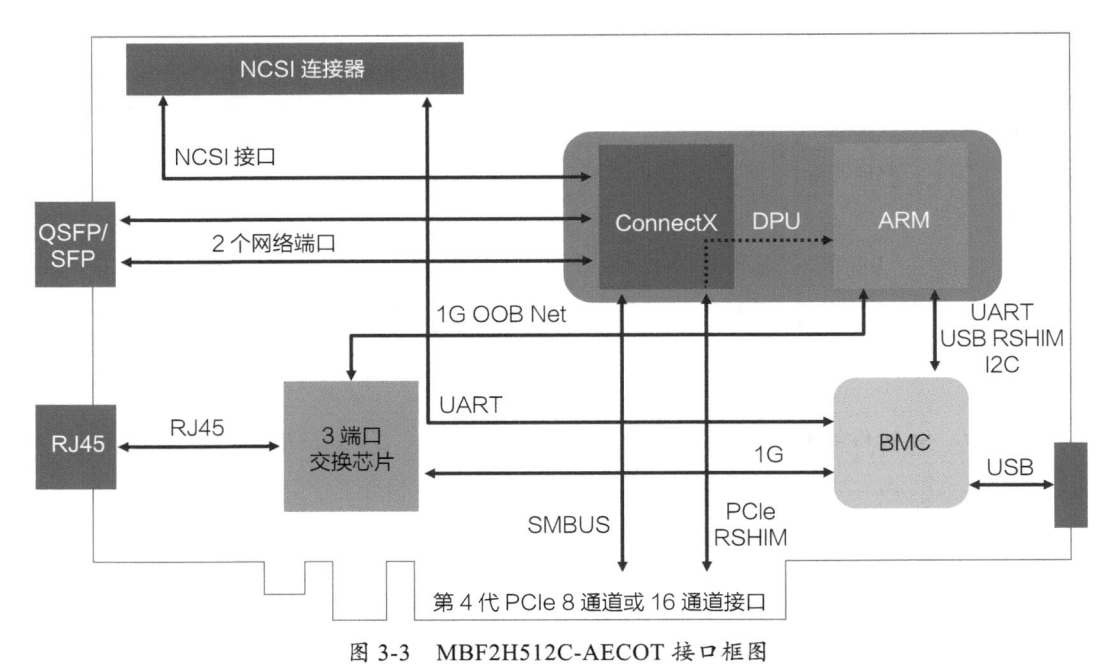

图 3-3 MBF2H512C-AECOT 接口框图

（引用来源：NVIDIA 技术文档）

表 3-2 NVIDIA BlueField DPU 接口

物理接口	可提供的管理功能	管理功能描述
1GBase-T 带外管理接口	OS 安装及升级	通过 DPU 卡板载 BMC 进行 PXE 安装
	OS 配置	通过 SSH 直接访问 DPU
	DPU 芯片上 ARM 单元遥测	通过 DPU 卡板载 BMC 运行 IPMI
	DPU 芯片上 NIC 单元固件升级	通过 SSH 直接访问 DPU 进行升级
	DPU 卡板载 BMC 升级	通过 openbmc 工具进行升级
SMBus	DPU 上 OS 状态监控	通过 NCSI 命令完成
	DPU 芯片上 NIC 单元遥测	通过 NCSI 命令完成
	DPU 芯片上 NIC 单元固件升级	通过 PLDM type5 进行升级
	DPU 卡温度信息获取	通过主板 BMC 的 SMBus 获取
	DPU 芯片上 NIC 监控	通过 PLDM type2 监控
NCSI 接口	OS 安装及升级	通过主板 BMC 的 NCSI 接口私有通道进行 PXE 安装
	OS 配置	通过 NCSI 接口私有通道 SSH 直接访问 DPU
	DPU 卡 OS 状态监控	通过 NCSI 命令完成
	DPU 芯片上 NIC 单元遥测	通过 NCSI 命令完成
	DPU 芯片上 NIC 单元固件升级	通过 PLDM over NCSI 完成

（续）

物理接口	可提供的管理功能	管理功能描述
PCIe	OS 安装及升级	通过 RShim 完成
	OS 配置	通过 SSH over RShim 完成
	DPU 卡 OS 状态监控	通过 RShim 完成
	DPU 卡温度信息获取	通过 NVIDIA MFT 工具获取
	DPU 芯片上 NIC 单元固件升级	通过 NVIDIA MFT 工具升级
USB	DPU 卡板载 BMC 恢复	在没有网络连接，无法远程操作的情况下，现场对 BMC 进行恢复

其中 NCSI 接口需要主板侧的软硬件支持，在带 BMC 的 DPU 卡上可能会被禁用。

3.2.2　NVIDIA BlueField DPU 的使用环境要求

本节介绍 DPU 卡对所搭配的服务器的硬件相关要求。用户可以在提供标准 PCIe 插槽的服务器上使用 NVIDIA BlueField DPU 卡。

1. 服务器结构及接口要求

服务器需提供标准的 PCIe 插槽。NVIDIA BlueField-2 DPU 卡的 PCIe 支持 Gen4（向下兼容），NVIDIA BlueField-3 DPU 卡的 PCIe 支持 Gen5（向下兼容）。为保证接口能够提供期望的带宽，请为 DPU 卡预留合适带宽的 PCIe 槽位。

部分 NVIDIA BlueField DPU 卡需要双槽位空间以提高散热效果，选用前，请关注 NVIDIA 官网用户手册中提供的结构信息。

对于 3.2.1 节中所列的管理接口，可按照使用时的具体需求预留服务器硬件资源。其中 NCSI 接口需要主板侧有能力做硬件适配，并有相应硬件预留，插拔该接口线缆需要断电并打开服务器机箱。USB 接口为临时性诊断问题或做修复用的接口，插拔该接口线缆也需要打开服务器机箱。

2. 服务器供电要求

搭配 NVIDIA BlueField DPU 卡使用的服务器槽位，金手指连接器电源接口至少需要达到 75W 的供电能力。

目前，部分型号的 NVIDIA BlueField DPU 卡，如 NVIDIA BlueField-2 DPU P 系列 MBF2M516A-CENOT 和 MBF2M516A-CEEOT，其最大功耗会超过 75W。对于这类卡，

除金手指电源接口以外，卡身右侧上方有预留一个 6 针 ATX 电源插座，DPU 卡需要通过这个 6 针插座额外供电才能正常工作。板载电源插座位置如图 3-4 所示。

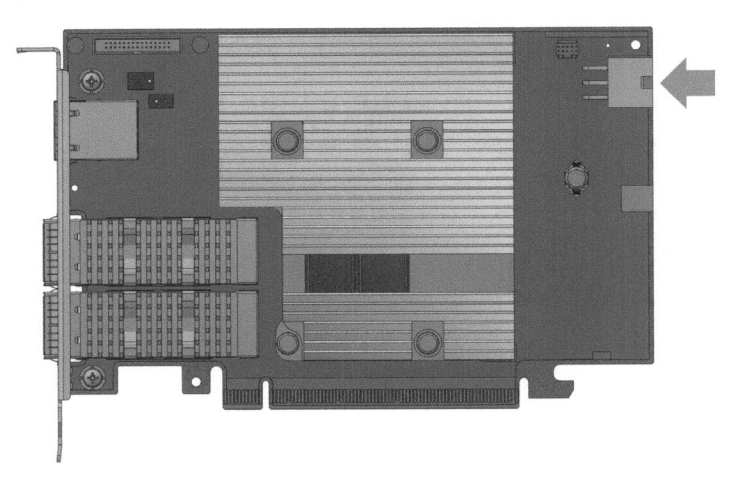

图 3-4　NVIDIA BlueField DPU 额外供电接口

（引用来源：NVIDIA 技术文档）

6 针插座定义如表 3-3 所示。

表 3-3　6 针插座定义

针脚	信号
1	+12V
2	+12V
3	+12V
4	GND
5	GND
6	GND

3. 服务器散热要求

本节介绍 DPU 卡的散热要求。在做 DPU 卡与服务器的配套认证时，请务必提前进行热仿真。散热仿真模型请与 NVIDIA 本地技术支持团队联系获取。

在应用 NVIDIA BlueField-2 DPU 卡时，较为合理的散热风向是端口向芯片（Port to Chip）。在这种条件下，进风口风温较低，系统的散热压力相对较小，如图 3-5 所示。

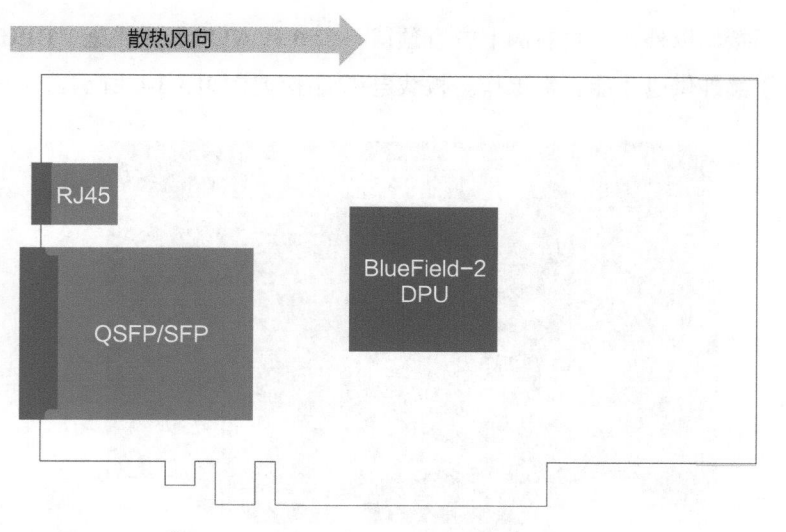

图 3-5　NVIDIA BlueField DPU 散热风向

（引用来源：NVIDIA 技术文档）

如果系统风向和上图相反，使用前请务必做散热评估。表 3-4 提供了几款 NVIDIA BlueField-2 DPU 卡在芯片向端口（Chip to Port）风向时的典型温度特性，供用户使用前做初步评估，各卡进风口风速条件均设定为 800LFM，DPU 芯片结温上限为 105℃。

表 3-4　NVIDIA BlueField-2 DPU 散热条件

DPU 卡系列	DPU 卡型号	接口模块类型	进风口最高风温
MBF2H5[1/3]2C*	MBF2H512C-AECOT MBF2H512C-AESOT	有源模块	57 ℃
	MBF2H532C-AECOT MBF2H532C-AESOT	无源模块	61 ℃
MBF2H355A*	MBF2M355A-VECOT	有源模块	46 ℃
	MBF2M355A-VESOT	无源模块	48 ℃
MBF2H332A-*	MBF2H332A-AECOT MBF2H332A-AEEOT	有源模块	46 ℃
	MBF2H332A-AENOT	无源模块	48 ℃
MBF2H5[1/3]6C*	MBF2H516A-CEEOT MBF2H516A-CENOT MBF2H536C-CECOT MBF2H536C-CESOT	有源模块	43 ℃
	MBF2H536C-CEUOT MBF2H516C-CECOT MBF2H516C-CESOT	无源模块	43 ℃

（续）

DPU 卡系列	DPU 卡型号	接口模块类型	进风口最高风温
MBF2M516C-*	MBF2M516C-CECOT MBF2M516C-CESOT MBF2M516A-CECOT MBF2M516A-CEEOT MBF2M516A-CENOT	有源模块	43 ℃
		无源模块	43 ℃

其中，有源模块指的是光模块或者 AOC，无源模块指的是 DAC。

DPU 卡支持的温度获取方式如表 3-5 所示。

表 3-5　NVIDIA BlueField-2 DPU 温度获取

接口	温度信息获取方式
SMBus	通过 SMBus 上的 I2C 访问直接获取
	通过 MCTP over SMBus 获取
PCIe	通过 NVIDIA MFT 工具获取
	通过 MCTP over PCIe 获取
NCSI	通过 NCSI 命令获取
BMC UART	通过 ipmi 命令获取
1GBase-T	通过网口登录到 BMC 或 DPU 卡 OS 获取

再次注意，NCSI 接口需要主板侧软硬件支持，在带 BMC 的 DPU 卡上可能会被禁用。

NVIDIA BlueField DPU 卡温度阈值如下：

- 最大工作温度（结温）阈值为 105℃
- 过温下电温度（结温）阈值为 120℃

3.2.3　硬件安装前准备

本节介绍 DPU 卡安装前的准备工作。安装 NVIDIA BlueField DPU 卡前，需检查确认：

- 服务器的槽位位宽及结构空间是否足够
- 服务器的供电能力是否足够
- 服务器的散热能力是否足够

关于配件

NVIDIA BlueField DPU 卡默认装配的是全高（Full Height）挡板，对于卡身尺寸为半高（Half Height）的产品，随卡会附带一个半高挡板。如果要更换挡板为半高，需要拆卸螺钉，拆卸及安装过程请小心操作。

随卡附带的其他配件如表 3-6 所示。

表 3-6　NVIDIA BlueField-2 DPU 附带配件

DPU 卡型号	配件型号	配件说明
MBF2H516A-C*	MBF20-DKIT	USB 2.0 Type-A 转 Mini USB Type-B 线缆
		USB 转 UART（30pin 带外连接器接口）
MBF2H332A-* MBF2H355A-*	MBF25-DKIT	USB 2.0 Type-A 母头转 4pin 接口线缆
		USB 转 UART 线缆（30pin 带外连接器接口）
MBF2H5[1/3]2C* MBF2H5[1/3]6C*	MBF35-DKIT	USB 2.0 Type-A 母头转 4pin 接口线缆
		USB 转 UART 线缆（20pin 带外连接器接口）

3.2.4　硬件安装

本节所述的所有对板卡的插拔类操作，都需要在服务器下电状态下进行。请完全拔掉服务器所有电源插头，等待 30s 后再进行操作，过程中需要做好 ESD 防护。

这里以 MBF2M516A-CENOT 全高半长 DPU 卡为例进行介绍。如果想进一步了解相关操作实践，请访问 nvidia.cn/dpubook-11。具体步骤如下：

步骤一，打开服务器机盖。

步骤二，将 DPU 卡置于待插入槽位上方，如图 3-6 所示。

步骤三，双手持卡，两手平衡并均匀用力，将 DPU 卡插入槽位。插入后，请检查金手指位置的接触牢固度，如图 3-7 所示。

步骤四，确认 DPU 卡与金手指连接器已经牢固接插后，观察 DPU 卡所有面板口（含网络接口、1GBase-T 接口）是否都处于服务器机箱结构开窗位置，如有必要，以金手指接触面为轴进行微调，如图 3-8 所示。

步骤五，调整完毕后，使用螺钉紧固 DPU 卡，如图 3-9 所示。

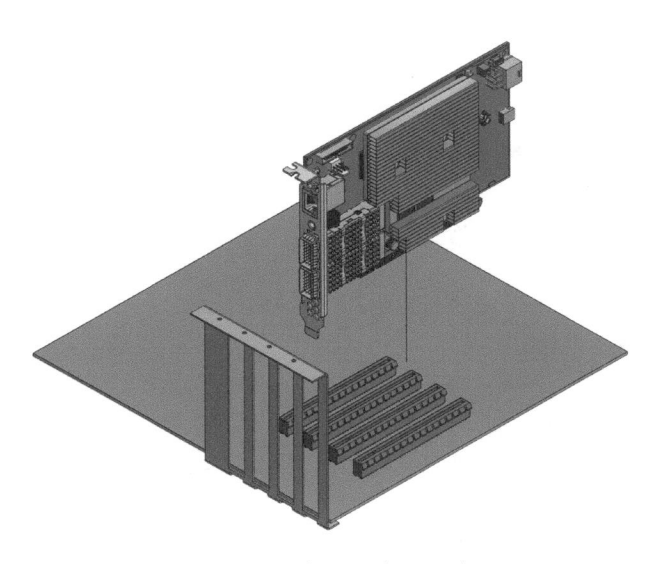

图 3-6　将 DPU 卡置于待插入槽位上方

（引用来源：NVIDIA 技术文档）

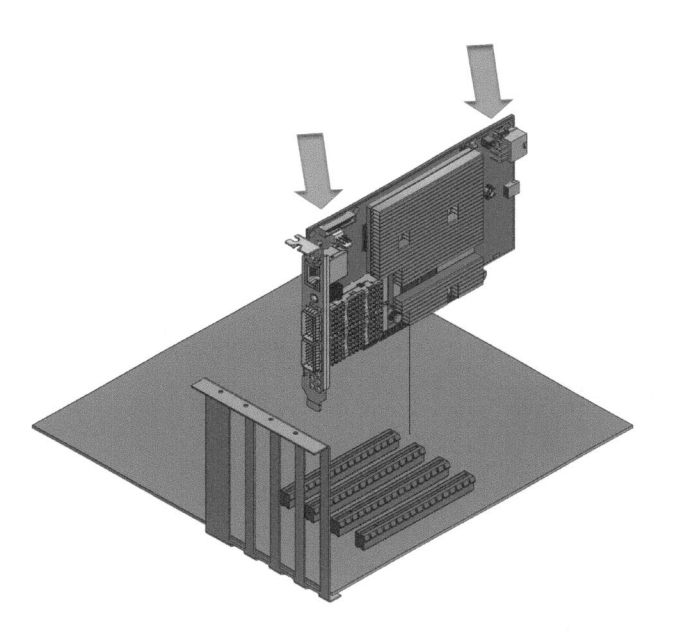

图 3-7　将 DPU 卡插入槽位

（引用来源：NVIDIA 技术文档）

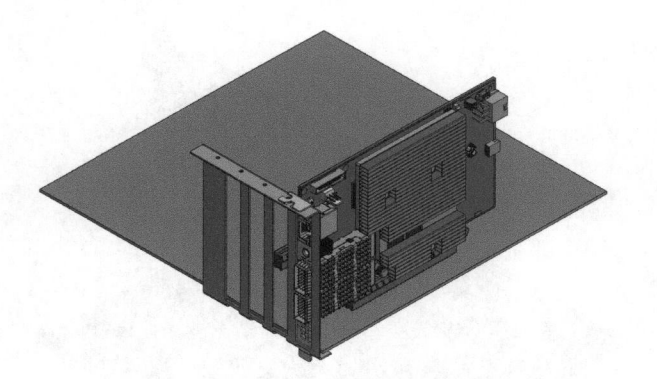

图 3-8　确认 DPU 卡已牢固接插

（引用来源：NVIDIA 技术文档）

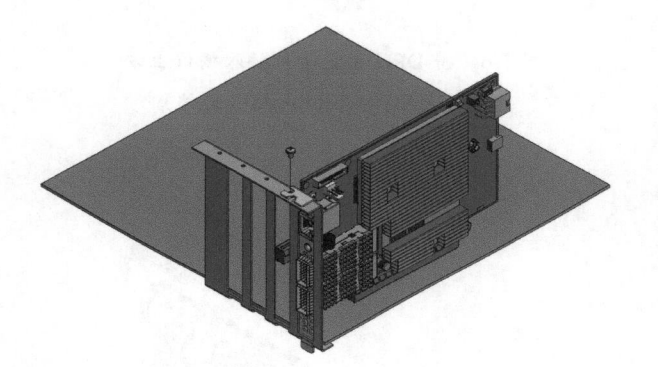

图 3-9　紧固 DPU 卡

（引用来源：NVIDIA 技术文档）

步骤六，如果需要连接 ATX 电源线、NCSI 线缆或者 USB 线缆，请在此步操作。

步骤七，关闭服务器机箱盖。

3.2.5　网络接口线缆安装

本节介绍网络接口线缆安装。读者可以从 nvidia.cn/dpubook-12 获取与 NVIDIA BlueField DPU 做过兼容性测试的线缆及模块列表，未在此列表列出的其他线缆及模块型号，请在实际部署前先行验证其与 NVIDIA BlueField DPU 卡的兼容性。

在安装网络线缆时，请注意：

- 网络接口线缆支持热插拔。
- 插入线缆模块时需要区分正反面。在正反面和 DPU 端口不匹配的情况下，线缆无法插入至锁扣锁紧状态。此时，如果继续用力向 DPU 卡侧推模块，可能会导致 DPU 卡损毁。
- 向 DPU 卡内部推入模块时，请保持模块壳体与模块屏蔽罩平行。
- 安装完线缆后，请充分考量线缆的重量。如果线体本身下坠时对 DPU 卡产生明显拉力，则有可能会影响接插质量，进而影响误码率。此时，建议安装配线架。
- 拔出线缆时，请向外拉拉环，不要拉模块本体或者线体。

3.3　NVIDIA BlueField DPU 的 BFB 安装

3.3.1　什么是 BFB

BFB 是 BlueField Boot Stream 的 缩 写， 由 Bootloader、Linux OS、Romfs 组 成。 当 BFB 成功安装到 DPU 上后，DPU 就拥有了完整的操作系统，用户可以像管理普通 Linux 系统那样进行管理以及二次开发。读者可以访问 nvidia.cn/dpubook-13 和 nvidia.cn/ dpubook-14 了解 BFB 的安装详情。

3.3.2　通过主机 Rshim 安装

要通过 Rshim 安装 BFB，首先要确保 Rshim 服务已经安装在 DPU 所在的主机上。 如果你已经在主机上安装了完整的 NVIDIA 的 OFED 的话，Rshim 就已经自动安装上了。 如果没有安装 OFED 的话，可以在这里（nvidia.cn/dpubook-15）下载并安装，或单独从 这里（nvidia.cn/dpubook-16）下载 Rshim，然后再按下面的方法安装。

基于 deb 系统的安装方法：

```
# dpkg -i rshim_2.0.6-1.ga97dc5d_amd64.deb
```

基于 rpm 系统的安装方法：

```
# rpm -Uvh rshim-2.0.6-1.ga97dc5d.el7.centos.x86_64.rpm
```

安装 Rshim 后，需要通过这个命令来启动：

```
# systemctl start rshim
```

但是如果 Rshim 已经在 BMC 中启动了的话，需要先在 BMC 停止 Rshim 服务：

```
# systemctl stop rshim
```

然后在主机（Host）上启动 Rshim。否则会启动失败。

在主机上成功启动 Rshim 服务后，就可以通过 Rshim 来安装：

```
# bfb-install --bfb <DOCA-metapackage>.bfb --config bf.cfg --rshim rshim0
```

bfb-install 工具包含在 Rshim 安装包中。

更简单的方法是：

```
# cat DOCA-metapackage..bfb > /dev/rshim0/boot
```

NVIDIA 官方提供的 BFB 可以在这里（nvidia.cn/dpubook-17）下载。

上面的安装命令中的 --config bf.cfg 是可选项，在 bf.cfg 中可以定义 Ubuntu 系统的 ubuntu 用户开机密码，比如 ubuntu_PASSWORD=$1$3B0RIrfX$TlHry93NFUJzg3Nya00rE1'，默认密码是 ubuntu。

下面是安装 BFB 时的标准输出：

```
# bfb-install --bfb <DOCA-metapackage>.bfb --config bf.cfg --rshim rshim0
Pushing bfb + cfg
1.21GiB 0:01:14 [16.5MiB/s] [ <=> ]
Collecting BlueField booting status. Press Ctrl+C to stop…
INFO[BL2]: start
INFO[BL2]: DDR POST passed
INFO[BL2]: UEFI loaded
INFO[BL31]: start
INFO[BL31]: runtime
INFO[UEFI]: eMMC init
INFO[UEFI]: eMMC probed
INFO[UEFI]: PMI: updates started
INFO[UEFI]: PMI: boot image update
INFO[UEFI]: PMI: updates completed, status 0
INFO[UEFI]: PCIe enum start
INFO[UEFI]: PCIe enum end
INFO[MISC]: Found bf.cfg
INFO[MISC]: Ubuntu installation started
INFO[MISC]: Installation finished
INFO[MISC]: Rebooting...
```

3.3.3 通过 BMC Rshim 安装

用户也可以通过 BMC 中的 Rshim 来安装 BFB。首先确保停止主机上的 Rshim 服务，运行 `systemctl stop rshim` 命令，然后在 BMC 中启动 Rshim 服务，运行 `systemctl start rshim` 命令，或者通过 `ipmitool` 来启动 Rshim 服务：

```
ipmitool raw 0x32 0x6a 1
```

启动 Rshim 服务后，就可以按照下面的方法安装 BFB 了。

在可以连接到 BMC 的服务器上，执行：

```
# scp <path_to_bfb> root@<bmc_ip>:/dev/rshim0/boot
```

如果有 `bf.cfg`，首先要将 BFB 和 `bf.cfg` 合并成一个新的 BFB，然后再远程复制到 BMC 中：

```
# cat <path_to_bfb> bf.cfg > new.bfb
# scp <path to new.bfb> root@<bmc_ip>:/dev/rshim0/boot
```

在安装过程中，可以在 BMC 中执行 `cat /dev/rshim0/misc` 来监控安装进度。

3.3.4 通过 PXE 安装

在有些环境（比如 DPU 部署在云环境）中，DPU 的管理者通常没有访问 DPU 主机的权限。如果 BMC 所在的带外管理网络比较复杂的话，那么通过 BMC 的 Rshim 来安装 BFB 将会非常耗时。这时就需要部署 PXE 来安装了。

NVIDIA 提供的 DPU 可以分为带 BMC 的和不带 BMC 的两大类，这两类 DPU 在通过 PXE 安装 BFB 的过程方面也有所差别。下面讲解 PXE 的配置方法。为了配置方便，`tftp` 和 `dhcp` 服务运行在同一台服务器上。这里以 dhcpv4 以及 CentOS 7 系统为例。

1. dhcpv4 服务器配置

本节描述 dhcpv4 服务器的配置过程。

先按照"Installing and Configuring TFTP Server on CentOS 7"（linuxhint.com）的指导安装 tftp-server，然后安装 DHCP 服务器，比如：

```
yum install dhcpd
```

接下来制作一个配置文件：

```
cp /usr/share/doc/dhcp-4.2.5/dhcpd.conf.example /etc/dhcp/dhcpd.conf
```

当有了 /etc/dhcp/dhcpd.conf 这个配置文件后，就可以配置为 PXE 服务的 dhcpv4 了：

```
subnet 192.168.100.0 netmask 255.255.255.0 {
range 192.168.100.10 192.168.100.20;
option domain-name-servers ns1.internal.example.org;
option domain-name "internal.example.org";
option routers 192.168.100.1;
filename "grubaa64.efi";
next-server 192.168.100.1;
option broadcast-address 192.168.100.0;
default-lease-time 600;
max-lease-time 7200;
}
```

如果想为某个 DPU 分配固定的 IP 地址，那么需要进行下面的配置：

```
host DPU0 {
hardware ethernet  08:c0:eb:53:e8:02;
fixed-address 192.168.100.35;
filename "grubaa64.efi";
next-server 192.168.100.1;
}
```

上面配置中的地址 192.168.100.1 一定要配置在服务器的某个接口上，通过这个接口，服务器和 DPU 可以相互通达。比如：ip addr add 192.168.100.1/24 dev p2p1。

2. 提取 Linux Kernel 镜像和文件系统

通过 PXE 安装 DPU 需要 Linux 内核镜像、文件系统和 UEFI Bootloader，这三个镜像分别是 dump-image-v0、dump-initramfs-v0 和 grubaa64.efi。

如果用户自己按照 GitHub - Mellanox/bfb-build: BFB (BlueField boot stream and OS installer) build environment 上的指南编译自己的 BFB，那么在 Docker 镜像中就会生成 dump-image-v0 和 dump-initramfs-v0，grubaa64.efi 可以在 /boot/efi/EFI/ubuntu 找到。

如果用户使用 NVIDIA 提供的 BFB，可以联系 NVIDIA 的销售代表取得 NVIDIA BlueField-2 DPU 软件包，比如 BlueField-3.9.0.12213.tar.xz，然后按照下面的方法提取 dump-image-v0 和 dump-initramfs-v0：

```
# tar xvf BlueField-3.9.0.12213.tar.xz
# ./BlueField-3.9.0.12213/bin/mlx-mkbfb -x <path>/<bfb>
```

grubaa64.efi 就在 **BlueField-3.9.0.12213** 目录中。

当我们得到 dump-image-v0、dump-initramfs-v0 和 grubaa64.efi 这三个镜像后，就可以开始配置 tftp-server。

3. tftp-server 配置

PXE 安装需要在 tftp-server 根目录下创建一个 grub.cfg 文件：

```
# cat /var/lib/tftpboot/grub.cfg:
set default=0
set timeout=5
menuentry 'BlueField_Ubuntu20.04_From_BFB' --class red --class gnu-linux
    --class gnu --class os {
linux Ubuntu2004/dump-image-v0 ro ip=dhcp console=hvc0 console = ttyAMA0,
    1500000n8
initrd Ubuntu2004/dump-initramfs-v0
}
```

把前面获得的 dump-image-v0 和 dump-initramfs-v0 传到 tftp-server 的 /var/lib/tftpboot/Ubuntu2004/ 目录下，把 grubaa64.efi 传到 tftp-server 的 /var/lib/tftpboot/ 目录下。

至此，所有的配置已经完成，我们需要重启 dhcpd 和 tftp-server：

```
# systemctl restart dhcpd
# systemctl restart tftp-server
```

4. 开始 DPU PXE 安装

DPU 上的三个接口中至少有一个能够到达 DHCP 服务器，如果 DPU 有 BMC，在 BMC 中执行以下步骤启动 PXE 安装。

设置 **PXE** 标志位：

```
# ipmitool chassis bootparam set bootflag force_pxe
```

重启 **DPU**：

```
# ipmitool chassis power reset
```

上面的命令也可以远程执行，比如：

```
# ipmitool -C 17 -I lanplus -H <BMC-IP> -U root -P <BMC-PASSWORD> set bootflag
force_pxe
```

```
# ipmitool -C 17 -I lanplus -H <BMC-IP> -U root -P <BMC-PASSWORD> chassis
power reset
```

如果没有 BMC，我们需要在 DPU OS 中手工创建 /etc/bf.cfg：

```
BOOT0=NET-NIC_P0-IPV4
BOOT1=NET-NIC_P1-IPV4
BOOT2=NET-OOB-IPV4
BOOT3=DISK
PXE_DHCP_CLASS_ID= BF2Client
```

然后执行 bfcfg。重启 DPU 后就可以进行 PXE 安装了。

3.3.5 安装后上电检查

DPU 卡安装完成后，将服务器上电开机。请参考如下检查项检查硬件安装情况：

- PCIe 设备
- DPU 卡温度
- 端口 LED 状态

1. PCIe 设备检查

如果搭配 DPU 卡的服务器上运行了 Linux 操作系统，请运行 lspci |grep -i BlueField 命令。在 DPU 卡正常上电并被系统识别到的情况下，会看到如下打印：

```
# lspci |grep -i BlueField
63:00.0 Ethernet controller: Mellanox Technologies MT42822 BlueField-2
integrated ConnectX-6 Dx network controller
63:00.1 Ethernet controller: Mellanox Technologies MT42822 BlueField-2
integrated ConnectX-6 Dx network controller
63:00.2 DMA controller: Mellanox Technologies MT42822 BlueField-2 SoC
Management Interface
```

上面的输出中，63:00.0 即为 DPU 卡所在的槽位号。建议进一步用 lspci -s BDF -vvv 命令检查 PCIe 的状态，确保 speed(Gen5/Gen4/Gen3) 和 width(x16/x8) 已协商到期望状态，这里的 BDF 是 DPU 卡所在的槽位号。

2. DPU 卡温度检查

建议在服务器上安装 NVIDIA MFT，用户可使用此工具查询 DPU 卡的当前温度，用以初步检查散热情况，命令如下：

```
# mget_temp -d BDF
xx
```

这里的 BDF 同样是 DPU 卡所在的槽位号，xx 是在 DPU 芯片上采样到的十进制温度（摄氏度）。

3. 端口 LED 状态检查

在 DPU 卡的网络接口（SFP56/QSFP56）插入线缆，并确保线缆和对端设备连接完成，对照表 3-7 确认链路是否处于期望状态。

表 3-7　DPU 卡网络接口指示灯

LED 状态	指示状态描述
Port0 黄色灯 1 Hz 闪烁	使用 ethtool -p 命令定位 DPU 卡
端口绿色灯常亮	端口 LINK 指示
端口绿色灯闪烁	端口 ACT 指示
端口黄色灯 4 Hz 闪烁	端口 Error 状态

注意，Error 状态包含两种可能情况：

- DPU 卡没有正确获取插入模块的信息
- 插入模块所需功耗超过 DPU 卡可提供的上限

对于 1GE 带外管理接口（RJ45），请参考表 3-8 检查端口状态是否正常。

表 3-8　DPU 卡带外接口指示灯

DPU 卡系列	端口状态	LED 状态	
		绿灯	黄灯
MBF2[H/M]3-* MBF2[H/M]516A-*	无 LINK	不亮	不亮
	有 LINK，无 ACT	常亮	不亮
	有 ACT	闪烁	不亮
MBF2M516C-* MBF2H5[1/3]6C* MBF2H5[1/3]2C*	无 LINK	不亮	不亮
	LINK 到 1GE，无 ACT	常亮	不亮
	LINK 到 1GE，有 ACT	闪烁	不亮
	LINK 到 100M，无 ACT	不亮	常亮
	LINK 到 100M，有 ACT	不亮	闪烁
	LINK 到 10M，无 ACT	常亮	常亮
	LINK 到 10M，有 ACT	闪烁	闪烁

3.4 使用 NVIDIA SDK 管理器图形界面进行安装

手动安装主机和 NVIDIA BlueField DPU 上的各个组件是一个耗时和复杂的过程，NVIDIA 软件开发套件（SDK）管理器提供了端到端的开发者环境搭建和安装解决方案，它支持各种 NVIDIA 的硬件开发平台并支持多种 NVIDIA 软件开发套件（SDK），里面包括了 NVIDIA BlueField DPU 和 NVIDIA DOCA SDK 的安装。表 3-9 是 NVIDIA DOCA 的软件组件一览。

表 3-9　NVIDIA DOCA 软件组件

设备	组件	架构与系统
在支持的主机平台上安装组件	DOCA SDK v0.4.0 DOCA Runtime v1.4.0 DOCA Tools v1.4.0	aarch64 架构上的 CentOS 7.6 系统
		x86 架构上的 CentOS/RHEL 7.6 系统
		x86 架构上的 CentOS/RHEL 8.0 系统
		x86 架构上的 CentOS/RHEL 8.2 系统
		x86 架构上的 Ubuntu 18.04 系统
		x86 架构上的 Ubuntu 20.04 系统
		x86 架构上的 Debian 10.8 系统
	ARM Emulated Development Container	aarch64 架构上的 ARM Container v3.9.2
在目标设备 NVIDIA BlueField DPU 上安装组件	BlueField OS image v3.9.2 DOCA SDK v0.4.0 DOCA Runtime v1.4.0 DOCA Tools v1.4.0	aarch64 架构上的 Ubuntu 20.04 系统

3.4.1 NVIDIA SDK 管理器的下载和安装

可以通过 nvidia.cn/dpubook-18 下载最新版本的 NVIDIA SDK 管理器。安装包下载到主机服务器之后，使用以下命令安装并运行 SDK 管理器。

对于 Ubuntu 主机，安装 Debian 安装包。

Ubuntu 16.04、18.04 或 Ubuntu 20.04：

```
$ sudo apt install ./sdkmanager_[version]-[build#]_amd64.deb
```

对于 CentOS/Red Hat Enterprise Linux 主机，安装 RPM 安装包。

CentOS/Red Hat Enterprise Linux 8.0 或 8.2：

```
$ sudo dnf install ./sdkmanager_[version]-[build#].x86_64.rpm
```

CentOS/Red Hat Enterprise Linux 7.6：

```
$ sudo yum install ./sdkmanager_[version]-[build#].x86_64.rpm
```

安装成功后，可以使用应用加载器启动 SDK 管理器，或者在命令行中执行 `sdkmanager` 命令来启动 SDK 管理器，之后需要以 NVIDIA 开发者或者 NVONLINE 的身份登录来使用，如图 3-10 所示。

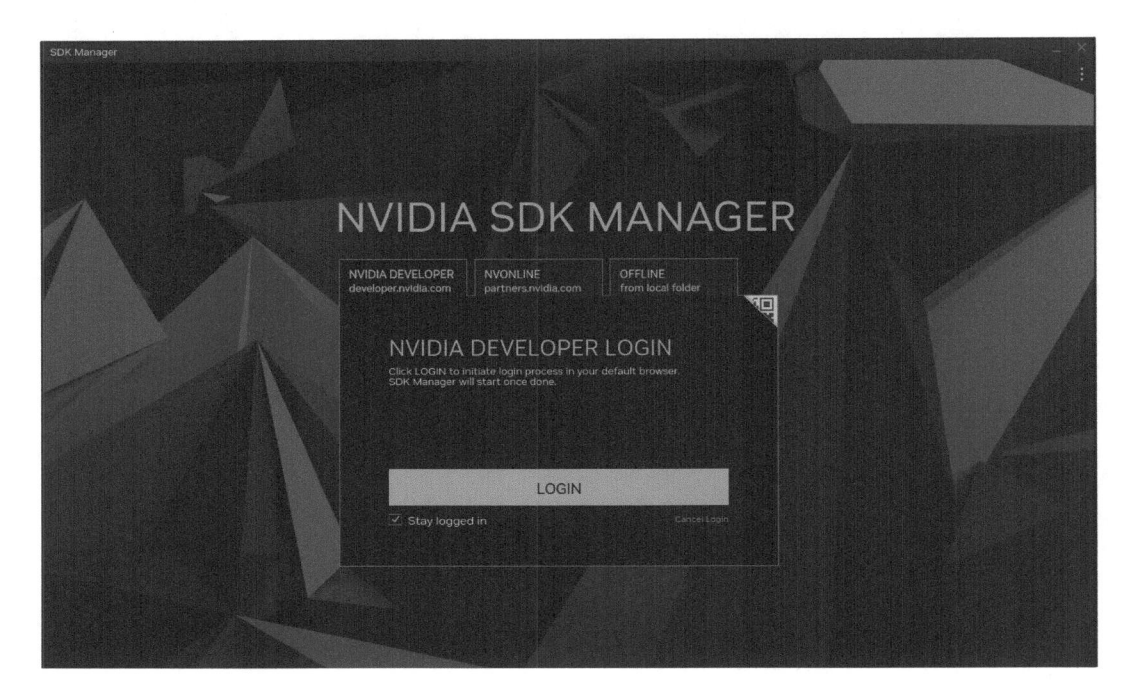

图 3-10　SDK 管理器 NVIDIA 开发者登录

（引用来源：NVIDIA 技术文档）

3.4.2　NVIDIA SDK 管理器的图形界面

NVIDIA SDK 管理器的图形界面提供了安装 NVIDIA BlueField DPU 操作系统和 NVIDIA DOCA SDK 的逐步指南，第一步（STEP 01）是设置开发环境，在这里选择

DOCA 作为要安装的产品类型（Product Category），在硬件配置中选择主机型号以及目标设备，如图 3-11 所示。

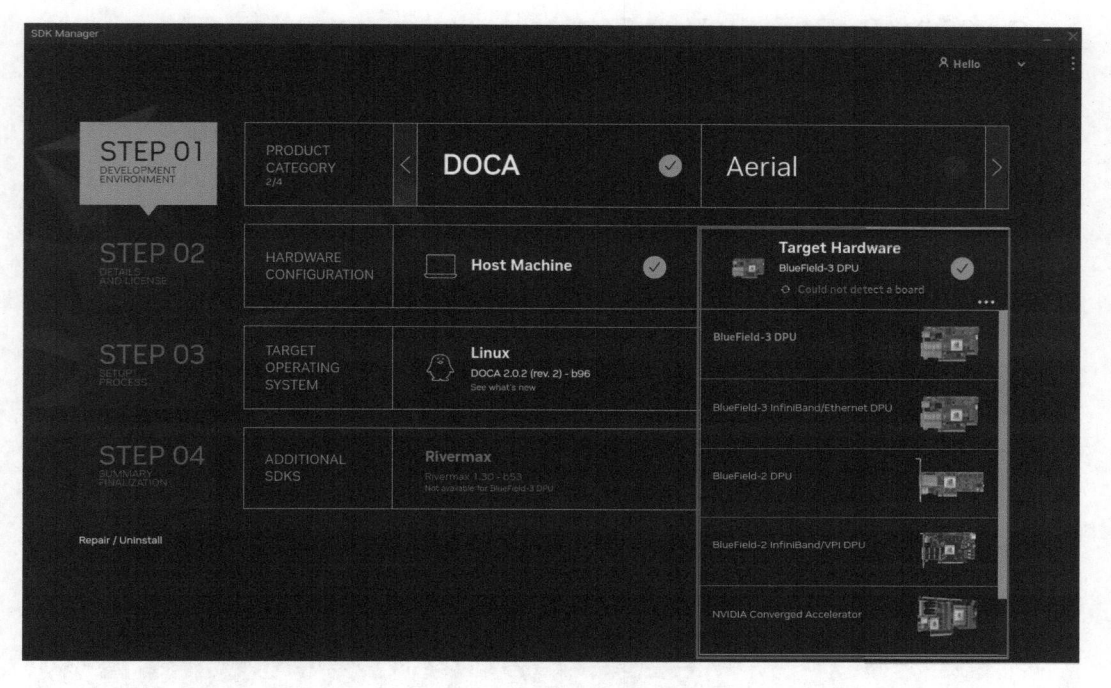

图 3-11　设置开发环境

（引用来源：NVIDIA 技术文档）

请注意，必须已经在主机上安装好了 NVIDIA BlueField DPU。SDK 管理器会自动发现 DPU 设备并在图形界面中提供给客户选择，如果未发现你的设备，请点击刷新或者手动选择。

在目标操作系统选项框中，你可以指定 DPU 操作系统和 DOCA 的版本。如果有需要，也可以选择需要额外安装的 SDK，例如 CUDA Toolkit。选择完成后点击继续（CONTINUE）按钮，如图 3-12 所示。

第二步（STEP 02）是检查所选的组件细节并接受 SDK 许可。你可以点开主机组件和 DPU 组件列表逐一核对。请注意上面显示的对于主机和 DPU 存储空间的要求，并保证留出足够的存储空间来下载和安装 DOCA 组件。另外需要勾选接受 SDK 许可，如图 3-13 所示。

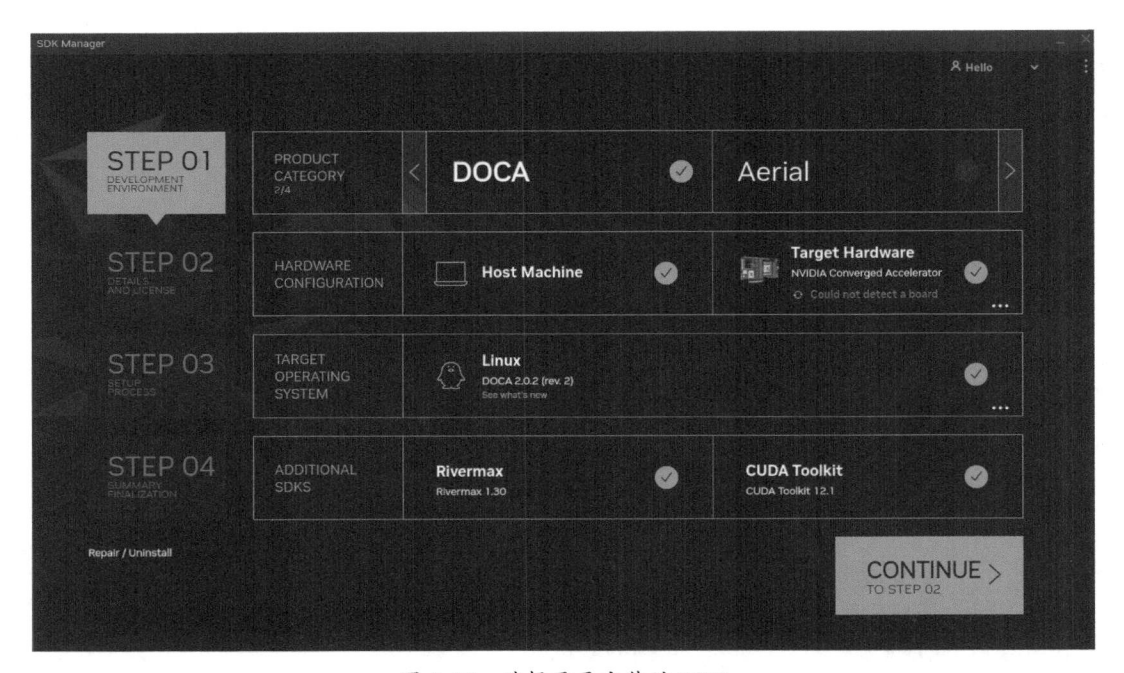

图 3-12　选择需要安装的 SDK

（引用来源：NVIDIA 技术文档）

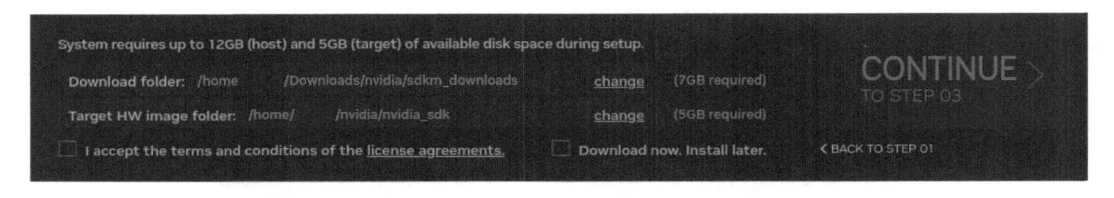

图 3-13　组件预览并接受许可

（引用来源：NVIDIA 技术文档）

第三步（STEP 03）是安装，在开始安装之前，SDK 管理器会提示你输入 sudo 密码以暂时获得管理员权限来安装所有 DOCA 组件。在安装过程中，SDK 管理器的图形界面会实时显示下载和安装进度，可以通过点击暂停 / 继续按钮来控制安装过程。你还可以在顶端选择"详情"（Details）和"终端"（Terminal）页面来查看不同的下载和安装细节，如图 3-14 所示。

当 SDK 管理器准备好烧写整个目标 NVIDIA BlueField DPU 设备时，它会弹出一个对话框来提示你准备好整个设备的烧写。在这个对话框中可以设置 ubuntu 用户的初始密码，如图 3-15 所示。

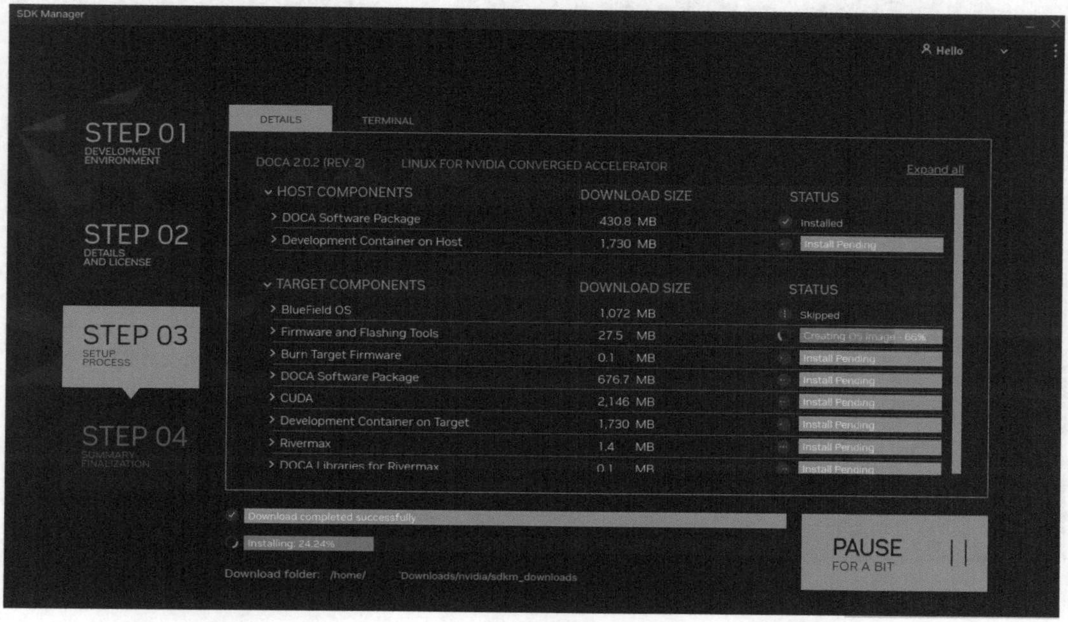

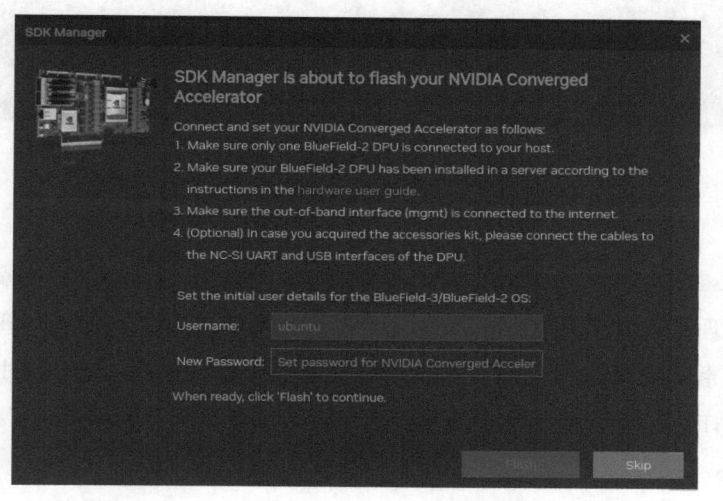

图 3-14　安装过程

（引用来源：NVIDIA 技术文档）

图 3-15　准备烧写 NVIDIA BlueField DPU 设备

（引用来源：NVIDIA 技术文档）

当 SDK 管理器完成目标 NVIDIA BlueField DPU 的烧写后，DPU 终端上会提示完成一系列初始化配置，完成后 DPU 将启动并进入 Linux 桌面。SDK 管理器将继续在目标 NVIDIA BlueField DPU 上安装 NVIDIA DOCA SDK 软件组件，此时需要在 SDK 管理器图形界面中指定 DPU 配置的 IP 地址以及用户名、密码，以便 SDK 管理器能够访问 DPU，如图 3-16 所示。

> ✍ **注　意**　为了在目标 DPU 设备上安装 DOCA 软件组件，请确保 DPU 的千兆带外管理网络接入 Internet，以便下载 DOCA 安装包。

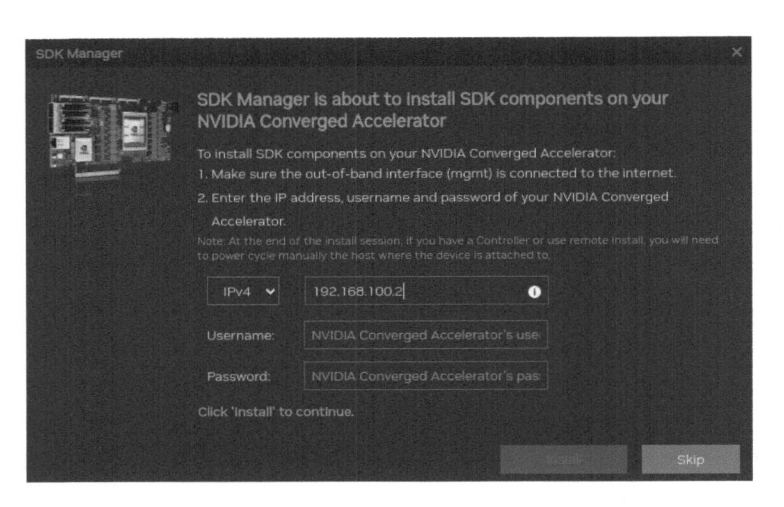

图 3-16　在 NVIDIA BlueField DPU 上安装 NVIDIA DOCA
（引用来源：NVIDIA 技术文档）

SDK 管理器在安装完成后会提供一个总结报告，包含了所有安装的组件、错误报告和日志等，你可以在此页面下载调试日志或者查询错误日志。最后，你可以点击完成和退出来结束整个 SDK 管理器的安装流程。

3.5　NVIDIA BlueField DPU 的管理

3.5.1　通过主机 Rshim 登录 DPU

在主机上成功启动 Rshim 后，用户可以在主机上通过 `ip link list` 看到 `tmfifo_`

net0 接口。在 DPU OS 上也有对应的 Rshim 接口，其 IP 地址是 192.168.100.2/30，所以当我们在主机的 tmfifo_net0 配上 192.168.100.1 后（例如 ip addr add 192.168.100.1 dev tmfifo_net0），就可以直接在主机上登录 DPU，例如：

```
ssh ubuntu@192.168.100.1
```

用户也可以通过 Rshim console 来登录 DPU：

```
# minicom -D /dev/rshim0/console
```

或

```
# screen /dev/rshim0/console
```

3.5.2　在主机端查看 DPU 日志

用户可以在主机上通过查看 Rshim 日志（log）来显示 DPU 重要事件。
第一步，查看日志 DISPLAL_LEVEL：

```
# cat /dev/rshim0/miscDISPLAY_LEVEL    0 (0:basic, 1:advanced, 2:log)
```

第二步，设置日志 DISPLAL_LEVEL：

```
# echo "DISPLAY_LEVEL 2" > /dev/rshim0/misc
```

第三步，查看日志：

```
# cat /dev/rshim0/misc
...
----------------------------------------
    Log Messages
----------------------------------------
 INFO[BL2]: start
 INFO[BL2]: no DDR on MSS0
 INFO[BL2]: calc DDR freq (clk_ref 53836948)
 INFO[BL2]: DDR POST passed
 INFO[BL2]: UEFI loaded
 INFO[BL31]: start
 INFO[BL31]: runtime
 INFO[UEFI]: eMMC init
 INFO[UEFI]: eMMC probed
 INFO[UEFI]: PCIe enum start
 INFO[UEFI]: PCIe enum end
```

3.5.3　DPU BMC

从 NVIDIA BlueField-2 DPU 开始，有些 NVIDIA BlueField DPU 型号卡开始支持 BMC 了。用户可以在 nvidia.cn/dpubook-19 上查询自己的卡是否支持 BMC。有关 BMC 的介绍，请访问 nvidia.cn/dpubook-20 了解详情。

1. BMC 串口管理

在 DPU 卡上，我们可以看见一个 30/20 针的扁平电缆连接器，这就是 BMC 串口，如图 3-17 所示。

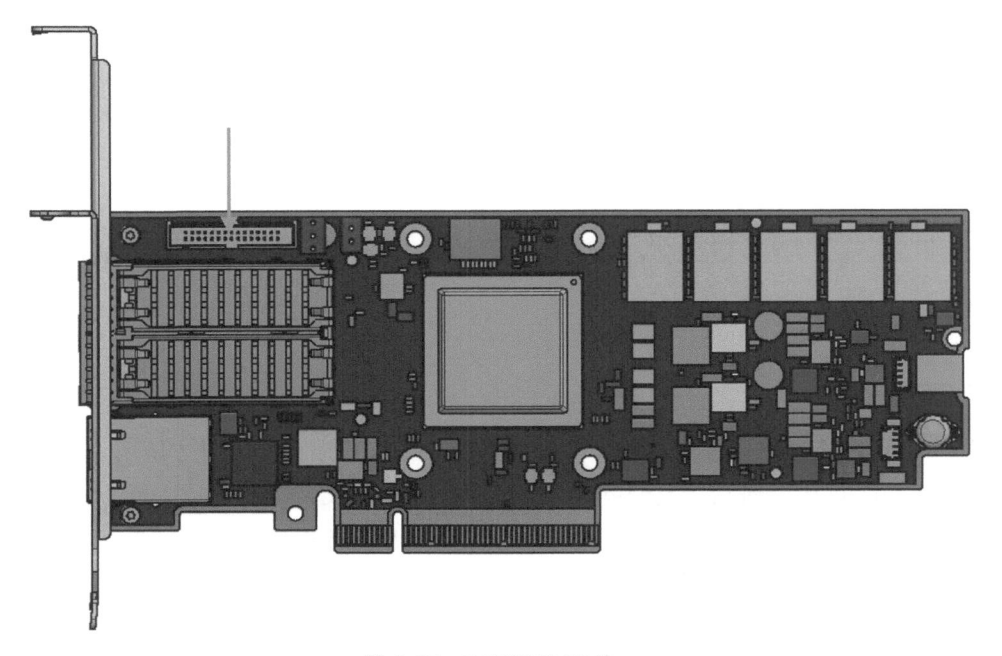

图 3-17　DPU NC-SI 接口

（引用来源：NVIDIA 技术文档）

2. BMC 网络管理

在 DPU 卡的前端，有一个 RJ45 的以太网接口。用户可以使用这个接口通过网络连接到 BMC。为了方便使用网络来管理 BMC，BMC 必须先通过 DHCP 来获得 IP 地址。为了很好地区分每个 BMC，建议通过固定 MAC 和 IP 地址来配置 DHCP 服务器。BMC 可以通过在主机上运行 `mlxfwmanager` 命令获取 DPU 的基础 MAC 地址，再加上 2 就可以得到 BMC MAC 地址。

BMC MAC 地址也可以通过卡上标签来获取，如图 3-18 所示，这里 DPU 的基础 MAC 地址为 00 02 C9 27 05 00，对应的 BMC MAC 地址即为 00 02 C9 27 05 02。

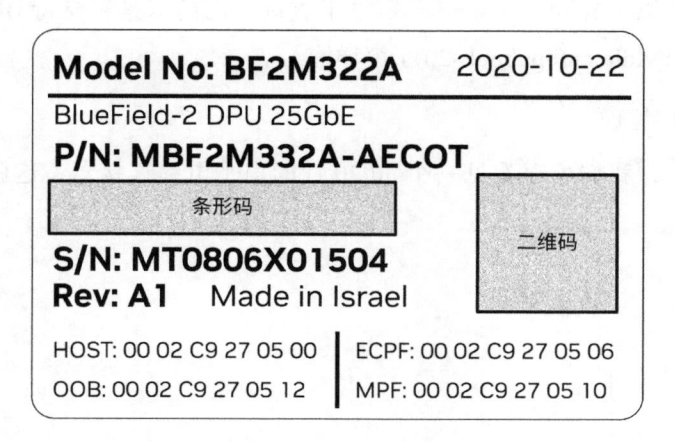

图 3-18　DPU 标签示例

（引用来源：NVIDIA 技术文档）

BMC 支持 IPv4 和 IPv6。

3. 登录 BMC

用户也可以通过串口登录 BMC，但这一般是在 BMC 遇到故障时才使用。通常情况下，当获取 BMC IP 地址后，我们就可以通过 ssh 登录 BMC。

BMC root 的默认密码为 openBmc。首次登录 BMC 时会强制要求按照提示修改密码。BMC 密码有如下限制：

- 至少包含 13 个字符；
- 至少包含一个大写字母和一个小写字母；
- 至少包含一个数字；
- 至少包含一个特殊字符，比如！、$ 和 * 等。

3.5.4　BMC 管理 DPU 常用的命令

BMC 通过 DHCP 获得 IP 地址后，用户就可以通过 ipmitool 工具给 BMC 远程发送命令。用户可以先通过 BMC Management - BlueField BMC v2.8.2 - NVIDIA Networking Docs 上的方法创建自己的 BMC 用户，然后用创建的用户来管理 BMC 和 DPU。

下面列举几个常见的命令，更多的命令可以参考 NVIDIA BlueField-2 BMC SOFTWARE USER MANUAL v2.8.2 - BlueField BMC v2.8.2 - NVIDIA Networking Docs。

通过 BMC sol 登录 DPU OS：

```
# ipmitool -C 17 -I lanplus -H <bmc-ip> -U <bmc-user> -P <bmc-password> sol
set enabled true 1
# ipmitool -C 17 -I lanplus -H <bmc-ip> -U <bmc-user> -P <bmc-password> sol
set enabled true
```

通过 BMC 远程重启 DPU OS：

```
# ipmitool -C 17 -I lanplus -H <bmc-ip> -U <bmc-user> -P <bmc-password>
chassis power reset
```

3.5.5　带外登录 DPU

如果 DHCP 服务器允许的话，DPU OS 也可以为 oob_net0 获取带外 IP 地址。用户可以通过这个带外地址直接用 ssh 来登录 DPU。oob_net0 接口的 MAC 地址是 Base MAC + 14 后得到的，用户也可以通过图 3-22 所示的标签来获取这个 MAC 地址，然后用这个 MAC 地址在 DHCP 服务器上给 DPU 分配一个固定的 IP 地址。如果用户不想获取这个 IP 地址的话，则可以通过下面的命令来禁止：

```
# sed -i 's/true/false/g' /etc/netplan/50-cloud-init.yaml
# nohup printf '\n' | netplan try
```

3.5.6　带内登录 DPU

DPU 的出厂系统会在 enp3s0f0s0 和 enp3s0f1s0 两个接口上尝试通过 DHCP 来获取 IP 地址，用户也可以通过这两个 IP 地址来登录 DPU。如果用户不想获取带内 IP 地址，则可以通过下面的命令来禁止：

```
# sed -i 's/true/false/g' /etc/netplan/60-mlnx.yaml
# nohup printf '\n' | netplan try
```

本章小结

本章介绍了 NVIDIA BlueField DPU 的安装与使用，让读者能深入地理解 NVIDIA BlueField DPU 的几种工作模式和软硬件安装过程。

04

第 4 章

NVIDIA BlueField DPU 上的网络卸载

在第 3 章中，我们熟悉了 NVIDIA BlueField DPU 的基本安装和使用方式，本章将详细介绍 NVIDIA BlueField DPU 的网络加速和卸载，具体包括 NVIDIA BlueField DPU 上的网络设备、代表口（Representor）模型、OVS 的卸载和加速、连接跟踪、可扩展网络设备（Scalable Function，SF）。

4.1 NVIDIA BlueField DPU 上的网络设备

从功能角度来讲，DPU 上的网络设备可分为**控制平面网络设备**和**数据平面网络设备**。控制平面网络设备前面章节已经介绍过，主要用于对 DPU 进行配置管理和运维；数据平面网络设备是指用于数据通信的高速网络设备，它们根据不同的呈现形态和使用场景，对网络流量进行卸载和加速。

控制平面网络设备：

- **RShim** 基于 RShim 驱动开放名为 `tmfifo_net` 的接口，一端位于主机侧，一端位于 DPU ARM 侧，主要用于主机和 DPU 之间的网络互访，尤其针对问题排查、安装部署或基本管理等场景，在 DPU ARM 侧的默认 IP 地址为 `192.168.100.2/30`，总体网络带宽能力为 100Mbit/s；

- OOB（Out-Of-Band） DPU 带外管理接口，通常在 DPU ARM 侧呈现为名叫 `oob_net0` 的一个 1GbE 全双工的以太网接口，该网络设备可以实现到 DPU ARM 侧的 TCP/IP 网络连接，实现如 FTP、SSH、PXE 引导启动等功能；
- BMC 用于 DPU 管理运维的接口，可支持最大 1GbE，实现通过该网络设备对 DPU 进行 BMC 相关信息获取和管理运维的能力。

数据平面网络设备：

- **物理网络设备**（Physical Function，PF）；
- **虚拟网络设备**（Virtual Function，VF）；
- **可扩展网络设备**（Scalable Function，SF）；
- **VirtIO-net 网络设备**。

下面主要针对物理网络设备、虚拟网络设备和 VirtIO-net 网络设备进行介绍，可扩展网络设备将会在 4.5 节单独进行介绍。

4.1.1 物理网络设备和虚拟网络设备

物理网络设备即 PCIe 根设备，在主机侧或 DPU ARM 侧以 PCIe 网络接口设备的形式呈现，根据不同的 DPU 型号，可以是一个或两个高速网络接口设备，单个传输速度为 25～200Gbit/s，最高可达 400Gbit/s。根据 DPU 工作模式不同，相关配置使用方式也会有所区别，具体可参考 3.1 节，此处不再赘述。

SR-IOV 是一种通过 PCIe 总线允许物理 PCIe 设备呈现多次的技术，这使得多个 VF 实例可以分别拥有自己独立的资源，并且分别以完全独立的设备接口形态呈现。每一个 VF 设备都可以视为一个连接着 PF 的额外设备，它们与 PF 共享相同的资源。通常在虚拟化场景下，SR-IOV VF 提供了虚拟机直接访问硬件网络资源的能力，在支持更多设备数量的同时，也大大提升了虚拟机的网络性能。

确认在 BIOS 中开启了对 SR-IOV 的支持，并确保在 grub 配置中添加了 `intel_iommu=on` 参数后，可参考以下步骤来创建 VF。

在主机侧固件中开启 SR-IOV 并配置预留的 VF 数量（如预配置 8 个 VF 设备），并通过冷重启使得配置生效，而后根据需要配置实际使用的 VF 数量（如实际创建 2 个 VF 设备）。

```
$ mlxconfig -y -d /dev/mst/mt41686_pciconf0 s SRIOV_EN=1 NUM_OF_VFS=8
$ echo 2 > /sys/class/net/ens1f0/device/sriov_numvfs
```

此时在主机侧可查看到新创建的 PCIe SR-IOV VF 设备。

```
$ lspci | grep Mellanox
05:00.0 Ethernet controller: Mellanox Technologies Device a2d6
05:00.1 Ethernet controller: Mellanox Technologies Device a2d6
05:00.2 DMA controller: Mellanox Technologies Device c2d3
05:00.3 Ethernet controller: Mellanox Technologies MT28850
05:00.4 Ethernet controller: Mellanox Technologies MT28850
```

需要注意的是，SR-IOV VF 设备不支持独立热插拔，需要在使用时一次性都创建出来。在不需要时，也可将资源全部释放。

```
$ echo 0 > /sys/class/net/ens1f0/device/sriov_numvfs
```

默认情况下，网络卸载能力处于打开状态，即 PF/VF/VirtIO-net 对应的代表口（Representor）设备会在 DPU ARM 系统中相应创建出来，需要对应将其添加至 OVS 虚拟网桥上，4.2 节会专门对代表口模型进行阐述。

4.1.2　VirtIO-net 网络设备

NVIDIA BlueField DPU 支持用户创建基于 VirtIO 本地模拟的 VirtIO-net PCI 设备，通过运行于 DPU 上的 virtio-net-controller 组件管理服务，支持用户最多创建 16 个可热插拔的 VirtIO-net PF 设备或 504 个 VirtIO-net VF 设备。本小节将对 virtio-net-controller、VirtIO-net PF 和 VirtIO-net VF 做相关介绍。

virtio-net-controller 是一个运行在 DPU 上的系统服务，VirtIO-net 设备的生命周期和配置均通过该服务提供的用户接口进行管理。创建的每个 VirtIO-net 设备都相当于主机侧本地的 PCI 设备，并在 DPU ARM 侧伴有 SF 代表口设备与之对应。virtio-net-controller 所创建的 SF 代表口设备编号起始于 1000，其默认命名方式为 <perfix><pf_num><sf_num>，如 en3f0pf0sf1001。virtio-net-controller 服务默认是开启的，但需要在固件配置中通过 mlxconfig 命令配置 VIRTIO_NET_EMULATION_ENABLE=1 方可使用。

可以在 DPU ARM 侧通过 systemctl 方式对 virtio-net-controller 服务进行管理，并

查看相关日志输出。

```
systemctl status virtio-net-controller
systemctl restart virtio-net-controller
journalctl -u virtio-net-controller
```

virtnet 是一个用户态前端程序，用于和 virtio-net-controller 服务进行交互，通过 virtnet 命令可以对 VirtIO-net 设备进行配置和管理。在设备资源创建后，每个设备都会有一个 VUID 或设备编号作为设备唯一标识符，可用于查询设备或对设备属性进行修改。virtnet 相关命令使用参考如下。

```
# virtnet -h
usage: virtnet [-h] [-v] {hotplug,unplug,list,query,modify,log} ...
NVIDIA virtio-net-controller command line interface v1.0.9
positional arguments:
{hotplug,unplug,list,query,modify,log}
** Use -h for sub-command usage
hotplug              hotplug virtnet device
unplug               unplug virtnet device
list                 list all virtnet devices
query                query all or individual virtnet device(s)
modify               modify virtnet device
log                  set log level
optional arguments:
-h, --help           show this help message and exit
-v, --version        show program's version number and exit
```

virtio-net-controller 同时支持创建静态的和可热插拔的 PF 设备，相关操作均在 DPU ARM 侧完成，即可对主机侧开放 VirtIO-net PCIe PF 设备，如图 4-1 所示。

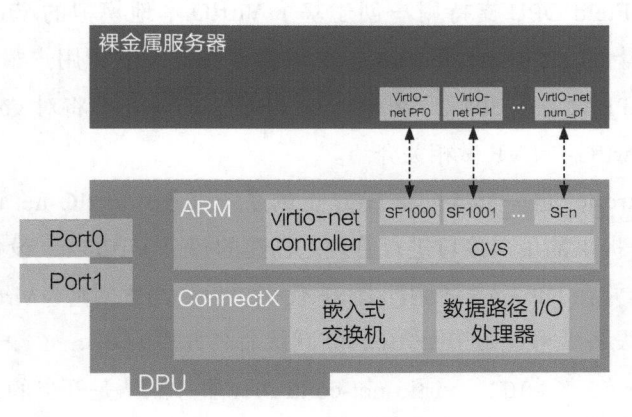

图 4-1　VirtIO-net PF

（引用来源：NVIDIA 技术文档）

对于可热插拔的 VirtIO-net PCIe PF 支持，相关固件配置参数如下。完成配置后需要对服务器进行冷重启以使得固件更改生效。注意，请确认 DPU 运行于 DPU 模式。

```
$ mst start
$ mlxconfig -d /dev/mst/mt41686_pciconf0 s PF_BAR2_ENABLE=0 PER_PF_NUM_SF=1
$ mlxconfig -d /dev/mst/mt41686_pciconf0 s \
PCI_SWITCH_EMULATION_ENABLE=1 \
PCI_SWITCH_EMULATION_NUM_PORT=16 \
VIRTIO_NET_EMULATION_ENABLE=1 \
VIRTIO_NET_EMULATION_NUM_VF=0 \
VIRTIO_NET_EMULATION_NUM_PF=0 \
VIRTIO_NET_EMULATION_NUM_MSIX=10 \
ECPF_ESWITCH_MANAGER=1 \
ECPF_PAGE_SUPPLIER=1 \
SRIOV_EN=0 \
PF_SF_BAR_SIZE=10 \
PF_TOTAL_SF=64
$ mlxconfig -d /dev/mst/mt41686_pciconf0.1 s \
PF_SF_BAR_SIZE=10 \
PF_TOTAL_SF=64
```

主机侧建议配置如下内核启动参数，以支持可动态分配 PCI 地址空间。

```
intel_iommu=on iommu=pt pci=realloc
```

对于可热插拔的 VirtIO-net PCIe PF 设备支持，设备的创建、查询、修改及销毁可参考以下命令，所创建的设备基于 mlx5_0 模拟，指定 VirtIO-net 特征位 0x0、MAC 地址 0C:C4:7A:FF:22:93、MTU 1500、队列数 3，以及队列深度 1024。

```
$ virtnet hotplug -i mlx5_0 -f 0x0 -m 0C:C4:7A:FF:22:93 -t 1500 -n 3 -s 1024
$ virtnet query -p 0
$ virtnet list
$ virtnet modify -p 0 device -m 0C:C4:7A:FF:22:98
$ virtnet unplug -p 0
```

VirtIO-net SR-IOV VF 设备仅支持通过静态 VirtIO-net PCIe PF 进行创建和配置，与 SR-IOV VF 设备一样，目前不支持热插拔，需要一次性配置创建，如图 4-2 所示。

主机内核启动配置同 VirtIO-net PF，并且也需要确认 DPU 运行于 DPU 模式。DPU 每个静态 VirtIO-net PCIe PF 可支持最多 126 个 VF，总共最多支持 504 个，相关固件配置参数如下，确保修改后冷重启生效。

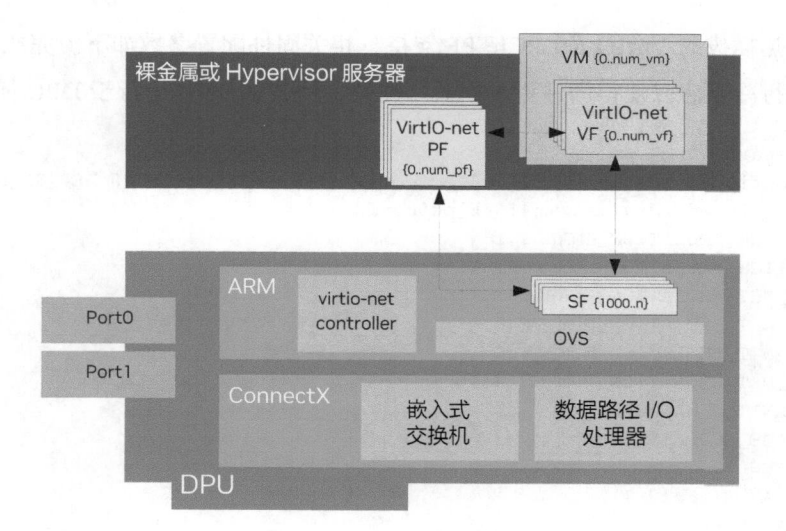

图 4-2　VirtIO-net VF

（引用来源：NVIDIA 技术文档）

```
$ mlxconfig -d /dev/mst/mt41686_pciconf0 s \
PCI_SWITCH_EMULATION_ENABLE=0 \
PCI_SWITCH_EMULATION_NUM_PORT=0 \
VIRTIO_NET_EMULATION_ENABLE=1 \
VIRTIO_NET_EMULATION_NUM_VF=126 \
VIRTIO_NET_EMULATION_NUM_PF=1 \
VIRTIO_NET_EMULATION_NUM_MSIX=16 \
ECPF_ESWITCH_MANAGER=1 \
ECPF_PAGE_SUPPLIER=1 \
SRIOV_EN=1 \
PF_SF_BAR_SIZE=8 \
PF_TOTAL_SF=127 \
NUM_OF_VFS=0
$ mlxconfig -d /dev/mst/mt41686_pciconf0.1 s PF_TOTAL_SF=1 PF_SF_BAR_SIZE=8
```

确认主机侧已加载 VirtIO_pci 和 VirtIO_net 模块，此时可查看到静态 VirtIO-net PCIe PF 设备。

```
# lspci | grep -i virtio
85:00.3 Network controller: Red Hat, Inc. Virtio network device
```

类似 SR-IOV VF 设备的创建，在主机侧可基于 VirtIO-net PCIe PF 创建 VirtIO-net VF 设备。例如，使用下面的命令创建两个 VirtIO-net VF 设备。

```
# echo 2 > /sys/bus/pci/drivers/virtio-pci/0000\:85\:00.3/sriov_numvfs
# lspci | grep -i virt
```

```
85:00.3 Network controller: Red Hat, Inc. Virtio network device
85:04.5 Network controller: Red Hat, Inc. Virtio network device
85:04.6 Network controller: Red Hat, Inc. Virtio network device
```

此时通过在 DPU ARM 侧使用 `virtnet` 命令也可查询到相关 VirtIO-net PF/VF 的配置属性信息。

```
# virnet list
$ virtnet query -p 0 -v 0
```

VirtIO-net VF 设备的销毁也类似于 SR-IOV VF，即在主机侧基于对应的静态 VirIO-net PCIe PF 进行一次性销毁。

```
# echo 0 > /sys/bus/pci/drivers/virtio-pci/0000\:85\:00.3/sriov_numvfs
```

更多详细配置及使用方式可参阅 nvidia.cn/dpubook-21。

4.2　代表口模型

在深入探讨 NVIDIA BlueField DPU 网络卸载模型之前，我们先来简要回顾一下传统的计算节点网络方案。

对于一个虚拟化的计算节点，其网络部署通常会使用 OpenvSwitch 或者其变种，采用 VirtIO-net 半虚拟化方案。虚拟机内部使用 VirtIO-net 前端驱动，主机上运行 `vhost`，OVS 处理报文后将其在 `vhost` 与实际物理接口之间进行传递。在此种模型下，受限于 CPU 网络包处理、报文拷贝以及 VirtIO 协议模型本身的设计，虚拟机的网络性能通常比较低下。使用 DPDK 加速 `vhost`（`vhost-user`）可以看到性能提升，但其绝对值也是受限于所能够使用的 CPU 资源以及 VirtIO 设计瓶颈。

对于裸金属形态的计算节点，早期的网络解决方案通常需要在交换机上部署 VLAN 或 VXLAN 来进行租户网络的隔离和管理。在 DPU 方案出现后，其网络部署可参照虚拟化计算节点类似的方式，即将 OVS 以软件形态运行在 DPU 内为裸金属提供网络功能，而此种模式同样有上文提到的性能限制因素。

为了处理这些性能限制因素，在 NVIDIA ConnectX 的 ASAP2 网络卸载技术框架上，DPU 提供了丰富的网络卸载方案来服务于虚拟化或者裸金属形态的计算节点网络加速。在本节中，我们将会展开详细介绍。

4.2.1 为何引入代表口

在之前的章节中，我们介绍过 DPU 的不同工作模式。当 DPU 处于不同工作模式时，其网络接口呈现也不同。用于网络卸载的 DPU 通常需要配置为 DPU 模式，并启用 ECPF 功能。模式的更改需要通过 mlxconfig 命令来配置并通过重启生效，前面已经讨论过，此处不再赘述。

配置生效后，DPU 会在端口形态上增加一种类型的网络接口：代表口（Representor）。这种模型是进行网络 vSwitch 卸载的基础。为解决前面提到的网络性能问题，DPU 的卸载方案必须：第一，能够节省用于网络包处理的 CPU 资源；第二，能够克服软件 VirtIO 的瓶颈以获得更高的性能。我们从两个角度来描述一下这个实现。

从主机侧来看，裸金属主机或虚拟机要得到更高的性能，需要能够直接访问物理网卡，通过 DPU 的网络卸载，可以将物理网卡以 PF 或 VF 的形态提供给裸金属主机或虚拟机，从而绕开虚拟化、半虚拟化带来的性能损失。

从 DPU 侧来看，在 PF 或 VF 已经直通主机的情况下，必须依然能够进行裸金属主机或虚拟机网络的管理和监控。这就需要 DPU 有一个"影子"来追踪已经透传给主机或虚拟机的 PF 与 VF，这个"影子"接口就是代表口。

从数据流的角度来看，代表口有两方面的作用。

- 当流表还未卸载到硬件处理时，代表口会直接参与裸金属主机或虚拟机的网络数据路径：主机或虚拟机发出的报文会先被 DPU 上对应的代表口收到，从而进入后续（如虚拟交换机）的处理。物理网络收上来的报文经虚拟交换机处理后，也要通过代表口才能发送给裸金属主机或虚拟机。
- 当流表需要卸载到硬件时，代表口为卸载流表提供入端口和出端口的依据，从而让卸载后的流表规则能够与正确的虚拟机对应起来。

图 4-3 比较完整地描述了这一模型的全貌并给出了实际样例。

如图 4-3 所示，主机侧呈现了一个 PF（PF0）和三个 VF（VF0 ~ VF2），其对应的代表口分别为 pf0hpf 和 pf0vf0、pf0vf1、pf0vf2。以裸金属主机使用 PF0 为例，当流表还未卸载时，来自网络的报文会先被 DPU 上的级联端口 p0 收到，经 OVS 处理后通过 pf0hpf 发出去，然后到达裸金属主机，如图中红线所示。当流表完全卸载到硬件后，来自网络的报文会通过硬件查表后直接发送给裸金属主机。

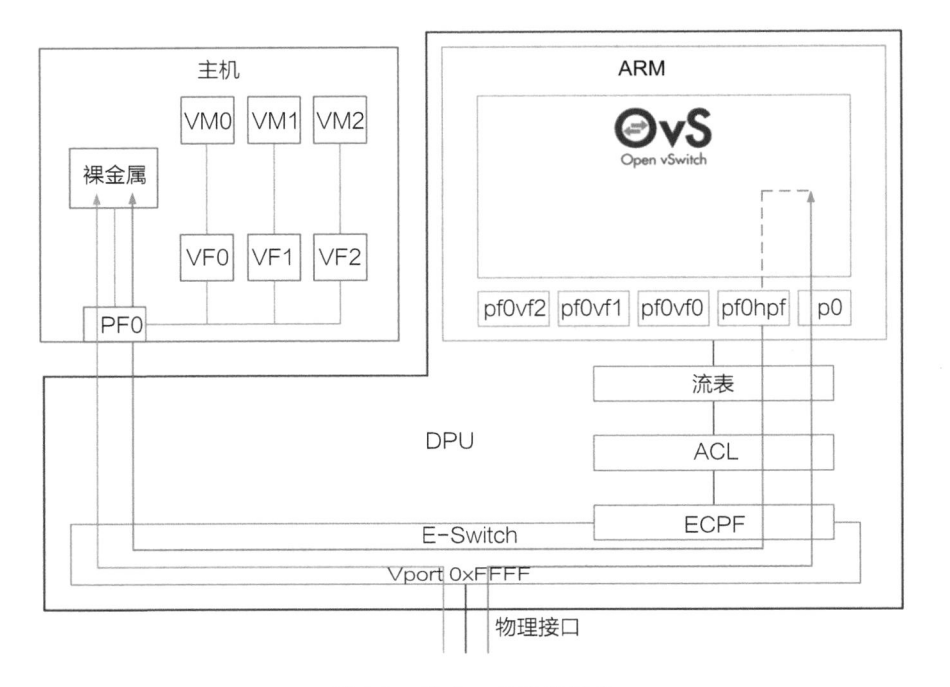

图 4-3　代表口及转发模型

（引用来源：NVIDIA 技术文档）

4.2.2　代表口对应的接口及其创建

DPU 的网络卸载方案能够给主机提供不同的网络接口形态，上节的例子中已有提及。对于代表口（Representor），在 DPU 卸载模型下都会有对应主机侧的接口，主要涉及以下几种形态。

- 以物理网口 PF 的形式提供。这种通常用于裸金属形态主机的部署，DPU 可见对应的代表口，如上文示例中的 pf0hpf。对于静态 PF，当 DPU 切换为 DPU 模式并打开 ECPF 后，其代表口会自动创建。
- 以 SR-IOV VF 的形式提供。这种多用于计算节点虚拟化的场景，将一个或多个 VF 透传给虚拟机。在 DPU 上，每个 VF 都会有一个对应的代表口。当 VF 在主机侧被创建出来时，DPU 侧会自动创建代表口。
- 以 SF（Scalable Function）的形式提供。这种多用于计算节点容器化的场景，可以提供与 SR-IOV 相当的性能并突破 SR-IOV 的规模限制。在 DPU 上，每个 SF

都会有一个对应的代表口。当 SF 在主机侧被创建出来时，DPU 侧会自动创建代表口。

- 还有一种是以硬件加速的 VirtIO 的形式提供。这种方案依托于 DPU 的 VirtIO 模拟（Emulation）加速技术，可以实现远超软件 VirtIO 方案的性能。在 NVIDIA BlueField DPU 上，每个 VirtIO 接口都会有一个对应的代表口。VirtIO 模拟本身有不同的技术实现，既可以基于 VF/SF，也可基于可热插拔的 PF。无论哪种实现，其对应的代表口都是在主机侧网络接口创建时被 DPU 自动创建。

4.2.3　代表口与 OVS

不管是裸金属还是虚拟化主机，当使用 DPU 提供网络解决方案时，往往需要在 DPU 上运行实现网络业务逻辑的虚拟交换机，这种虚拟交换机通常会采用开源社区的 OpenvSwitch 或其变种。

代表口（Representor）被创建出来后，并不会直接加入 OVS。需要通过配置将代表口添加为其端口，配置方式与普通接口没有不同。

OVS 会通过代表口的 TX/RX 队列来实现对裸金属主机或虚拟机网络流量的收发。主机发出的新建流量并不会直接到达网络，而是会通过代表口的 RX 队列由 OVS 收到，OVS 根据控制器的策略，会创建出相应的数据平面流表，并根据数据流（flow）的规则将报文处理后重新发送到外部网络。对于从外部网络进来的新建流量，也是经过类似的处理，最终通过代表口的 TX 队列发送给主机。

在 OVS 处理报文生成数据平面流表的过程中，如果启用了网卡卸载，那么对于后续同一数据流的报文，则不会再通过代表口进行收发，而是直接硬件查找已卸载的数据流规则，并直接实现主机网络报文的处理。

4.3　OVS 的卸载和加速

OVS 诞生在计算虚拟化的时代，因其灵活性成为被广泛使用的方案。OVS 部署于主机，借助 CPU 来同时处理控制平面与数据平面，在网络带宽飞速增长的情况下，OVS 逐渐成为网络性能的瓶颈。因此，各种不同的加速与卸载方案纷呈而至。

首先是软件方案的加速。传统 OVS 在内核维护了一个快速转发表,用它来加速数据报文的查表与转发处理,但在流表生成过程中需要进行多次内核态与用户态的数据拷贝,带来非常明显的性能损失。当流表规模扩大到一定程度时,这种切换会更加频繁,从而使整个数据路径维持一个很低的性能。为了消除这一瓶颈,DPDK 被用来加速 OVS 的数据处理。将 OVS 的数据路径全部交由 DPDK 托管,彻底消除了内核态与用户态的切换、消息传递、数据拷贝等带来的瓶颈,相比传统 OVS,OVS-DPDK 在性能方面可以实现大幅提升。

其次,SmartNIC 也被用来卸载 OVS。OVS-DPDK 虽然加速了 OVS 数据路径的处理,但依然需要消耗主机的 CPU 和内存资源来进行控制平面与数据平面的网络报文处理。对于虚拟化主机来说,总是希望能够尽量减少用于网络处理的 CPU,而把它们用于虚拟机的计算处理;对于裸金属主机来说,用户希望拿到的是一台完整的主机,并不希望隔离出一定的资源来运行 OVS,而云提供商更无法接受这种能够被租户修改网络配置的方案。在这些情况下,将整个 OVS,无论是控制平面还是数据平面,完全卸载到 SmartNIC 上来处理就成为一个非常友好的选择。但存在这样一个问题:将原本用主机 CPU 去处理的网络逻辑,替换为由 SmartNIC 的 CPU 来处理,虽然节省了主机资源,但并没有从本质上提升 OVS 的性能,甚至在有些情况下,由于 SmartNIC CPU 能力的限制,整体性能反而会出现一定程度的下降。为了解决这一问题,业内出现了几种不同的方案,如使用高性能的 CPU 与内存设计,或使用 FPGA 来卸载报文的处理等。在本节中,我们一起来探讨 DPU 提供的方案。

4.3.1　实现 OVS 卸载的基本思路

对于前文中提到的场景,DPU 在诞生之初就提出了一套完整的高性能方案,这套方案将 CPU 软件处理的灵活性与 ASIC 的高性能进行了有机结合,从而满足裸金属和虚拟化主机的基本网络需求。

图 4-4 大致描述了 DPU 实现 OVS 卸载的基本框架。我们将其分为几个部分:

- 运行在 DPU ARM 上的 OVS 各程序组件及 SDN 接口;
- 运行在 ASIC 中的报文快速路径(eSwitch);
- 软件配置硬件(eSwitch)的接口;
- 主机上不同接口的呈现。

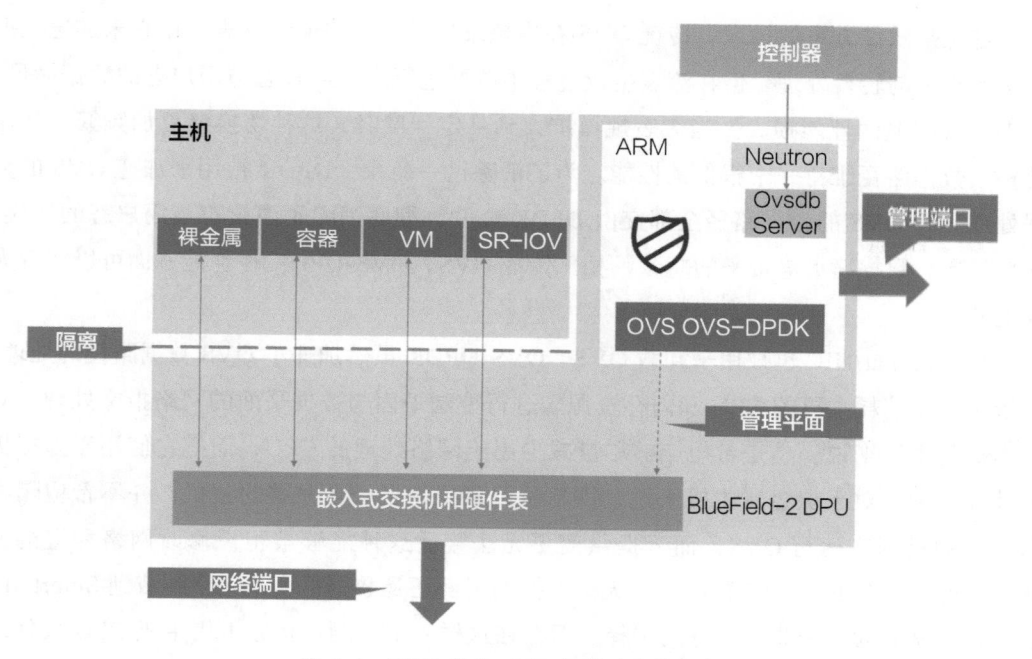

图 4-4　DPU 实现 OVS 卸载的基本框架

（引用来源：NVIDIA 演示文稿）

OVS 运行的所有资源依托于 DPU ARM 侧的 CPU 和内存。其运行了一个完整的软件生态，包括与 SDN 的控制平面对接，网络报文的数据平面处理，流表的生成、老化与查询，等等。运行在 DPU 上的 OVS 在整体上与主机侧并无不同，在数据平面处理上，增加了一组接口用于卸载相关的任务。

DPU 的报文快速路径则完全由硬件来实现。OVS 在运行中需要产生大量流表用于网络报文的处理决策，这些流表在驱动处理后会下发到硬件态的 eSwitch。对于某个特定的数据流，一旦其流表已经下发到 eSwitch，所有报文均不再上送 OVS 软件处理，而是直接在裸金属或虚拟化主机与外部网络或主机与主机之间直接进行收发处理，全部为硬件操作，由此保证了远高于软件处理的性能。

这种性能差异在流表达到一定规模后表现得更为突出。当业务需求达到百万级流表规模的情况下，纯软件的 OVS 处理会变得十分吃力，性能差异会更为明显。但这存在一个问题：硬件本身的资源无法承载如此大规模的流表。因此业内一些方案不得不对硬件处理的流表规模做出限制，使其不超过硬件所能容纳缓存（Cache）的数量，而其他流表则只能由软件处理。

DPU 的卸载方案解决了这一问题，虽然它的硬件缓存同样有一定的容量限制，但运行在 DPU 上的 OVS 产生的流表可以存放在一块专门为硬件卸载开辟的内存里，而这块内存仅可由硬件访问，这一设计使得 NVIDIA BlueField DPU 的 OVS 卸载能够处理几百万数量的流表规则。在实际运行中，硬件所属内存中的流表会根据一定规则存储到缓存中。因此，DPU 的快速路径实际是一个经过优化的动态组合：硬件引擎首先查找缓存中的表项，如果命中则直接进行报文处理；否则硬件引擎将继续进行内存表项的查找，命中后再进行报文处理。经过内存查找的报文处理性能略逊于缓存查找的性能，但相较软件处理仍然有质的区别。

OVS 的流表并不是一开始就生成的，所以硬件表项在最初状态也是空白的。当数据流驱动 OVS 产生数据平面的流表，就需要有一组接口能够把软件流规则的信息通告给硬件，从而实现流表的卸载。这类接口通常有两类：

- 传统的 Linux TC 接口，当 ARM 上运行传统 OVS 时使用；
- 用户态的 RTE_FLOW 接口，当 ARM 上运行 OVS-DPDK 时使用。

在此之外，NVIDIA BlueFIeld DPU 的 NVIDIA DOCA 提供了一种组件，其在 RTE_FLOW 接口基础上进行了封装，可以简化流表卸载软件处理，这组接口即 DOCA_FLOW，后续章节中将会详细描述。

DPU 的 OVS 卸载可以给主机提供不同类型的接口，在不同的业务模型下有着不同的选择。除 switch 之外，NVIDIA BlueField DPU 还集成了另外一些辅助 I/O 处理引擎，用以支撑不同方案。

如图 4-5 所示，对于裸金属主机，网络接口可以是 mlx5 PF 或者 VF，也可以是模拟出的 VirtIO-net 接口。对于虚拟化主机，网络接口通常可以配置为 mlx5 VF 或 VirtIO-net 接口。无论是哪种，在规则下发与数据报文处理上，都遵循 DPU OVS 卸载的基本逻辑。

4.3.2 OVS 卸载的概要配置

本小节以 OVS-DPDK 为例，简要描述卸载的基本配置和步骤。

配置大页（hugepage）：

```
echo 1024 > /sys/kernel/mm/hugepages/hugepages-2048kB/nr_hugepages
```

启动 OpenvSwitch 服务：

```
systemctl start openvswitch
```

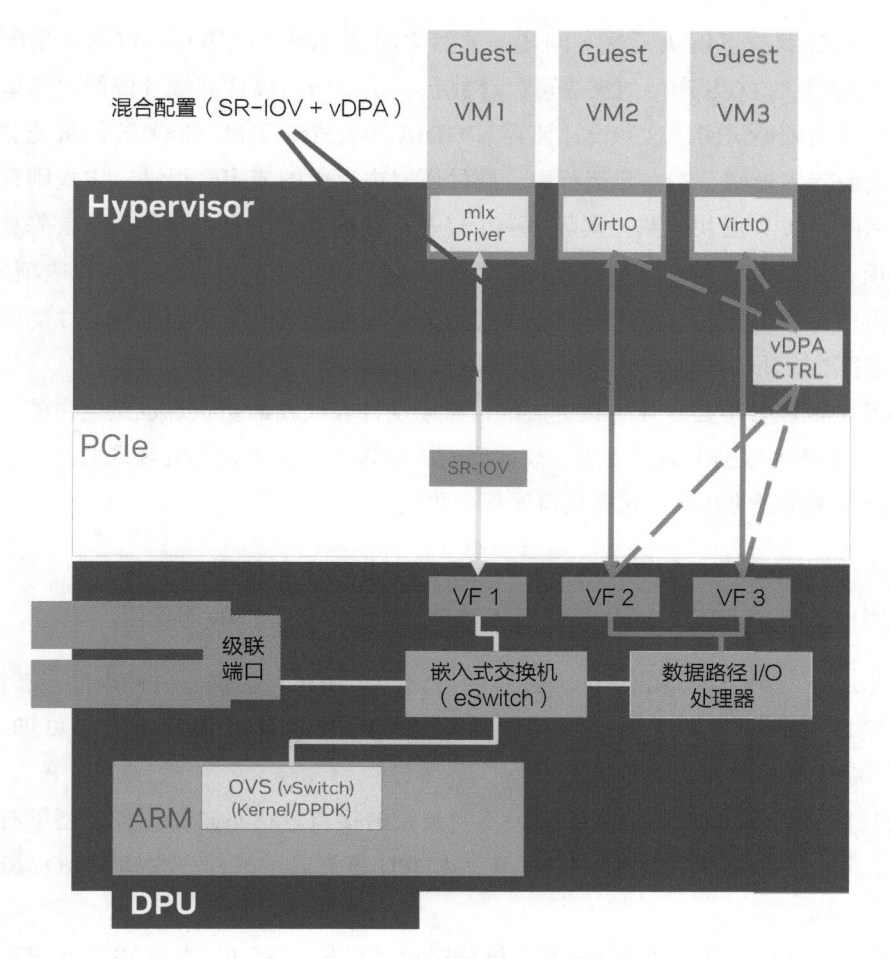

图 4-5　主机侧不同的接口呈现

（引用来源：NVIDIA 演示文稿）

初始化 DPDK 与卸载：

```
ovs-vsctl --no-wait set Open_vSwitch . other_config:dpdk-init=true
ovs-vsctl --no-wait set Open_vSwitch . other_config:hw-offload=true
```

配置 OVS-DPDK 加载的设备和参数：

```
ovs-vsctl set Open_vSwitch . other_config:dpdk-extra="-w 0000:03:00.0,represen
tor=[0,65535],dv_flow_en=1,dv_xmeta_en=1,sys_mem_en=1"
```

创建 OVS-DPDK Bridge：

```
ovs-vsctl add-br br0-ovs -- set Bridge br0-ovs datapath_type=netdev -- br-
```

```
set-external-id br0-ovs bridge-id br0-ovs -- set bridge br0-ovs fail-
mode=standalone
```

添加不同接口到 OVS-DPDK Bridge：

```
ovs-vsctl add-port br0-ovs p0 -- set Interface p0  type=dpdk options:dpdk-
devargs=0000:03:00.0
ovs-vsctl add-port br0-ovs pf0vf0 -- set Interface pf0vf0 type=dpdk
options:dpdk-devargs=0000:03:00.0,representor=[0]
ovs-vsctl add-port br0-ovs pf0hpf -- set Interface pf0hpf type=dpdk
options:dpdk-devargs=0000:03:00.0,representor=[65535]
```

卸载流表超时设定：

```
ovs-vsctl set Open_vSwitch . other_config:max-idle=30000
```

重启 OpenvSwitch 服务激活卸载：

```
systemctl restart openvswitch
```

卸载流表的查看：

```
ovs-appctl dpctl/dump-flows type=offloaded
```

4.3.3 流表的监控及软硬件同步

作为裸金属或虚拟化主机网络的核心节点，OVS 需要具备充分的可维护性。当大规模的流表卸载到硬件时，有一些问题需要得到充分考虑，我们来看看 DPU 的相关设计。

1. 硬件卸载流表的可视化

当流表卸载到硬件时，对于这条流的所有报文，软件都不再可见。从运维的角度来看，如果出现流量异常，那么就需要一个有效的排查手段来监测硬件中流表的状态，比如是否已被删除、是否有异常残留或下发了错误的规则模型等。

在 DPU OVS-DPDK 卸载方案中，提供了如下方式来查询硬件流表的状态。

第一种方式比较简单，可以通过 OVS 命令来查看流是否进行了卸载：

```
ovs-appctl dpctl/dump-flows type=offloaded
```

如果查询到了相关流表，那么说明这条流表已经经过 RTE_FLOW 下发给了硬件，但并不表示硬件中已有此流表。

第二种方式是直接 dump 硬件存放的流表，可以通过这个公开工具（nvidia.cn/dpubook-22）来实现，概要描述如下：

```
. /mlx_steering_dump_parser.py -p 'OVSDPDK pid' -f /root/a.csv
optional arguments:
    -h, --help              show this help message and exit
    -f FILEPATH             input steering dump file path
    -p DPDK_PID             Trigger DPDK app to generate CSV dump file (-p <APP
        PID>)
```

以下为某条流表 dump 出的范例：

```
domain 0x34bd000, table 0x57c71b0, matcher 0x57c7360, rule 0x57ef230
    match: outer_l3_type: 0x1, metadata_reg_c_0: 0x00010000
    action: MODIFY_HDR(hdr(sip4=0.0.0.212,dip4=0.0.0.212)), rewrite index 0x0 &
FT devx id 0x14, dest_ft 0x57ae3c0 & CTR, index 0x80012c
```

2. 软件与硬件流表的同步

OVS-DPDK 中的流表拥有超时机制，对于空闲时间超过超时设定的流表，软件会进行删除处理，而空闲时间的计算取决于命中这条流表的报文的频次。对于卸载后的流表，因软件不再收到任何报文，如何确保活跃的流表得到软件上的刷新，并且超时的流表得到正确的老化处理，就成为 DPU OVS 卸载方案必须考虑的一部分。这个机制的重点在于，必须要有一个高效的机制来实现硬件流表对软件流表的刷新以及老化标定。DPU 的 OVS-DPDK 卸载方案提供了两种机制。

第一种是由 OVS-DPDK 主动发起查询操作来刷新流表计数。DPU OVS-DPDK 的卸载支持每一条流表附着一个硬件计数器。这个硬件计数器在流表卸载到硬件的时候一并下发。当有报文命中这条流表时，计数器会被刷新。OVS-DPDK 定期运行的查询线程会不断记录当前硬件流表的计数并更新到软件的计数，同时与软件存储的上轮计数进行比对，根据计数的变化与否来决定流表是否应当老化。一旦做出老化决策，DPU 的 OVS-DPDK 会进行相应软件和硬件流表的删除操作。

第二种是利用 DPU OVS-DPDK 卸载提供的老化回调机制。这种机制不需要用到计数器，可以简化流表的动作（Action），OVS-DPDK 只需要在流表卸载时传入对应的老化时间与回调函数指针，不需要再进行周期性查询处理。当老化时间一到，硬件和 mlx5 PMD 会通告 OVS-DPDK 相应事件，随之触发之前注册的老化函数处理流表的删除及其他善后操作。

3. 高效的添加与删除机制

在实际网络当中，OVS 需要面临多种多样的流量模型以及不断变化的流表规则，这些变化对硬件卸载过程中硬件流表添加与删除的效率提出了更高的要求。突发的新建流表需要尽快写入硬件从而使快速路径能尽快生效，而规则的变化需要快速删除掉旧的流表并写入更新后的流表。在 DPU 的 OVS 卸载方案中，这些交由不断更新的卸载 Steering 技术来保证。

第一代 DPU 的 OVS 卸载采用了由固件卸载流表的技术，软件卸载下来的流表由固件进行拆解重装成为硬件识别的流表，这种流表添加删除的效率相对较低。

第二代 DPU 的 OVS 卸载技术进行了增强，避免了固件处理，由软件直接加工处理 OVS-DPDK 卸载下来的流表，大大提升了流表添加删除的效率。

新一代的卸载技术，依托于硬件的智能化，在最大程度上简化了软件的操作，在第二代技术的基础上有了更大的提升，可以实现每秒几百万条的流表卸载和老化处理。

4.3.4　硬件上的灵活性保证

一般概念认为，ASIC 实现的硬件卸载虽然性能优异，但缺乏灵活性，对于一些需要定制化的私有协议支持以及一些定制化的流表组织模式并不友好。相较于 CPU 的软件处理或者 FPGA 的可编程实现，这确实有一定道理。

早期的 DPU OVS 卸载确实存在这些问题，但随着 NVIDIA BlueField-2/BlueField-3 DPU 的发布以及新的软件、固件特性的出现，硬件卸载的灵活性同样得到了很大程度的保证。目前的 DPU 卸载支持 Flex Parser 功能，在标准协议之外，还可以由用户来编辑一些私有协议的报文头格式，然后进行硬件卸载处理。

在流表组织方面，DPU 的 eSwitch 可以被软件配置为不同的表（Table），用户可以根据业务特点来具体设计满足需求的流表，将不同的匹配（Match）和动作（Action）分别放在多级的表中，从而灵活实现封装解封装、加解密、流量采样、流量镜像等操作。

以上这些灵活性的设计，在实际中更多体现在用户自主开发的 vSwitch 卸载设计或更改过的 OVS 卸载设计中。

4.4　连接跟踪

在很多情况下，OVS 需要进行有状态的处理。对于一些报文，只根据简单的流表规则匹配决定放行或丢弃并不能满足实际业务（如网络安全组）的需要，还需要利用精确的连接信息来进行网络报文的处理。而对于存在网络地址转换（NAT）的场景，也必须维护精确的连接信息来记录地址和端口的映射才能进行相同连接后续报文的快速修改和转发。

由此可见，连接跟踪（Connection Track，CT）是 OVS 实现有状态处理的必要功能。对于 DPU 的 OVS 卸载方案而言，连接跟踪的卸载也是非常重要的特性，而硬件的特性决定了这是一个软硬件结合处理的设计。

4.4.1　连接跟踪卸载的软硬件同步设计

OVS 软件的连接跟踪需要特定的功能模块来支持，在传统 OVS 上主要是结合 Linux 的 Conntrack 模块来实现，而 OVS-DPDK 则在用户态实现了类似的连接跟踪处理。

图 4-6 大致描述了在卸载设计下的连接跟踪模型。

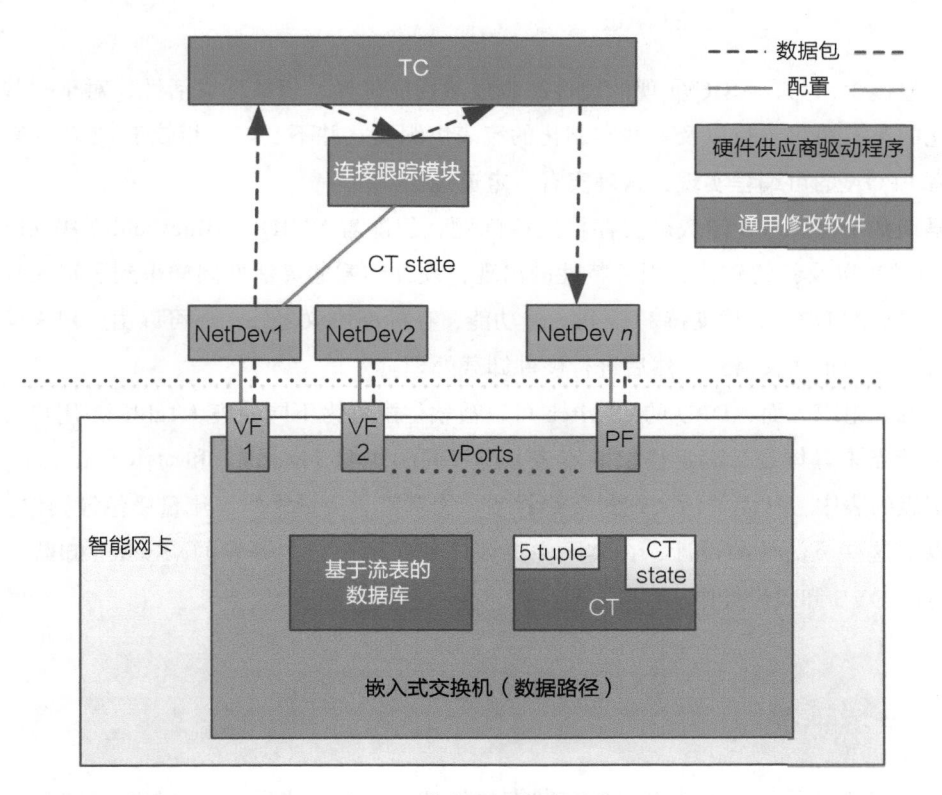

图 4-6　连接跟踪卸载设计

（引用来源：NVIDIA 演示文稿）

DPU 硬件卸载目前无法实现新建连接的处理以及连接的拆除，对于 TCP 而言，三次握手建立连接的操作和四次挥手释放连接的操作，都需要在软件层面完成。因此，硬件会识别 TCP 的标志位（flag），一旦发现是新建或释放连接的标记，会主动上送软件处理。

对于新建连接，软件的 CT 模块会跟踪记录连接状态。因此在 SYN 报文处理、SYNACK 报文处理过程中，网卡都会透传报文给软件而不做任何处理。一旦连接建立，切换到 EST 状态，CT 就可以卸载到硬件了。

对于将要释放的连接，硬件一样会识别 FIN 报文并上送软件，待软件完成连接挥手，就可以将 CT 表项从硬件删除。

对于 OVS 的 CT 卸载表项组织，DPU OVS-DPDK 实现了充分的设计灵活性。

- 设计之一采用了多级表项分别卸载的方式，各级表项之间通过寄存器传递中间状态信息并实现跳转，各级表项具有自己的独立性，表项操作、维护独立进行，互相之间影响较小。在报文快速路径处理过程中，一旦中间表项有 miss，可以通过 metadata 来恢复报文信息，继续交由 OVS-DPDK 软件处理。
- 设计之二采用了精确融合流表卸载的方式。经过软件流表及 CT 处理后的报文，融合报文精确匹配信息和相关的动作（Action）组合，作为单一流表卸载至硬件。这种设计可以带来更高的网络处理性能，只是在流表频繁变动的情况下需要全局性地查找删除，灵活性稍有欠缺。

这两种设计并不是互斥的。在 DPU OVS-DPDK 卸载方案中可以同时使用。用户可以配置一部分容量来做融合流表的卸载，其他容量做多级表项的卸载，根据实际业务的特点来进行相应的配置。

4.4.2　连接跟踪卸载的配置

以下给出两组 DPU 上的 CT 配置示例，第一组只有 CT，第二组包含 CT 和 NAT。OVS-DPDK 的基础配置同前。

单独 CT 的配置示例如下。

配置 APR 不经过 CT 卸载：

```
$ ovs-ofctl add-flow ctBr "table=0,arp,action=normal"
```

配置初始未跟踪状态的 IP 报文提交 CT 处理：

```
$ ovs-ofctl add-flow ctBr "table=0,ip,ct_state=-trk,action=ct(table=1)"
```

新建立的连接进行 CT Commit：

```
$ ovs-ofctl add-flow ctBr "table=1,priority=1,ip,ct_state=+trk+new,ac
tion=ct(commit),normal"
```

EST 状态的连接正常转发：

```
$ ovs-ofctl add-flow ctBr "table=1,priority=1,ip,ct_state=+trk+est,
action=normal"
```

CT 带有 NAT 的配置如下。

配置初始为跟踪状态的 IP 报文提交 CT+NAT 处理：

```
$ ovs-ofctl add-flow ctBr "table=0,ip,ct_state=-trk,action=ct(table=1,nat)"
```

配置新建立的连接进行 SNAT 操作：

```
$ ovs-ofctl add-flow ctBr "table=1,in_port=pf0hpf,ip,ct_state=+trk+new,action=
ct(commit,nat(src=1.1.1.16)), p0"
```

EST 状态的连接正常转发：

```
$ ovs-ofctl add-flow ctBr "table=1,ip,ct_state=+trk+est,action=normal"
```

4.5 可扩展网络设备

可扩展网络设备（Scalable Function，SF）是一种通过 PCIe 根设备（物理网络设备，PF）部署的网络设备，它基于 Linux 内核 subfunction 实现，其架构如图 4-7 所示。相较于虚拟网络设备（Virtual Function，VF）来说，SF 更轻量化，不需要拥有独立的 PCIe VF 资源，可以支持更多的设备数量，且可以按需分配使用，对于虚拟化场景（尤其是容器化场景）的支持更加从容。即便如此，SF 设备也会拥有自己专属的能力和资源（如 TXQ/RXQ），并且这些资源不会和其他设备共享。不同于 VF 设备，SF 设备的使用不需要额外的 BIOS 配置来进行激活，且可以和 PCIe SR-IOV VF 设备共存使用。目前 SF 设备仅支持在 NVIDIA BlueField DPU 上配置使用。有关 SF 的介绍，请访问 nvidia.cn/dpubook-23 了解详情。

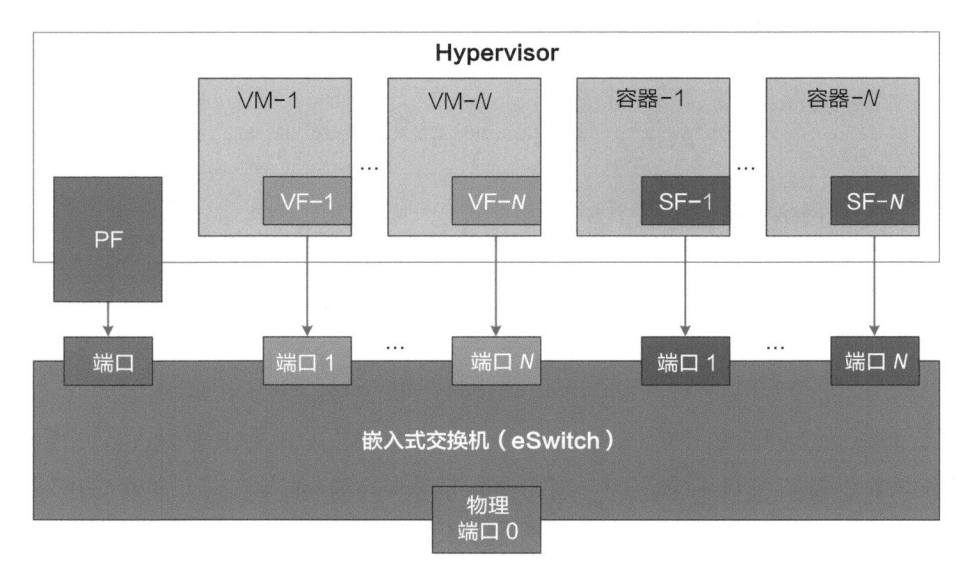

图 4-7　可扩展网络设备架构

（引用来源：NVIDIA 技术文档）

4.5.1　环境准备

确保 NVIDIA BlueField DPU 固件版本在 20.30.1004 或以上，以便能支持 SF 设备的使用。通过在 DPU ARM 系统上参考修改如下固件参数来激活 SF 设备的支持，修改后需要对服务器进行冷重启使配置生效。

```
$ mlxconfig -d 0000:03:00.0 s PF_BAR2_ENABLE=0 PER_PF_NUM_SF=1 PF_TOTAL_SF=236 PF_SF_BAR_SIZE=10
```

主机操作系统内核需要确保打开以下标志位来支持 DPU 上 SF 设备的使用：

- MLX5_ESWITCH
- MLX5_SF

4.5.2　SF 设备的使用和管理

SF 设备的使用主要涉及创建、配置、部署和使用这 4 个步骤，通过在 DPU ARM 系统上使用 /opt/mellanox/iproute2/sbin/mlxdevm 及 /opt/mellanox/iproute2/sbin/devlink 工具来对 SF 设备进行操作和管理。

查看 PCIe 根设备，即物理网络设备：

```
$ devlink port show
pci/0000:03:00.0/65535: type eth netdev p0 flavour physical port 0 splittable
false
```

基于此物理网络设备添加一个 SF 设备：

```
$ mlxdevm port add pci/0000:03:00.0 flavour pcisf pfnum 0 sfnum 88
pci/0000:03:00.0/229409: type eth netdev eth0 flavour pcisf controller 0 pfnum
0 sfnum 88
function:
hw_addr 00:00:00:00:00:00 state inactive opstate detached trust off
```

SF 设备默认会创建在 controller 0 上，即创建在 DPU ARM 侧进行使用。如若需要创建 SF 设备给主机系统使用，则需要指定 controller 编号。对于单个 DPU 主机来说，通常指定 controller 1；对于多主机场景，则需要根据主机编号来进行选择，1 作为起始：

```
$ mlxdevm port add pci/0000:03:00.0 flavour pcisf pfnum 0 sfnum 88 controller
1
pci/0000:03:00.0/32768: type eth netdev eth6 flavour pcisf controller 1 pfnum
0 sfnum 88 splittable false
function:
hw_addr 00:00:00:00:00:00 state inactive opstate detached
```

> 注 意 此时 SF 设备还无法被终端用户的应用正常使用，需要在完成配置并激活后才可以。另外，因为 SF 编号 1000 及以上为其他设备预留，所以请使用 0～999 作为灵活配置的 SF 设备编号。

通过 SF 设备编号或对应代表口可以查询相关的 SF 设备信息：

```
$ mlxdevm port show en3f0pf0sf88
pci/0000:03:00.0/229409: type eth netdev en3f0pf0sf88 flavour pcisf controller
0 pfnum 0 sfnum 88
function:
hw_addr 00:00:00:00:00:00 state inactive opstate detached trust off
$ mlxdevm port show pci/0000:03:00.0/229409
pci/0000:03:00.0/229409: type eth netdev en3f0pf0sf88 flavour pcisf controller
0 pfnum 0 sfnum 88
function:
hw_addr 00:00:00:00:00:00 state inactive opstate detached trust off
```

也可以通过 SF 设备号查询对应的 SF 设备编号信息并进行匹配：

```
$ /opt/mellanox/iproute2/sbin/devlink port show auxiliary/mlx5_core.
sf.4/229409
auxiliary/mlx5_core.sf.4/229409: type eth netdev enp3s0f0s88 flavour virtual
port 0 splittable false
$ cat /sys/bus/auxiliary/devices/mlx5_core.sf.4/sfnum
88
```

初始状态下，SF 设备没有对 MAC 地址进行配置，因此可以通过以下方式来配置 SF 设备的 MAC 地址：

```
$ mlxdevm port function set pci/0000:03:00.0/229409 hw_addr 00:00:00:00:88:88
```

SF 设备默认没有开启信任模式，如需获得额外能力，比如更新 steering 数据库等，可尝试打开信任模式，否则无须进行配置：

```
$ mlxdevm port function set pci/0000:03:00.0/229409 trust on
pci/0000:03:00.0/229409: type eth netdev en3f0pf0sf88 flavour pcisf controller
0 pfnum 0 sfnum 88
function:
hw_addr 00:00:00:00:88:88 state inactive opstate detached trust on
```

要激活并使用 SF 设备，需要将 SF 设备状态激活，并将对应的代表口设备添加到 OVS 网桥上：

```
$ mlxdevm port function set pci/0000:03:00.0/229409 state active
$ systemctl start openvswitch
$ ovs-vsctl add-br network1
$ ovs-vsctl add-port network1 ens3f0npf0sf88
$ ip link set dev ens3f0npf0sf88 up
```

如果创建的 SF 设备是在 DPU 上使用，则需要将其从默认 mlx5_core.sf_cfg 驱动解绑，然后再绑定到 mlx5_core.sf 驱动。如果在主机侧激活并使用 SF 设备，则无须进行以下配置操作：

```
$ echo mlx5_core.sf.4 > /sys/bus/auxiliary/devices/mlx5_core.sf.4/driver/
unbind
$ echo mlx5_core.sf.4 > /sys/bus/auxiliary/drivers/mlx5_core.sf/bind
```

至此，根据配置不同，SF 设备在主机（controller 1）或 DPU ARM 侧（controller 0）即可分配给终端用户应用使用。

当 SF 设备使用完毕，且不再需要时，可以通过以下方式使其失效并进行删除。当 SF 设备失效后，设备会自动从系统中卸载。请确保先将 SF 设备设置为失效后，再对设备进行删除，这样更加安全可靠。如后续需要继续使用 SF 设备，也可只将其设置为失效，保留 SF 设备便于后续激活挂载直接使用：

```
$ mlxdevm port function set pci/0000:03:00.0/229409 state inactive
$ mlxdevm port del 0000:03:00.0/229409
```

本章小结

本章介绍了 NVIDIA BlueField DPU 在网络卸载和加速方面的模型、场景，以及相关实用配置方式，相信能够对读者了解 DPU 在网络方面的使用起到一定的帮助作用。

05

第 5 章

NVIDIA BlueField DPU 上的 SNAP 技术

在第 4 章中，我们探讨了 NVIDIA BlueField DPU 在网络加速和卸载方面的内容，本章将从网络扩展到存储，详细介绍 NVIDIA BlueField SNAP（Software-defined Network Accelerated Processing）存储虚拟化技术。

5.1 什么是 SNAP 技术

NVIDIA BlueField SNAP 是一种存储虚拟化技术。NVMe/VirtIO-blk SNAP 可以虚拟出本地驱动器，如 NVMe SSD，通过网络连接到后端存储系统，实际的数据落盘在后端的存储集群中。

主机操作系统、Hypervisor 通过标准存储驱动程序使用存储设备，不需要关心使用的是真实的物理网络设备还是使用 NVMe/VirtIO-blk SNAP 框架模拟的存储设备。SNAP 框架会将所有的 I/O 请求或者数据通过网络发送到后端的存储系统。

NVMe/VirtIO-blk SNAP 运行于 NVIDIA BlueField DPU 之上，结合 DPU 上独特的硬件加速的存储虚拟化和高级的可编程网络，可进一步提升整体性能。NVMe/VirtIO-blk

SNAP 与 NVIDIA BlueField DPU 一起实现了提升存储和网络效率的解决方案。

SNAP 的总体架构如图 5-1 所示，右侧为主机，左侧为插在主机的 PCIe 插槽上的 NVIDIA BlueField DPU。DPU 的 ARM CPU 上运行着 `mlnx_snap` 服务进程，在主机上虚拟出两个存储设备，分别是 NVMe 设备和 VirtIO-blk 设备。

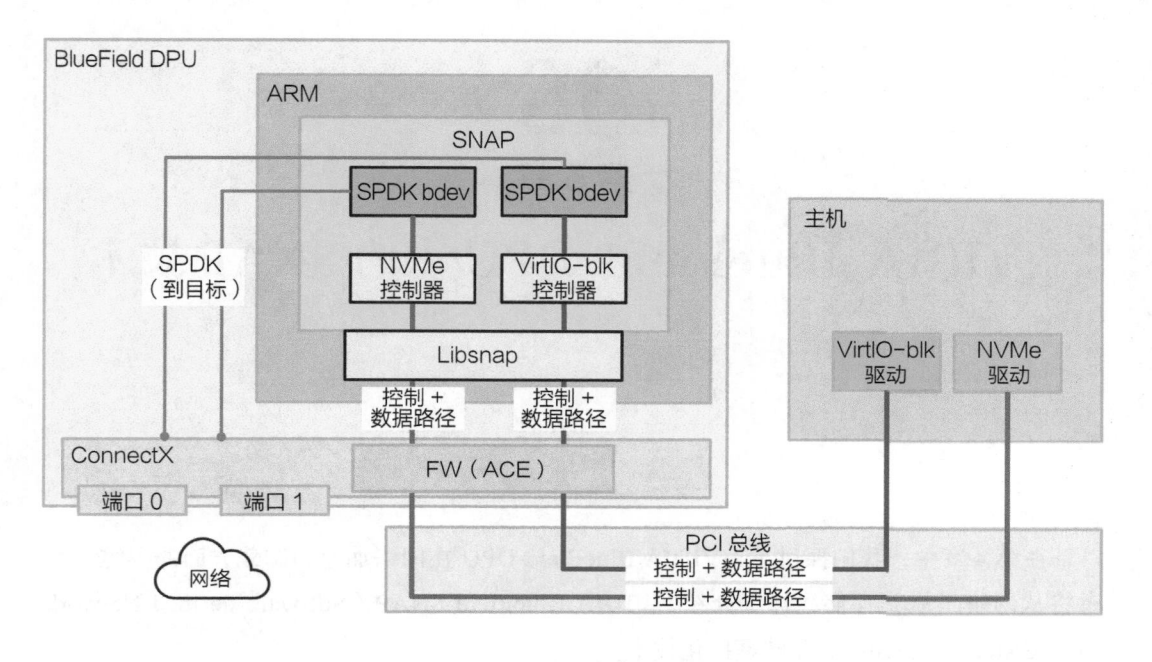

图 5-1　SNAP 的总体架构

当主机上的用户访问模拟设备的时候，I/O 请求被重定向到对应的存储控制器（Controller）。每个 Controller 至少有一个后端存储设备与之对应。Controller 处理每一个收到的命令。当接收到控制命令时，Controller 会立即回复；当接收到 I/O 命令时，则发送给后端的存储系统处理。整个请求的处理过程完全是异步的，并且均匀地分布在所有的 ARM 核心上，这样可以取得最优的性能。

SNAP 的下层是 Libsnap 开发库。Libsnap 是一个通用的库，用于帮助 NVIDIA BlueField DPU 与模拟的硬件设备交互，完成常见的任务，并最大限度地利用 DPU 的硬件功能。Libsnap 为上层应用程序提供了一套简单的 API，用来创建、修改、查询、销毁模拟设备，或者管理 PCIe BAR 和模拟设备的队列。除此之外，Libsnap 还提供了一套便利的 API 来进行高效的网络和 RDMA 事务操作。SNAP 应用程序使用 Libsnap 库提供的 API，可以实现高效的资源管理和存储设备后端的 RDMA 操作。

下面是一些 SNAP 的关键特性：

- 灵活支持多种网络协议，比如 NVMe-oF/iSCSI、RDMA/TCP、ETH/IB
- 支持 NVMe 和 VirtIO-blk 设备模拟
- 支持简单的数据操作
- 支持多种数据路径模式

需要注意的是，BlueField SNAP 及 VirtIO-blk SNAP 是授权软件，用户必须在每个 NVIDIA BlueField DPU 设备上购买许可证才能使用它们。

5.2　SNAP 的工作模式

SNAP 的工作模式可分为：**SNAP 无卸载模式**、**SNAP 直通模式**和 **SNAP 全卸载模式**。我们会在本章后面逐一介绍。在这之前，我们需要对 SNAP 的配置部署方式进行说明，以理解上述 3 种模式的部署方式和差异。

5.2.1　SNAP 的配置部署

SNAP 功能默认情况下是关闭的，需要配置 DPU 的固件参数来启动 SNAP 服务。固件的配置方式可以参照 NVIDIA 最新发布的 SNAP 手册内容，这里不做赘述。

SNAP 的配置采用了 RPC（Remote Procedure Call）命令接口。RPC 协议是一个非常简单的协议，只定义了很少的数据类型和命令接口。NVMe/VirtIO-blk SNAP 与其他 SPDK 应用一样，支持 JSON 格式的 RPC 协议命令来控制资源的建立、删除、查询和修改。

`mlnx_snap` 支持执行所有的标准 SPDK RPC 命令，同时还扩展了 SNAP 专有的命令集合。SPDK 标准命令通过 `spdk_rpc.py` 支持，而 SNAP 专有的命令集合通过 `snap_rpc.py` 提供。`spdk_rpc.py` 命令说明请参考 SPDK 官方文档（nvidia.cn/dpubook-24）或者 GitHub (nvidia.cn/dpubook-25)。

1. PCIe Function 管理

模拟的 PCIe Function 是通过 IB 设备（emulation manager，模拟管理器）管理的，模

拟管理器就是普通的 IB 设备（例如 mlx5_0、mlx5_1），具备控制 PCIe 通信和向主机提供设备模拟的权限。多个模拟管理器可以并存，每个模拟管理器可以配置独有的功能选项。

每个模拟管理器可以控制多个 PCIe Function。主机操作系统可以通过 Function 索引或者 PCIe 的 BDF 编号来进行访问。一些基于固件来配置的 PCIe Function 是静态的。用户也可以在运行时中使用动态的、可添加 / 移除的 Function，我们称之为支持热插拔的 PCIe Function。当一个新的 PCIe Function 接入，除非通过操作拔出设备或者系统冷重启，否则，即使 SNAP 进程停止，该 Function 依然可用。一些操作系统会自动与新接入的 Function 开始通信，有些甚至会与已经拔出的设备保持通信。所以，用户需要维护一个控制器（模拟管理器）来管理现有的 PCIe Function。

2. NVMe 设备的模拟管理

这里可以参考 NVMe 标准中的一个子系统架构（如图 5-2 所示）来帮助我们理解 SNAP 在这方面的实现和配置。

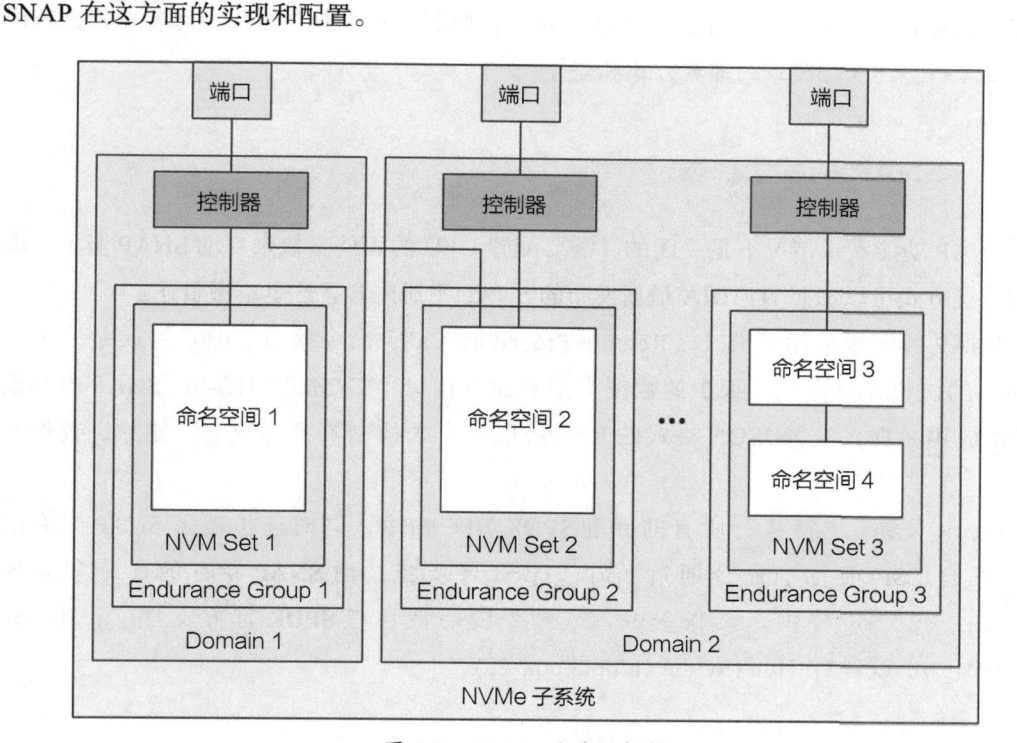

图 5-2　NVMe 子系统架构

（引用来源：NVM Express Base Specification）

NVMe 存储实例与 SNAP 的实现和配置相关的主要组件包括：**NVMe 子系统**、**NVMe 控制器和 NVMe 命名空间**。

（1）NVMe 子系统

NVMe 规格书中规定了 NVMe 子系统，它是一个逻辑实体，封装了一系列 NVMe 后端 / 命名空间和连接 / 控制器。当运行多个 NVMe 控制器，尤其是使用 NVMe VF 时，NVMe 子系统是非常有用的。

每个 NVMe 子系统被赋予一些参数：serial number（SN）、model number（MN）和 qualified name（NQN）。生成之后，每个子系统还会得到一个唯一的 index。

（2）NVMe 控制器

NVMe 控制器是主机和 NVMe 子系统之间的接口。每个开放给主机的 NVMe 设备，不管是 VF 还是 PF，都必须经过 NVMe 控制器。NVMe 控制器负责所有与主机驱动的协议交互。每一个新的 NVMe 控制器都需要链接到一个 NVMe 子系统。

在创建 NVMe 控制器时，SNAP 可以通过 JSON 扩展配置参数。对于无卸载模式和直通模式，我们都可以采用 SNAP RPC 命令直接配置，对于全卸载模式，我们提供了参考的 JSON 模板。当生成以后，NVMe 控制器可以通过名称（比如"NvmeEmu0pf0"）或者子系统 ID + 控制器 ID 来识别和调用。

（3）NVMe 命名空间

NVMe 命名空间代表一个连续区间的本地 / 远端的逻辑块地址（Logical Block Addressing，LBA）。每个命名空间必须链接到一个控制器并在 NVMe 子系统内拥有一个唯一的 NSID。

SNAP 应用程序的 NVMe 命名空间使用 SPDK 块设备框架作为后端。在配置 NVMe 命名空间时，需要先生成 SPDK bdev 设备，详细信息可参照 SPDK bdev 文档。

5.2.2　SNAP 无卸载模式

如图 5-3 所示，在 SNAP 无卸载模式下，所有的数据都会经过 ARM 子系统。流量处理基于 SPDK 框架，数据首先从主机内存 DMA 到 ARM 的 DRAM 内存，然后从 ARM 的 DRAM 内存 DMA 到网卡子系统中进行发送。接收数据的操作也是通过相同的控制和数据路径。

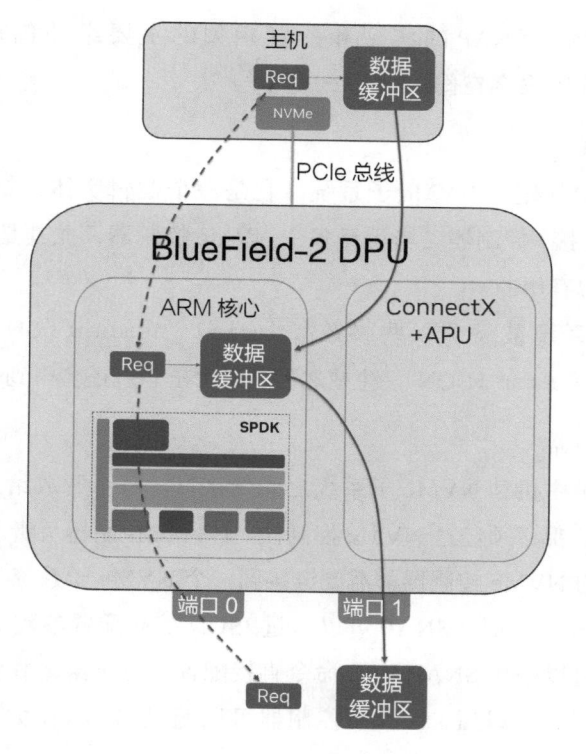

图 5-3　SNAP 无卸载模式

（引用来源：NVIDIA 演示文稿）

SNAP 无卸载模式是最灵活的一种模式，用户在 ARM 上运行存储应用，无须考虑主机侧存储应用部署时的限制和依赖。ARM 上的存储应用可以支持通用存储协议、NVMe、iSCSI、NFS 等，也可以通过运行私有的客户端程序去支持私有的存储协议实现。这种模式的局限也很明显：数据路径需要经由 ARM 子系统，效率不是最佳的，时延和吞吐性能相比于下面的两种模式略弱。

5.2.3　SNAP 直通模式

SNAP 直通模式（如图 5-4 所示）允许 SNAP 应用直接从主机内存传输数据到远端存储，无须进入 DPU 的 ARM 子系统。它与无卸载模式在部署上唯一的区别就是开启了 DPU 固件配置中的 Zero Copy 选项。

相同的是，数据 I/O 请求经由 ARM 的 SPDK 框架处理，但是数据直接 DMA 到网卡子系统，实现了数据平面的加速。SNAP 直通是基于 SPDK bdev 实现的，仅支持与 SPDK NVMe-oF 块设备进行 RDMA 通信。SPDK 的版本需要在 21.07 或者更高才能支持。

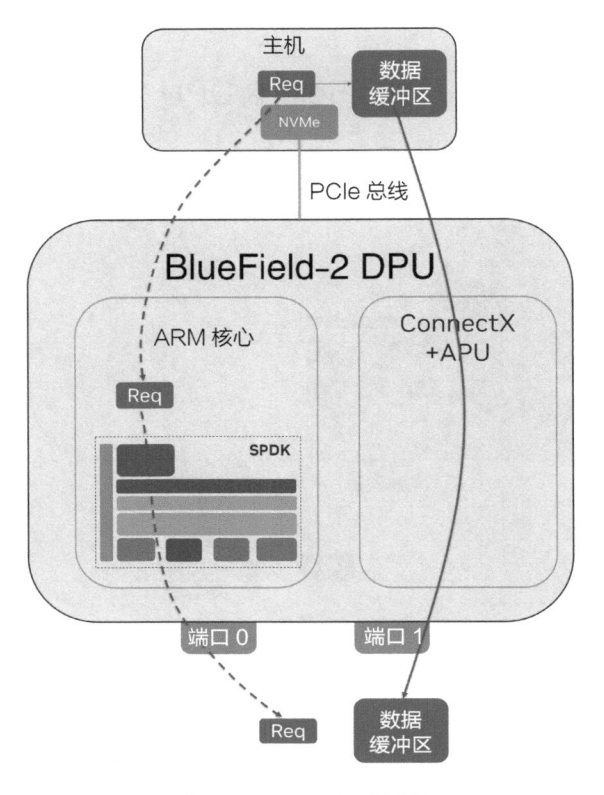

图 5-4　SNAP 直通模式

（引用来源：NVIDIA 演示文稿）

SNAP 直通模式相比于无卸载模式性能有提升，同样支持客户添加存储服务，但是仅支持 RDMA（或者 RoCE）网络传输。

5.2.4　SNAP 全卸载模式

SNAP 全卸载模式，或者更具体地说是 SNAP NVMe-RDMA 全卸载模式（如图 5-5 所示），进一步降低了存储应用对 ARM 的占用，完全卸载数据路径到 DPU 硬件。

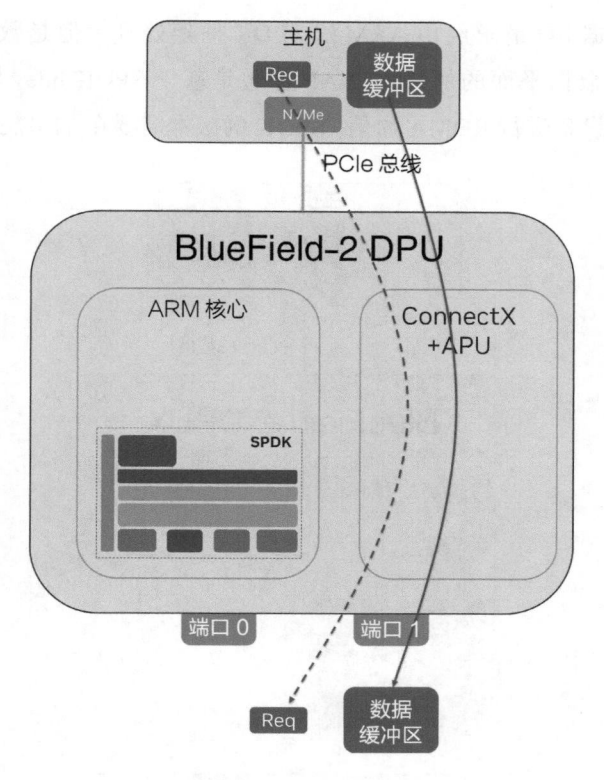

图 5-5　SNAP 全卸载模式

（引用来源：NVIDIA 演示文稿）

　　控制平面由软件处理，而数据平面则完全交给硬件，软件不能干预。用户需要配置 NVMe 子系统和 NVMe 控制器（已经被硬件卸载），而无须配置 NVMe 命名空间。在配置控制器时，需要指定 RDMA 设备。NVMe 控制器在初始化时，会自动探测和连接相应的后端存储设备。

　　远端存储目标（target）的参数是通过本地 JSON 格式的配置文件提供的，默认的文件路径位于 /etc/mlnx_snap/mlnx_snap_offload.json。下面的 JSON 参考模板中提供了后端连接所需的信息。

```
{
    "ctrl": {
        "sqes": 6,
        "cqes": 4,
        "cq_period": 3,
```

```
        "cq_max_count": 6,
        "nr_io_queues": 32,
        "nm": "Mellanox NVMe SNAP Controller",
        "sn": "NVMe_SNAP_PF0",
        "mdts": 4,
        "oncs": 0,
        "offload": true,
        "max_namespaces": 1024,
        "quirks": 0
    },
    "backends": [ {
        "type": "nvmf_rdma",
        "name": "nqn.2016-06.io.spdk:cnode0",
        "paths": [{
            "addr": "100.0.0.1",
            "port": 4420,
            "ka_timeout_ms": 15000,
            "hostnqn": "nqn.2021-06.mlnx.snap:fb8900e0ba09476ebafe9f1f0f0ea88a:0"
        }]
    }]
}
```

由于 SNAP 应用不参与数据路径，所以这种模式进一步降低了资源占用。在性能优化时，可以调整 CPU_MASK 的配置，仅分配单核 ARM 即可（CPU_MASK=0x80）。默认 SNAP 占用 4 个 ARM 核心（0xF0），CPU_MASK 的配置在 /etc/default/mlnx_snap 中。

5.2.5　SNAP 模拟 VirtIO-blk 设备

VirtIO-blk 是一个简单的虚拟块设备，SPDK 提供了基于 C 语言的 VirtIO Block 设备驱动。驱动包含了两种使用模式。

- **PCI 模式**，VM 的标准模式，作为一个虚拟的 PCI 设备，QEMU 提供了 VirtIO 控制器；
- **Vhost-user 模式**，可以用于连接主机本地的 vhost 套接字。

VirtIO-blk SNAP 的实现是基于 VirtIO Block 设备的 PCI 模式。通过 SNAP_RPC 命令集合，我们可以配置一个类型为 VirtIO_blk 的模拟管理器。同样，这个模拟管理器就是一个普通的 IB 设备。然后，为每一个提供给主机的 VirtIO-blk 设备（无论是通过 VF 还是 PF）配置 VirtIO-blk 控制器。

与 NVMe 类似，VirtIO-blk 也是使用 SPDK 块设备框架作为后端设备。主机侧仅需

要加载 `VirtIO_blk` 和 `VirtIO_pci` 标准内核模块即可识别该 SNAP 设备。

5.3 SNAP 技术的应用场景

　　SNAP 技术在 DPU 上实现了面向应用需求的存储虚拟化加速方案，与业界存储合作伙伴一起，提供了商用的存储虚拟化的能力。相较于传统方案，SNAP 部署灵活、可扩展性高、升级了存储协议，同时还提供了更好的适配能力。无论是 NVMe SNAP 还是 VirtIO-blk SNAP，用户都可以通过标准的驱动加载存储资源，无须担心操作系统的限制或者应用软件的适配。

　　SNAP 真正实现了存储资源与计算的解耦：

- 存储服务的部署不受限于操作系统；
- 支持几乎所有网络传输类型，包括 NVMe-oF、iSCSI、iSER 等，还支持私有化的协议实现；
- 加速了虚拟化存储的数据路径，提供了近乎本地存储的性能（在当前的 NVIDIA BlueField-2 DPU 平台上，性能指标为 2.7M IOPS、100Gbit/s 端口吞吐限速、不大于 20μs 的时延）；
- NVMe-oF 实现是在 DPU 上，不需要在主机侧部署 NVMe-oF 和 RDMA 驱动；
- 通过 VirtIO-blk 和 vDPA 技术实现热迁移；
- 支持本地无盘启动，完美支持裸金属和虚拟化场景；
- 运行于 DPU 上的存储服务更易于批量部署；
- 通过 VirtIO-blk 实现了对于早期操作系统的支持。

　　存储虚拟化使得本地可调用的存储资源不再受到本地硬件的限制，通过 DPU 模拟的存储设备，用户可以构建自己的专用存储资源池。存储资源池采用专用的存储设备，基于远端存储目标的高可靠性实现，保证数据的安全性。容量配置完全按照当前应用需求，弹性部署，实现存储资源利用率的最大化。存储资源池本身可以提供更好的并行性能，存储的性能不再受限于具体的存储介质和接口。

　　技术在实际使用场景下才能产生价值，SNAP 技术的应用从存储客户端的角度改变了存储服务部署的方式，以一种全新的部署方式，服务于不断更新迭代的业务需求。下面我们通过几个具体的场景来讨论 SNAP 的部署和应用。

5.3.1 高效的云存储

DPU 改变了数据中心架构，而具体到 SNAP 应用，它改变了云数据中心存储资源部署的位置。存储资源的虚拟化使得本地的存储设备不再是必需品。在云厂商的实际部署实践中，我们看到，远端存储资源从本地存储的补充逐渐转变为主导。甚至在下一步的计划中，本地无盘、存算分离已经提上日程，如图 5-6 所示。

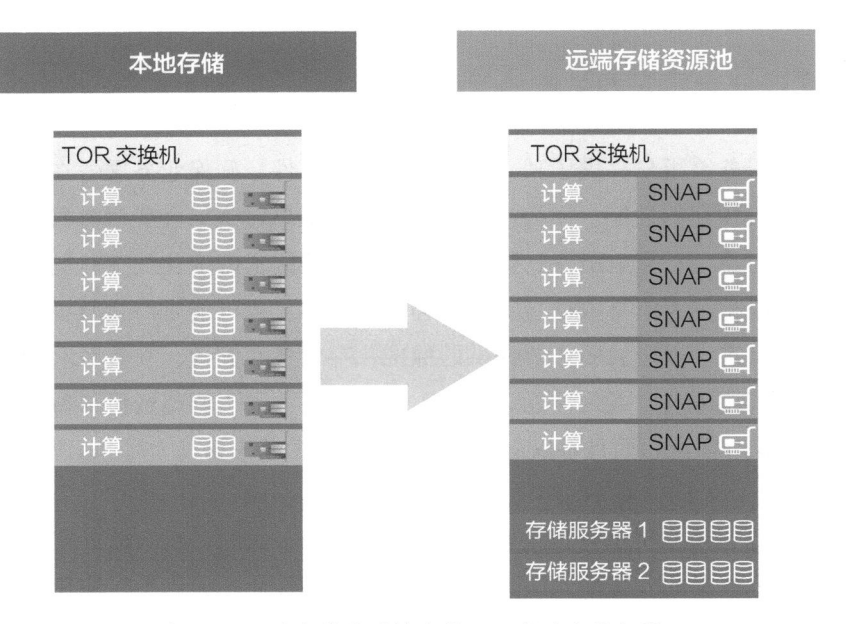

图 5-6　远端存储资源将主导云厂商的存储部署

（引用来源：NVIDIA 演示文稿）

云数据中心重视成本，高效的存储资源利用、灵活的部署，使得单位存储能力的设备成本和运营成本双双降低。一致的目标，使得构建**存储资源池**（如图 5-7 所示）的方式成为越来越多同行的共识。

事实上，存储资源池在存储产品中并不是一个新的概念。但是要真正将其应用于数据中心，为成千上万个计算节点提供服务支持，需要在客户端一侧实现完美适配和调度。SNAP 技术使得我们能够在云数据中心中基于软件应用定义存储。多厂商、多协议甚至私有协议的支持，真正解除了实际应用部署困难的枷锁。

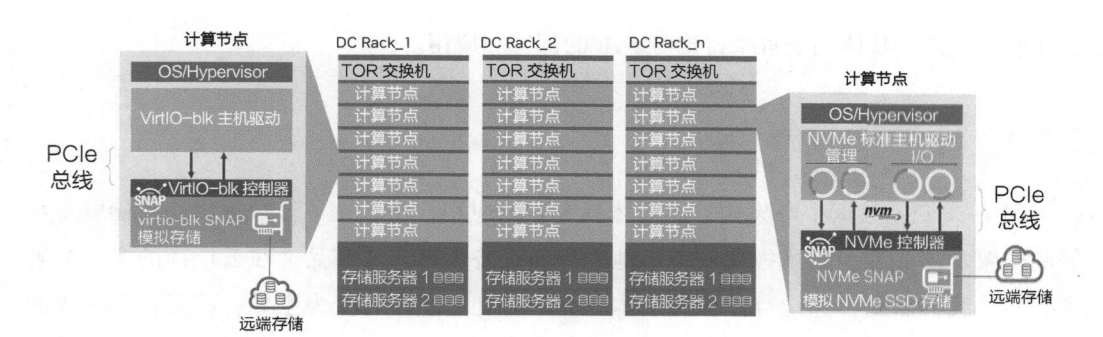

图 5-7　构建存储资源池

5.3.2　实现裸金属云的关键技术

裸金属云服务给租户提供了独立的高性能物理硬件，确保业务服务在物理资源隔离的保障下达到可预期的性能。作为裸金属云服务，租户对于裸金属服务器的需求是随着业务类型、算力类型、算力配置、数据类型和规模等因素的变化而变化的。尤其对于存储而言，可能是重算力但是数据量不大的轻量化需求，也可能是海量数据读写且大数据容量的高性能需求。裸金属服务器提供的标准化存储资源配置，在资源利用和性能匹配上面临着或是资源限制，或是性能、容量不足的问题。人工调整资源部署又面临着成本高、交付时间长等困难，而且难以避免在操作上出现偏差失误。

如图 5-8 所示，DPU 的 SNAP 技术实现了对远端存储资源的虚拟化和灵活调用，按需配置存储资源容量和类型得以实现。SNAP 调用分布式的、基于软件定义的远端存储资源，可以保障数据的安全性，同时提供近乎本地的性能。无论上层应用运行在什么操作系统上，主机侧都不需要支持 RDMA 和 NVMe-oF，SNAP 技术可以批量提供定制的存储资源服务。

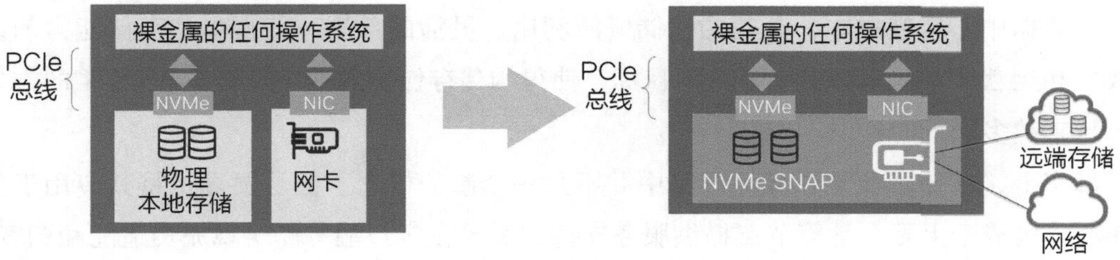

图 5-8　SNAP 实现远端存储虚拟化

（引用来源：NVIDIA 演示文稿）

5.3.3　企业级业务存储扩展

在企业级的应用中，我们经常遇到中小规模但是资源组成较为复杂的需求。复杂度包含几个方面：

- **操作系统类型复杂**，可能有 Linux 的各种发行版、专用设备上定制的 Linux 系统、Windows 的各种版本和各种类型的虚拟化平台；
- **操作系统版本跨度大**，一些老的业务稳定运行在接近 10 年前的系统版本上，而刚上线的业务则使用了较新的系统版本；
- **服务器组成复杂**，设备来源于各个厂商的不同时期，一般来讲服务器的生命周期为 5 年，但在很多企业的实际运维中并没有限制；
- **存储产品组成复杂**，不同存储厂商的产品、超融合产品并存，各自有不同的存储协议。

事实上，企业用户在实际使用场景中面临的复杂度远不止上述这几个方面，根据不同的业务和行业，还会有定制化的 IT 需求。大部分的企业级用户需要的是成熟商用的产品，因为大部分企业运营团队并不具备二次开发、软硬件集成的能力。

那么这些企业级用户就无法使用最新的、高性能的技术方案了吗？其实不是。以 SNAP 为例，在项目方案的选型上，我们可以逐步地部署 SNAP，通过标准的存储协议不断集成和整合存储资源，如图 5-9 所示。对于业务，SNAP 可以避免适配问题；对于存储，SNAP 通过支持各类存储协议来调用资源。从这个维度来看，SNAP 技术的应用可以帮助企业用户在技术升级路径上跨过兼容整合的门槛。随着用户基础设施的逐步更新，新的架构逐渐替代旧的架构，通过 IT 基础设施的升级保证上层业务获得匹配的能力，真正支持企业用户实现业务的发展和演进。

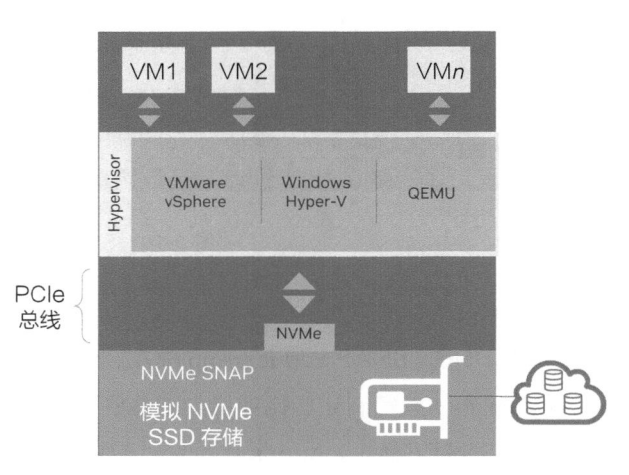

图 5-9　部署 SNAP 集成和整合存储资源
（引用来源：NVIDIA 演示文稿）

5.4　SNAP 技术和用户存储系统的集成

前面的章节描述了如何使用 SNAP 模拟出 NVMe SSD 和 VirtIO 设备，如果用户需要的是这些标准的设备，可以直接使用 DOCA SNAP 服务。按照前面章节的介绍，做一些简单的配置即可直接使用，不需要任何额外的软件开发。

如果这些标准的产品不能完全满足用户需求，比如在公有云或者私有云的场景中，云供应商往往会定制自己的存储系统。如果租户虚拟机或者容器需要存储服务，基于 DPU 的 SNAP 也提供了不同的集成方式。

在整个 SNAP 解决方案中，组件从上到下分为 DOCA Service APP 层、DOCA 驱动和运行时库，以及集成的 SPDK 框架。用户可以根据需要定制其中的部分或者全部。例如，如果用户定制存储前端和后端的协议，可以开发自己的 SPDK bdev 和 vbdev，然后跟 SNAP 框架集成在一起，其他部分不需要修改。其整体框架如图 5-10 所示。

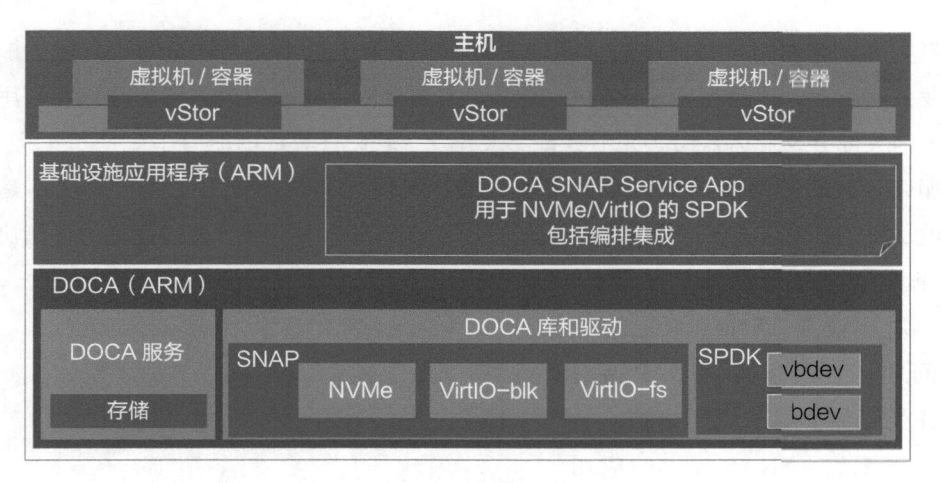

图 5-10　SNAP 整体框架

（引用来源：NVIDIA 演示文稿）

如果 DOCA SNAP Service App 模拟出的设备不能满足用户需求，或者用户需要对 SNAP App 做一些定制化，比如增加一些管理接口、统计功能，或者显示调试日志等，则可以基于 SNAP Service App 来开发自己的存储应用，其架构如图 5-11 所示。

如果用户甚至不使用 SPDK 作为底层存储开发框架，也可以自己开发上层应用，并将 SPDK 框架替换成自己需要的，如图 5-12 所示。

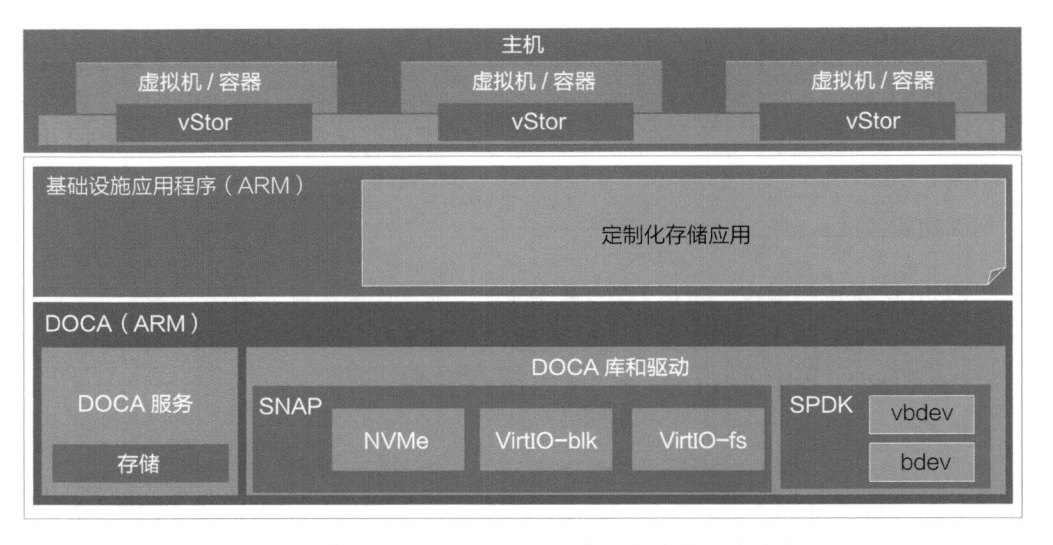

图 5-11　基于 SNAP Service App 来开发定制化存储应用

（引用来源：NVIDIA 演示文稿）

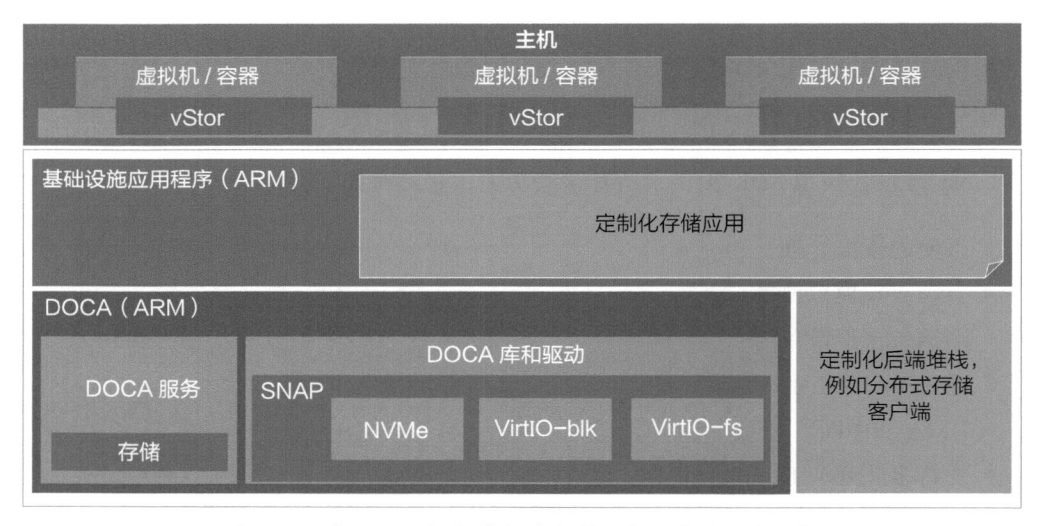

图 5-12　将 SPDK 框架替换为定制化底层存储开发框架

（引用来源：NVIDIA 演示文稿）

设备模拟 SDK

NVIDIA BlueFiled DPU 可以模拟 PCIe 设备，当把 DPU 插入服务器，就可以在服务器上看到多种模拟的设备，比如 NVMe 设备、VirtIO 设备、RDMA 设备。DPU 是怎么实现这些功能的呢？

从模拟一个设备需要支持哪些功能开始，我们把这些功能分为两大类：基础功能和高级功能。

基础功能包括：

- **PCIe 配置空间操作**，包括 PCIe 属性呈现、配置周期响应、BAR 配置；
- **BAR 空间读写**，主机对 BAR 的读写操作，以及模拟这些操作的响应；
- **DMA 操作**，在主机和 DPU 之间执行 DMA 操作；
- **中断**，向主机发送中断。

现在的高速设备都使用了多队列技术以提高性能，因此模拟的设备还需要具备这些高级功能：

- **队列管理**，包括 Doorbell 处理、描述子传输、缓冲区管理等；
- **描述子辅助函数**，解析描述子命令、内存注册等；
- **网络操作**，使用 RDMA 或者 TCP 收发网络报文；
- **硬件功能卸载**，包括压缩 / 解压缩、加解密、DIF 等。

Libsnap 设备模拟 SDK 提供了所有这些功能，它具有如下特性：

- 方便的模拟管理
- 自动发现模拟设备
- 热插拔模拟设备
- 通过 BAR 访问寄存器
- DMA 和中断
- 支持多队列和 Doorbell 机制
- 特定模拟设备的辅助函数

其 API 分组如表 5-1 所示。

使用 Libsnap 模拟设备的典型工作流程（如图 5-13 所示）为：

1）**初始化**。发现或者热插拔一个模拟设备，打开和初始化设备。

2）**注册回调**。注册交互的回调函数。

3）**创建队列**。创建与设备相关的队列。

4）**收发数据**。轮询队列，发送、接收描述子，进行 DMA 操作。

表 5-1　Libsnap API 分组

API 分组	功能
SNAP PCI	● 设备发现 ● 设备热插拔 ● PCIe 配置属性
SNAP Generic	● 通用 SQ/CQ 操作 ● 描述子操作 ● 寄存器访问
SNAP NVMe	● NVMe SQ/CQ 实现 ● 内存注册 ● NVMe 命令与 NVMe-oF 转换
SNAP VirtIO-blk	● VirtIO 队列（queues）操作 ● 描述子操作
SNAP VirtIO-net	● VirtIO 队列（queues）操作 ● 转换为以太网数据包

图 5-13　Libsnap 模拟设备的典型工作流程

（引用来源：NVIDIA 演示文稿）

下面是工作流程的伪代码：

```
Initialization() {
ibv_get_device_list();                  // Find RDMA devices
snap_open();                            // Open SNAP lib ctx
snap_hotplug_pf();                      // Hotplug a PF with params
snap_get_pf_list();                     // Get a list of PFs
snap_open_device();                     // Open a specific PF
snap_nvme_init_device();                // Initialize for NVMe
}

Registers_interaction() {
snap_nvme_query_device();               // Read registers (polling/events)
snap_nvme_modify_device();              // Write registers
}
```

```
Queue_creation() {
snap_nvme_create_cq();                          // Create NVMe CQ
snap_nvme_create_sq(IBV_QP1);                   // Create NVMe SQ
}

IO_processing_using_rdma_api() {
ibv_post_recv(IBV_QP2, buff);                   // Prepare for RX
ibv_poll_one(IBV_CQ);                           // RX a NVMe SQE
ibv_post_send(IBV_QP2, SEND);                   // TX a NVMe CQE
ibv_post_send(IBV_QP2, RDMA_READ/WRITE);        // DMA
// Optional: send zero-copt-mkey to remote RDMA storage
ibv_post_send(IBV_QP3, <message with zero-copy-mkey>);
}
```

本章小结

本章介绍了 NVIDIA BlueField DPU 上的 SNAP 技术。首先解释了什么是 SNAP 技术，描述了 SNAP 的使用配置方式，然后介绍了 SNAP 技术的应用场景，以及与用户存储系统集成的几种模式。

03

第三部分

NVIDIA DOCA 概述及开发体验

Data Processing Unit
Introduction to DPU Programming

06

第 6 章

NVIDIA DOCA 概述

要想充分发挥 NVIDIA BlueField DPU 这一非常强大的片上数据中心基础设施的硬件能力，突破性能和可扩展性的瓶颈，消除现代数据中心的安全威胁，简单、高效的 NVIDIA DOCA 软件框架应运而生。NVIDIA DOCA 软件框架旨在帮助开发者在当前和未来的 NVIDIA BlueField DPU 上卸载、加速和隔离网络、存储、安全及管理服务，通过提供功能强大的开发套件，将软件定义、硬件加速的数据中心基础设施的性能、效率、安全性、可靠性提升至新的高度。基于前面几章对 NVIDIA BlueField DPU 的深入了解，我们在本章将重点探究 NVIDIA DOCA 软件框架。

6.1 NVIDIA DOCA 的定义及发展历程

6.1.1 什么是 NVIDIA DOCA

DOCA 是 Data Center Infrastructure on a Chip Architecture 的缩写，也就是片上数据中心基础设施体系结构。如图 6-1 所示，DOCA 是一个为 NVIDIA BlueField DPU 量

身定做的软件框架和开发平台，主要目的就是为开发者打造一个全面、开放的开发平台，支持广大的开发者在 NVIDIA BlueField DPU 上进行简单、灵活的软件开发，让开发者可以快速创建 NVIDIA BlueField DPU 加速的、高性能的应用程序和服务。

图 6-1　NVIDIA DOCA 软件框架

（引用来源：NVIDIA 产品图片）

凭借 NVIDIA DOCA 与 NVIDIA BlueField DPU 系列产品，NVIDIA 从高性能计算、云计算、边缘计算的角度重新审视未来计算架构，正在重塑现代数据中心基础设施。NVIDIA DOCA 依托于面向未来、API 驱动的思维模式而构建，可让 NVIDIA BlueField DPU 硬件加速器变得易于使用，从而实现非凡的数据中心性能、效率和安全性。NVIDIA DOCA 能解锁数据中心创新功能，并且能很好地向下平滑兼容持续演进的新一代 NVIDIA BlueField DPU。NVIDIA DOCA 可以加快应用程序和服务的上市时间，帮助客户和合作伙伴在各自的行业竞争中取得成功，并基于 NVIDIA BlueField DPU 的应用场景起到关键的灵魂作用，是释放 DPU 潜力的关键。

6.1.2　持续演进与迭代的 NVIDIA DOCA

在 NVIDIA GTC 2020 秋季大会上，NVIDIA DOCA 1.0 与 NVIDIA BlueField-2 DPU 一起首次发布，借助 NVIDIA DOCA，开发者可以在当前及未来的 NVIDIA BlueField DPU 上广泛地创建软件定义、云原生、DPU 加速的应用程序与服务，实现对数据中心基础设施的编程，并支持零信任安全，从而满足现代数据中心日益增长的性能与安全需求。NVIDIA DOCA 1.0 主要为 NVIDIA BlueField DPU 提供驱动程序和加速器程序，这体现在加速云计算基础设施方面的用例（特别是裸金属云用例）上，如图 6-2 所示。

图 6-2　NVIDIA DOCA 1.0 版

（引用来源：NVIDIA 演示文稿）

2021 年 7 月发布的 NVIDIA DOCA 1.1 版本提供了更多的 DOCA SDK 组件、运行时和服务，包括 DOCA Flow 库、DOCA Flow 参考应用程序、加速有状态流表（Stateful Flow Table，SFT）和加速正则表达式（Regular Expression，RegEx），进一步完善了 NVIDIA DOCA 软件栈。NVIDIA DOCA 1.1 将使用和编程 NVIDIA BlueField DPU 所需的软件组件都打包在一起，引入了 x86 平台上的 DOCA 运行时，为开发者带来了一致的软件开发体验，助力开发者加速 NVIDIA BlueField DPU 上的应用程序开发。

2021 年 11 月发布的 NVIDIA DOCA 1.2 软件框架增加了 108 个新的 API，引入了零信任安全框架和 App Shield 库，以及遥测（Telemery）、Firefly 精准时间等 DOCA 服务，如图 6-3 所示。NVIDIA DOCA 1.2 和 NVIDIA BlueField DPU 为零信任安全解决方案提供了基础平台，支持 NVIDIA BlueField DPU 作为 Morpheus 的网络传感器，可以使合作伙伴和用户能够更快地在 NVIDIA BlueField DPU 上开发和实现零信任分布式安全解决方案，更好地在现代数据中心基础设施中实施零信任网络安全策略。

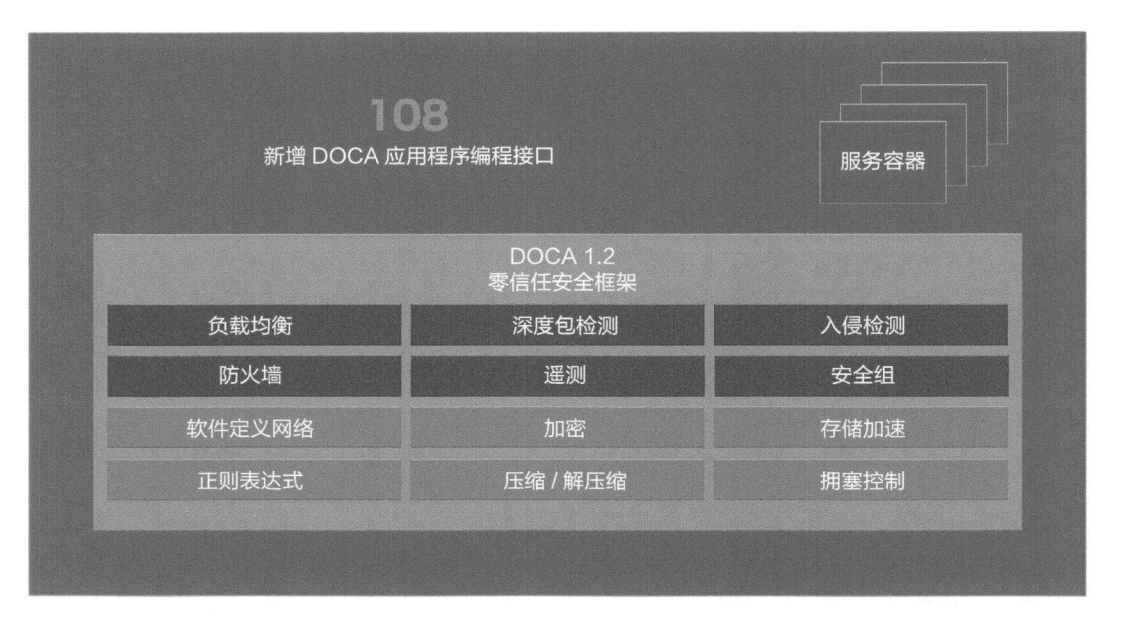

图 6-3　NVIDIA DOCA 1.2 版

（引用来源：NVIDIA 演示文稿）

2022 年 5 月发布的 NVIDIA DOCA 1.3 有了更多的进步，此版本支持 121 个新的 API，并引入了一些增强和新增的功能，包括优化了数据流插入的 DOCA Flow 库、通信通道库（Comm Channel）、正则表达式库（RegEx）、App Shield SDK 、OVN IPsec 加密完全卸载、多主机链路聚合组（Link Aggregation Group，LAG）和 VirtIO 增强功能，以及增强和新增的 DOCA 服务，包括遥测、基于主机的网络和数据流检测器。

在 2022 年 8 月，NVIDIA DOCA 又迎来了 1.4 版，该版本将 NVIDIA BlueField DPU 板级支持包（BSP）升级到了 3.9.2 版，可以在不重启主机的情况下对部分 NVIDIA BlueField DPU 进行固件升级；支持具有 32 GB DDR 内存的 NVIDIA BlueField-2 DPU 25G & 100 G w/BMC，可以为 VMware Project Monterey 提供更大容量和更高性能的内存资源；增加了对基于 ARM 架构主机的支持，即 RHEL/CentOS 7.6 kennel 4.14.0-115 操作系统对 AArch64 服务器主机的支持；支持最长前缀匹配（Longest Prefix Match，LPM）管道（Pipe），通过在更少的表中进行更快的搜索来实现路由功能。

在 2022 年 11 月，NVIDIA DOCA 1.5 版因其代码库稳定且强健而成为一个长期支持

（LTS）版本，如图 6-4 所示。它包括几个重要的平台更新，支持 330 个以上的新 DOCA API。此外，NVIDIA DOCA 现在支持 NVIDIA ConnectX 6/7 系列智能网卡，以简化从网卡 / 智能网卡到 NVIDIA BlueField DPU 的升级。NVIDIA DOCA 1.5 版本在功能上侧重于添加的高级可编程性、安全性和功能性，以支持新的存储用例。

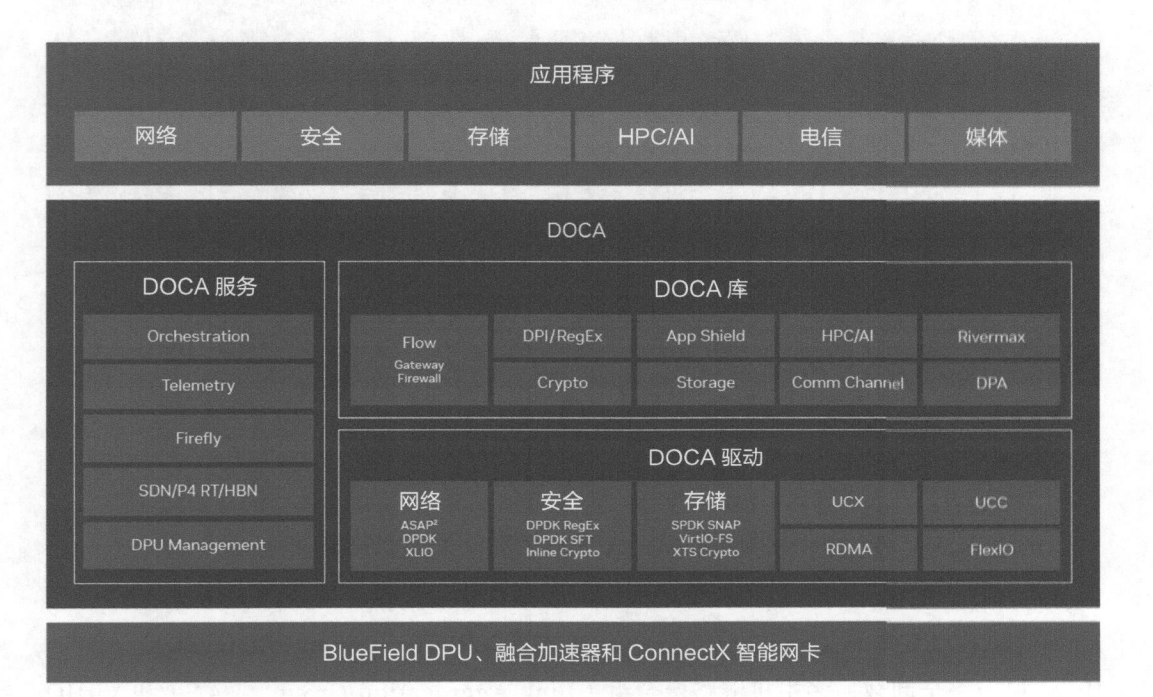

图 6-4　NVIDIA DOCA 1.5 版

（引用来源：NVIDIA 技术博客）

针对 NVIDIA BlueField-3 DPU 的全面量产，2023 年 4 月推出了全新的 NVIDIA DOCA 2.0，从而从开放云计算软件开发套件和加速框架方面来支持 NVIDIA BlueField-3 DPU，这是 DPU 产业发展的又一重要里程碑。NVIDIA DOCA 2.0 可以更好地支持 NVIDIA BlueField DPU 的向前和向后兼容性，新增了 500 多个新 API，并支持可编程的数据路径加速器（DPA）和多项增强安全功能，这将使广大的开发者能够通过 NVIDIA DOCA 2.0 软件框架来利用 NVIDIA BlueField-3 DPU 的优势，加速为数据中心构建创新的人工智能和云服务应用。

6.1.3 NVIDIA DOCA 加速开放数据中心创新

数十年来，NVIDIA 始终致力于开放创新，与领先联盟与标准委员会开展合作，如图 6-5 所示。NVIDIA 经常为众多的开源和开放许可项目与软件做出贡献，例如 Linux 内核、DPDK、SPDK、NVMe over Fabrics、FreeBSD、Apache Spark、Free Range Routing、SONiC、开放计算项目等。在许多 Linux 和 DPDK 发布版本中，NVIDIA 都是名列前三的代码贡献者。而且，NVIDIA 一直在 Linux 内核中包含 NVIDIA 网络驱动程序的开源版本。

图 6-5　NVIDIA 致力于开放创新
（引用来源：NVIDIA 演示文稿）

2022 年 6 月，NVIDIA 成为 Linux 基金会开放可编程基础设施（Open Programmable Infrastructure，OPI）项目的创始成员，开放了 NVIDIA DOCA 软件框架中的库 API，以促进和加速数据中心的创新。

OPI 项目旨在创建一个基于社区、基于标准的开放生态系统，从而采用 DPU 加速网络和其他数据中心基础设施任务。开放 NVIDIA DOCA 将有助于开发和培育广阔而充满活力的 DPU 生态系统，推动前所未有的数据中心转型，使企业在采用开放数据中心时可以轻松集成其他解决方案的应用程序和服务，以实现简化、低成本和可持续的管理。

通过使用 NVIDIA DOCA 的开源驱动程序或低级库（例如 DPDK、SPDK、Open vSwitch 或 Open SSL），开发者可以实现编写 NVIDIA BlueField DPU 应用程序的灵活性和可移植性，并能创建一个通用编程层，以支持诸多采用 DPU 加速功能的开放驱动程序和库。同时，NVIDIA DOCA 库 API 也已向开发者公开提供，并提供了配套的文档供开发者参考。这些 API 的开放许可授权将确保使用 NVIDIA DOCA 开发的应用程序支持 NVIDIA BlueField DPU 以及其他供应商的应用程序。

借助 OPI，客户、ISV、基础设施设备供应商和系统集成商将能够使用 NVIDIA DOCA 为 NVIDIA BlueField DPU 创建应用程序，从而为加速数据中心基础设施提供出色的性能和倍加轻松的开发者体验。

6.2 NVIDIA DOCA 软件框架组成

NVIDIA DOCA 软件框架主要包括创建和构建数据中心基础设施应用程序和服务所需的所有组件，如驱动程序（DOCA 驱动）、抽象 API 库（DOCA 库）、容器化服务（DOCA 服务）、各种开发工具、参考源代码、示例应用程序及开发所需的文档等，如图 6-6 所示。

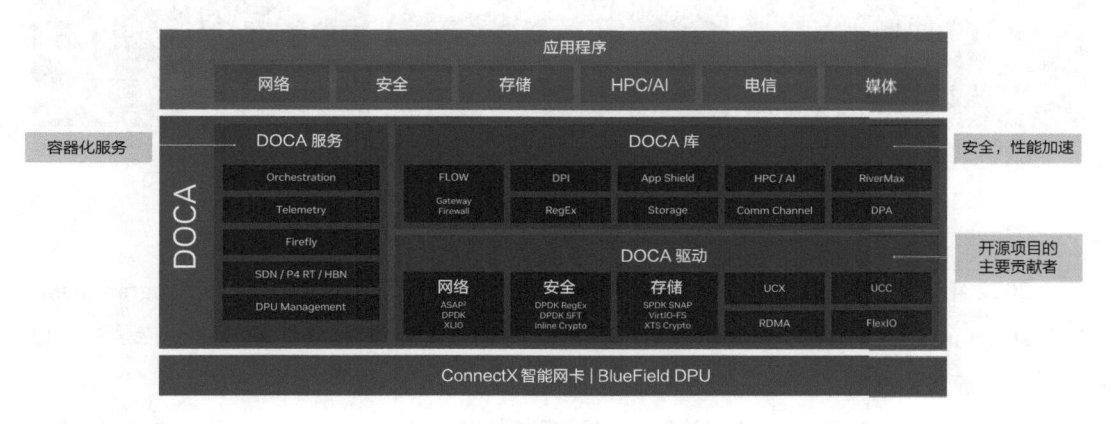

图 6-6　NVIDIA DOCA 软件框架
（引用来源：NVIDIA 演示文稿）

NVIDIA DOCA 为开发者提供了底层驱动程序，为硬件设备提供了底层的开发接口，允许开发者基于细颗粒度控制的底层 API 来进行开发。同时，DOCA 还为开发者提供了基于底层 API 抽象和封装的高级 API 库，不但实现了特定的硬件功能，而且在底层硬件更改或底层驱动程序更新或变更时仍能保持其在不同版本之间的一致性，使开发者能加速软件开发，并充分发挥底层性能。NVIDIA DOCA 还支持容器化服务，即 DOCA 服务，具有在 NVIDIA BlueField DPU 上部署、编排的工具集，以便开发者使用。

NVIDIA DOCA 软件框架能够为开发者提供一致的开发体验，即可以统一访问 NVIDIA BlueField DPU 的各种软硬件资源，从而简化和加速相关网络、存储、安全和基础设施管理服务的开发，开发者无须担心开发环境的构建和部署的复杂度。

NVIDIA DOCA 还具有向后和向前的兼容性，可以持续支持和兼容几代 NVIDIA BlueField DPU 而不需要修改代码，保护用户和合作伙伴的投资。一旦更快、更强大的 DPU 发布，就能给投资带来更多收益，所开发的软件也将获得性能优势和运行规模优势。

NVIDIA DOCA 软件框架按照使用方式主要分为 **SDK 组件**和**运行时（Runtime）组件**两大类，如图 6-7 所示。

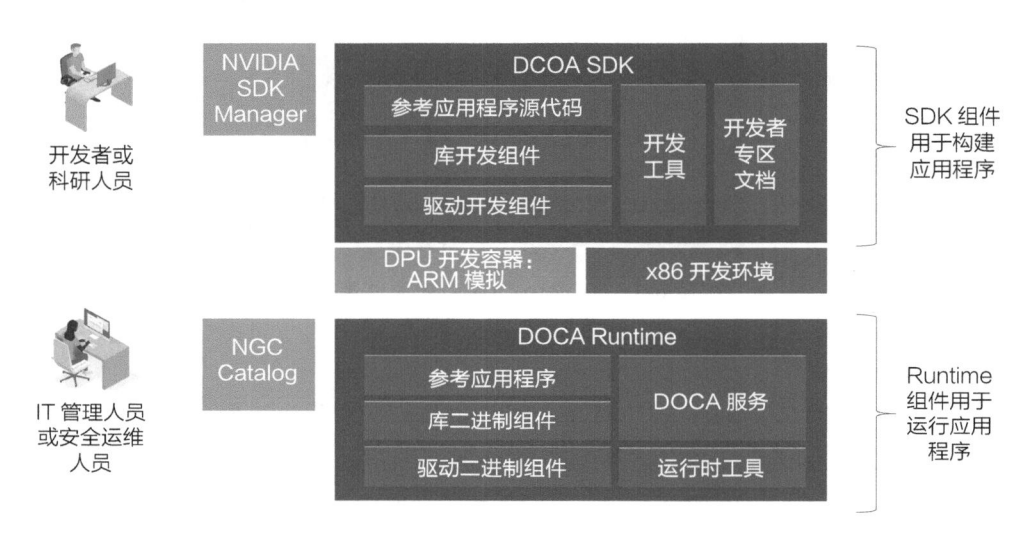

图 6-7　NVIDIA DOCA 软件框架的使用方式

（引用来源：NVIDIA 演示文稿）

SDK 组件用于在 NVIDIA BlueField DPU 上构建应用程序或服务，它主要包括构建应用程序所需的所有组件，其中包括驱动程序开发组件、库开发组件、参考应用程序源代码、开发工具及文档。开发者或科研人员可以使用这些组件编写、编译、运行和测试应用程序或服务，轻松地在本地 NVIDIA BlueField DPU 上或 x86 开发容器中部署开发环境和使用此软件开发套件，开展基于 NVIDIA BlueField DPU 的软件开发。

由于 NVIDIA BlueField DPU 采用的是 ARM CPU, 所以所有在 NVIDIA BlueField DPU 上运行的应用程序或服务都必须面向 ARM 架构进行编译。但为了支持 NVIDIA DOCA 开发者, NVIDIA DOCA 软件框架还提供了开发容器, 如图 6-8 所示, 它包括 DOCA 库开发组件、gcc 编译器和基于 Docker 容器的 QEMU 模拟器, 使开发者能够在 x86 主机上编译适用于 ARM CPU 的 DOCA 应用程序, 有助于加快 DOCA 应用程序的开发速度。如果想了解更多 NVIDIA DOCA 开发容器的安装、开发、测试和发布相关信息, 请访问: nvidia.cn/dpubook-26。

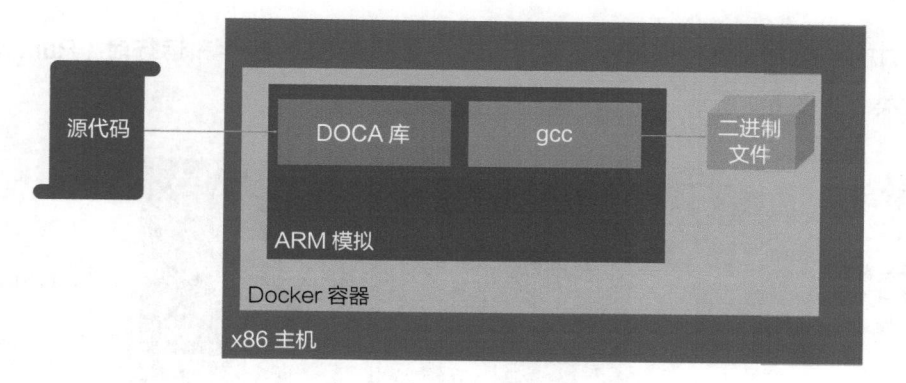

图 6-8 NVIDIA DOCA 开发容器

(引用来源: NVIDIA 演示文稿)

运行时组件用于在 NVIDIA BlueField DPU 上运行应用程序或服务, 主要包括编译好的驱动程序二进制组件、库二进制组件、参考应用程序, 以及运行时工具和 NVIDIA DOCA 服务。开发人员可以通过运行时组件来验证和测试应用程序, IT 管理人员或安全运维人员可以通过运行时组件借助 NGC 目录来使用 NVIDIA 或第三方提供的应用程序和服务, 比如 NVIDIA DOCA 遥测 (Telemetry) 服务。

如图 6-9 所示, NVIDIA DOCA 软件框架提供了两种不同的开发模型: 一种用于 ARM CPU 编译的应用程序, 支持直接在 ARM CPU 上运行, 有利于实现安全隔离和特定卸载功能; 另一种支持在 x86 应用程序中嵌入 DOCA 库和运行时, 可通过 DOCA 库调用 NVIDIA BlueField DPU, 与 NVIDIA BlueField DPU 上的加速和卸载引擎通信, 实现相应的功能。

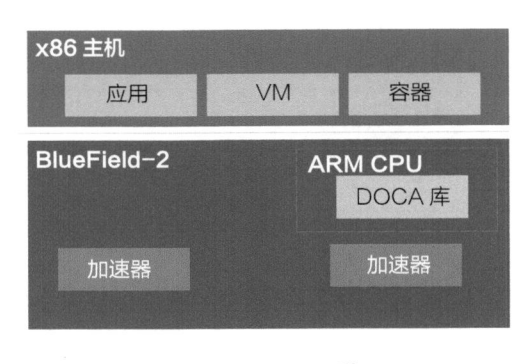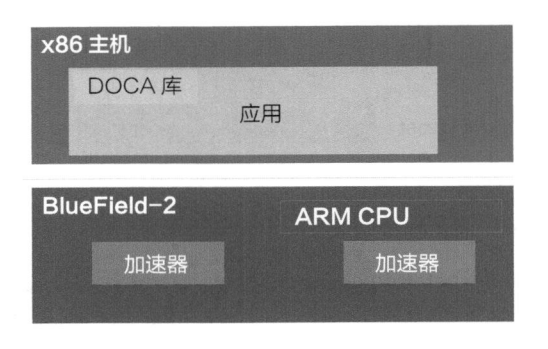

图 6-9　NVIDIA DOCA 两种开发模型

（引用来源：NVIDIA 演示文稿）

6.3　NVIDIA DOCA 开发环境

在开始基于 DOCA 开发 DPU 应用之前，需要先搭建 DPU 和 DOCA 的开发环境。开发环境涵盖硬件、软件两部分的安装，以及服务器和 DPU 两侧的配置。

6.3.1　硬件配置及互连

首先，搭载 DPU 卡的服务器主机需要符合 DPU 的供电以及散热能力要求，通常对于 PCIe 设备，需要支持高达 75W 的功耗能力。在实际的开发测试环节中，需要服务器管理网口和 DPU OOB（Out-Of-Band）网口接入可被开发者访问的管理网络，同时 DPU 网口通过单独的一套网络互连。DPU 网口通常有两种不同的配置模式，简约配置的情况可以通过两台主机的 DPU 网口背对背连接，而更贴合实际部署场景的则是两台服务器搭载的 DPU 网口通过交换机互连。另外，DPU 上的 MiniUSB 端口可以作为辅助的开发访问接口。

图 6-10 是两台 x86 主机 IPMI、板载网络以及 DPU 的 OOB 网口共同接入管理网络的示意图。图 6-11 是 DPU 网口通过背对背方式互连示意图。

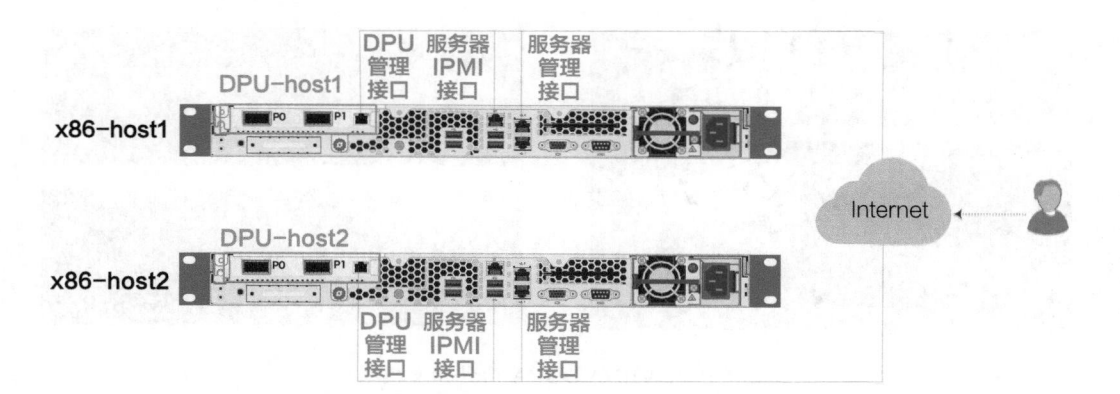

图 6-10　两台搭载 DPU 的主机接入管理网络
（引用来源：NVIDIA 演示文稿）

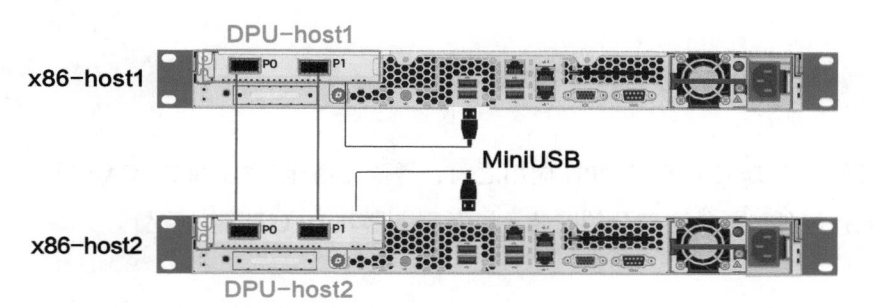

图 6-11　两台主机的 DPU 网口背对背互连，MiniUSB 端口接入本地主机
（引用来源：NVIDIA 演示文稿）

6.3.2　软件安装

完整的 NVIDIA DOCA 软件环境包括主机侧软件和 DPU 侧软件，基于当前最新的 NVIDIA DOCA 2.0，具体安装步骤可以参考 3.4 节的安装介绍，也可以参考 NVIDIA 开发者社区的 DOCA 文档，链接如下：nvidia.cn/dpubook-27，在此不再赘述。

6.4　NVIDIA DOCA 服务

NVIDIA DOCA 服务是 NVIDIA DOCA 软件框架的组件之一，每个服务都打包在一个容器中，以便在 NVIDIA BlueField DPU 上轻松、快速地部署，如图 6-12 所示。

NVIDIA DOCA 服务利用 NVIDIA BlueField DPU 提供 HBN 服务、遥测服务、数据流检测器服务、精准计时服务等，相关 NVIDIA DOCA 服务可以在 NGC 目录（nvidia.cn/dpubook-28）下找到。有关 NVIDIA DOCA 服务部署的详细信息，请访问 nvidia.cn/dpubook-29。

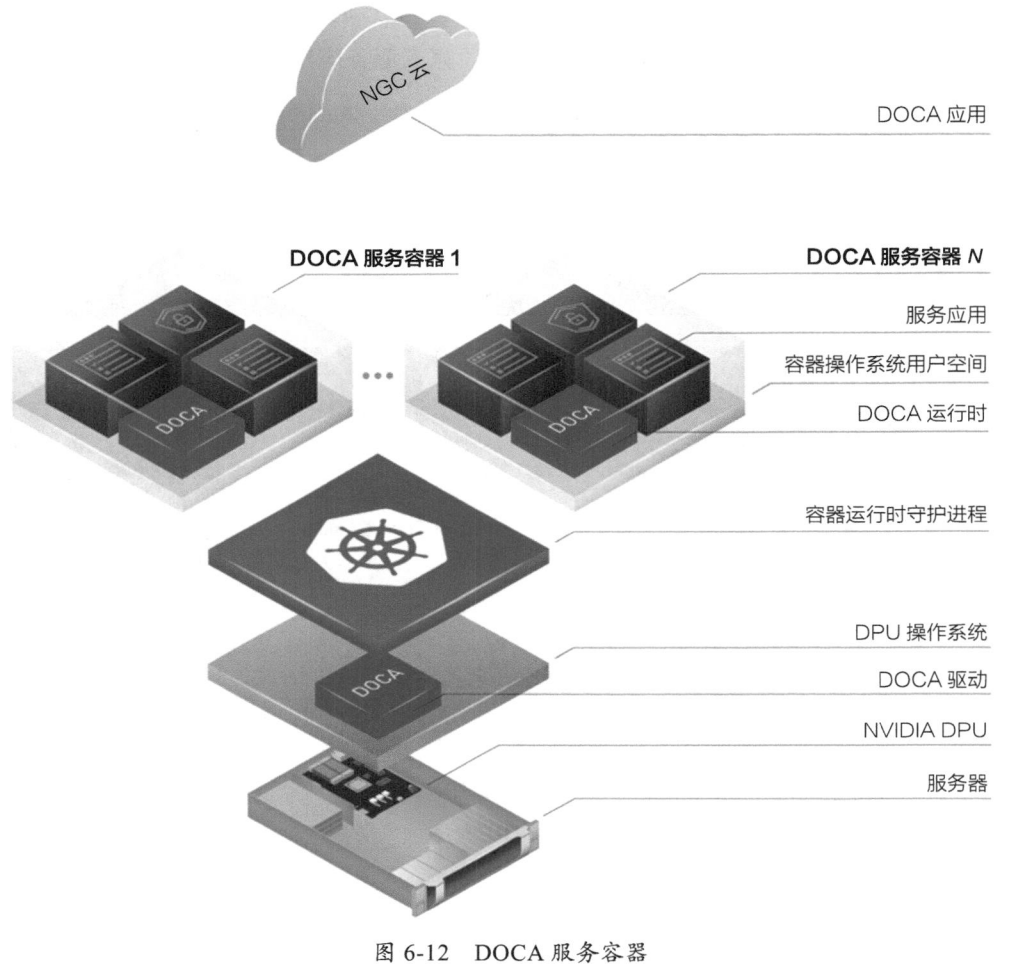

图 6-12　DOCA 服务容器

（引用来源：NVIDIA 演示文稿）

6.4.1　DOCA HBN 服务

1. HBN 服务简介

HBN 全称为 Host-Based Networking，它是在 NVIDIA DOCA 开发框架上以容器形

式提供的一种三层网络服务，如图 6-13 所示。HBN 可以在 DPU 内模拟实现一个功能强大的路由器，它既可以支持 BGP 协议的纯三层 Underlay 网络，又可以支持以 EVPN VXLAN 协议为主的 Underlay 和 Overlay 分离的多租户虚拟化网络。HBN 还可以管理和监控 DPU 所在服务器内虚拟机或容器之间的数据流量，通过向 DPU 卡内的硬件 eSwitch 下发硬件流表来卸载和加速计算和存储流量，从而完成业务应用控制层和转发层的分离。

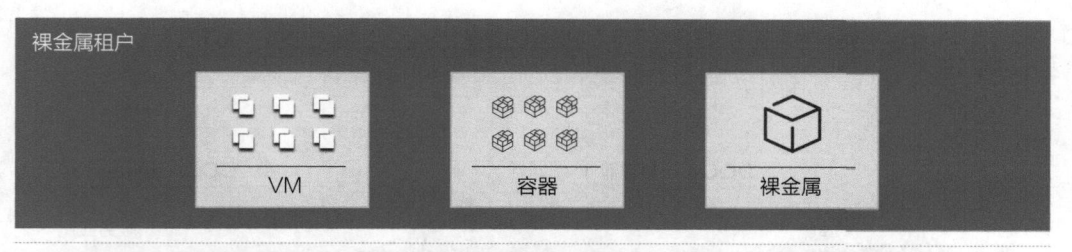

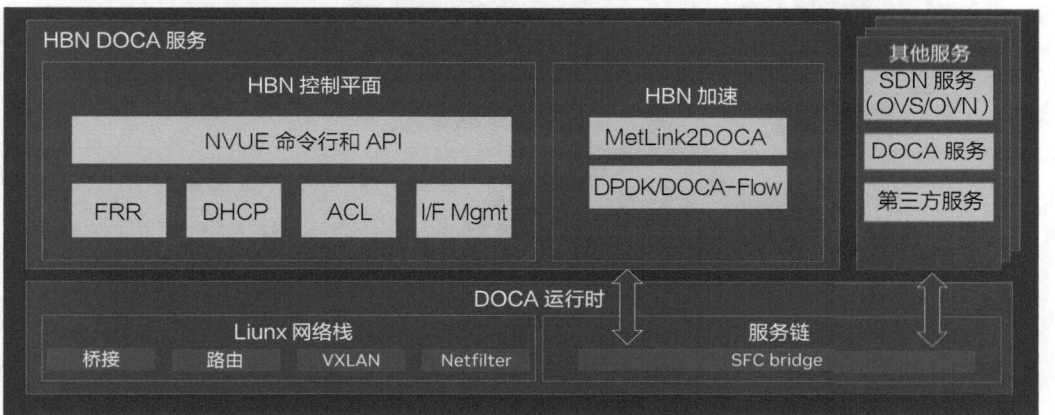

图 6-13   DOCA HBN 服务

（引用来源：NVIDIA 演示文稿）

如图 6-14 所示，HBN 容器内的主要部件有：

- FRRouting，一个开源的路由管理软件，负责管理和维护路由状态信息，它通过 Netlink API 将 BGP 或者 EVPN 协议中关于 MAC 和 Route 的二、三层网络信息推送给 Linux 内核；

- DHCP Relay 代理，负责处理客户端和服务器端之间的 DHCPv4 和 DHCPv6 的报文三层转发；

- ACL，通过 iptables 来实现报文的安全过滤功能，目前可支持有状态或无状态 ACL，在数据中心内实现微分段的安全策略；

- ifupdown2 接口管理器，它负责收集和维护接口相关状态信息，并通过 Netlink API 推送给 Linux 内核；
- NL2DOCAD（Netlink to DOCA daemon），HBN 的核心组件，相当于硬件 Cumulus 交换机内的 switchd 主管理进程，可通过硬件编程接口 Netlink API 监听 Linux 内核中的交换和路由信息，并将这些信息以 DPDK RET-Flow 或者 DOCA Flow 硬件流表的方式写入 DPU 内的网卡 eSwitch ASIC，从而达到硬件卸载和加速流量的效果；
- Linux 内核，负责接收和维护整个交换机的二、三层相关表项并处理网卡硬件没有命中的流量转发。

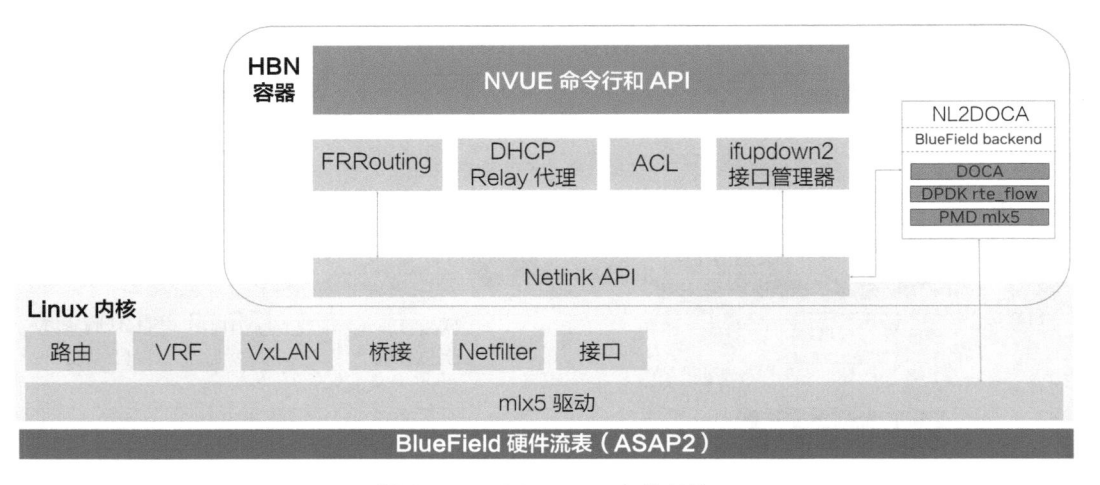

图 6-14　DOCA HBN 主要部件
（引用来源：NVIDIA 演示文稿）

容器内的所有组件都可以通过 Cumulus 的 NVUE CLI 平台来统一管理、配置和维护。同时 NVUE 还支持 REST API 北向接口，可以灵活地与第三方软件平台对接，使用户可以对整个数据中心内安装了 Cumulus 的 TOR 和 DPU 做统一部署和运维监控。

2. HBN 技术特性

NVIDIA BlueField DPU 的 HBN 服务彻底改变了云原生数据中心内以基础架构为中心的设计方式。在目前主流的数据中心中，L3 Underlay 和 L2 Overlay 的网络边界一般落在 TOR 交换机上。该交换机向上需要支持和维护 EVPN VXLAN 标准网络协议，解决各个厂家的兼容性，同时向下为了实现业务的冗余，还要支持 LAG 或者 MLAG 的二层协议，在这样一个二层网络中往往会存在网络环路、ARP 洪泛、广播风暴等复杂问题。同时由于网络管理员和服务器管理员的职责边界通常划分在 TOR 和服务器之间，对于一个多租户的隔离网络来说维护成本极高。

DPU 中的 HBN 服务则将 L3 Underlay 和 L2 Overlay 的网络边界下移到 DPU 硬件，更加贴近用户真正的上层应用流量，如图 6-15 所示。DPU 可以简单地通过三层 ECMP 链路接入数据中心网络，使用 HBN 容器内的各组件来完成控制层面的卸载和加速，同时借助强大的 DPU 内网卡 ASIC 实现转发层面的卸载和加速。由于 DPU 和主机是两个独立的安全隔离平台，所以网络管理员可以在 DPU 内更好地管理虚拟机之间的流量调度，而不影响主机内的正常应用业务运行。该方案还简化了对 TOR 交换机的功能和性能要求，全网交换机只需要支持普通的三层路由协议即可。

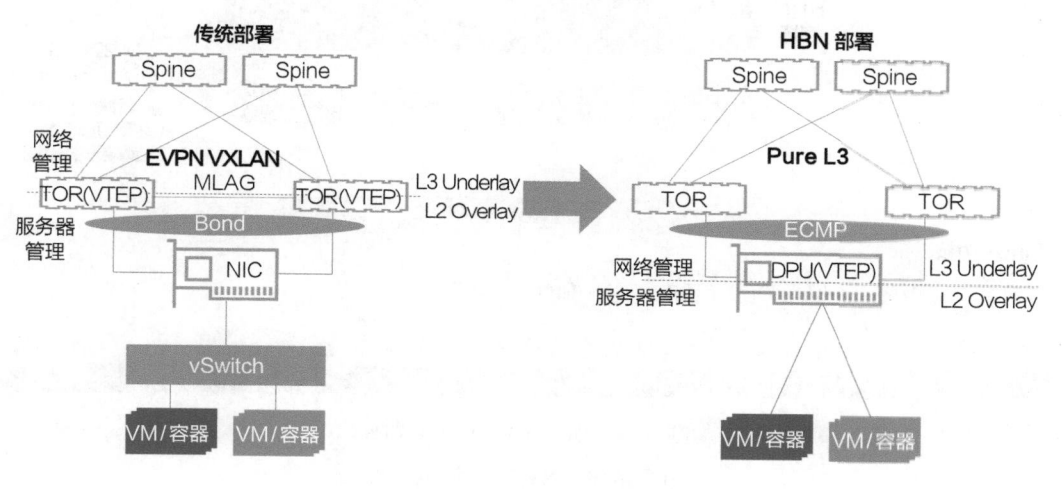

图 6-15　DOCA HBN 部署方式

不同于传统的"Routing on the host"方案需要在主机内单独安装和维护复杂的路由软件，同时报文的处理性能严重依赖于主机 CPU 和内核的性能，HBN 方案通过 DPU 硬件来实现网络流量的卸载、加速和隔离，比如针对 VXLAN 流量的硬件封装和解封装，IPsec 加密流量的加速处理等，同时还为网络策略的配置和实施提供了一个隔离的环境，无须依赖于第三方软件或主机的性能。

如图 6-16 所示，目前 HBN 可以支持在云平台 IP CLOS Fabric 数据中心内对裸金属服务器（BM）、虚拟机（VM）和容器（Container）进行灵活混合部署。安装了 DPU 的服务器可以直接部署 HBN 应用，通过 Cumulus NVUE CLI 快速部署 Fabric 级别的基于

EVPN VXLAN 的多租户隔离虚拟化网络。对于传统的服务器或者特定业务服务器（比如存储服务器）来说，可以上连两台高级 TOR 交换机来集中接入网络，其他 Spine 和 TOR 交换机则仅需支持 BGP 三层互连即可，可以选择功能较单一的商用交换机，也可以选择开源 Sonic 白盒交换机。

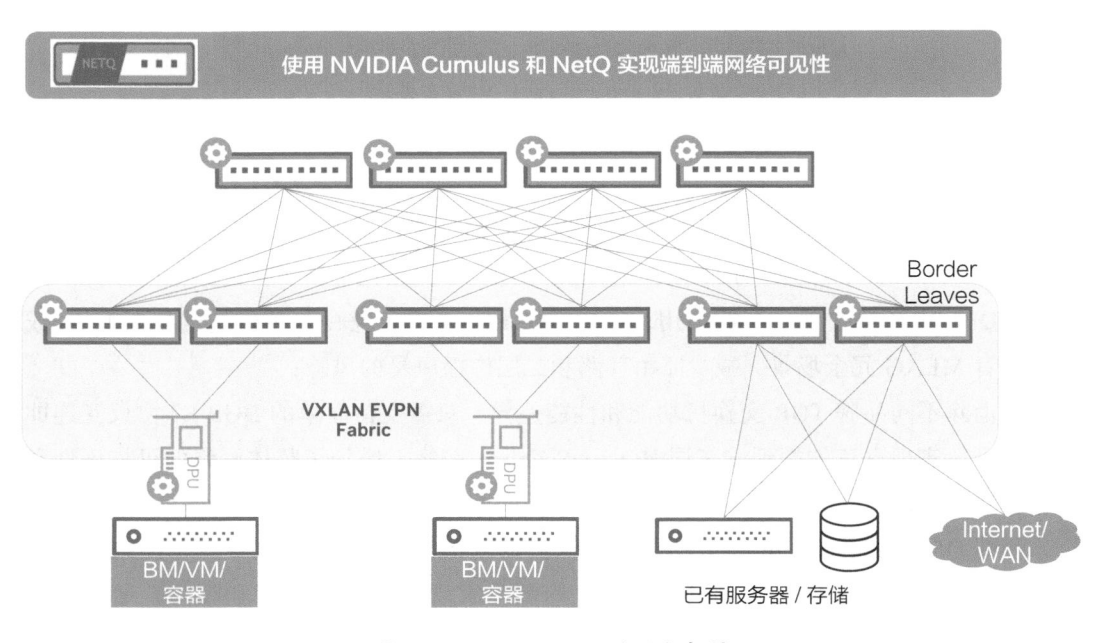

图 6-16　DOCA HBN 的混合部署

（引用来源：NVIDIA 演示文稿）

图 6-17 所示为一个提供云平台高性能计算服务的用户实际部署方案，该用户之前在现网内按照"Routing on the host"方案做了大规模部署，然而该方案部署和维护过于复杂，对主机内的软件版本和 CPU 性能要求过高。用户通过选用 DPU HBN 方案后，将控制层面从主机侧分离，转移到 DPU 内强大的 HBN 容器内，通过 Cumulus NVUE CLI 或者 FRR 来直接管理 BGP EVPN 网络路由。由于主机和 DPU 分别管理各自独立的操作系统，从而使控制层不再依赖于主机侧的软件版本。同时通过 SR-IOV 和网卡强大的 ASAP2 功能帮助用户实现了网络流量的硬件卸载和加速。

HBN 方案告别了过去通过 Linux 内核完成报文转发带来的性能瓶颈，并且因为主机侧和租户侧不能直接访问 DPU 内部，因此在虚拟化平台内实现了真正的安全隔离效果。用户未来还可以增加 RoCE 协议来加速整体网络性能。总的来说，HBN 架构带来了如下几点优势：

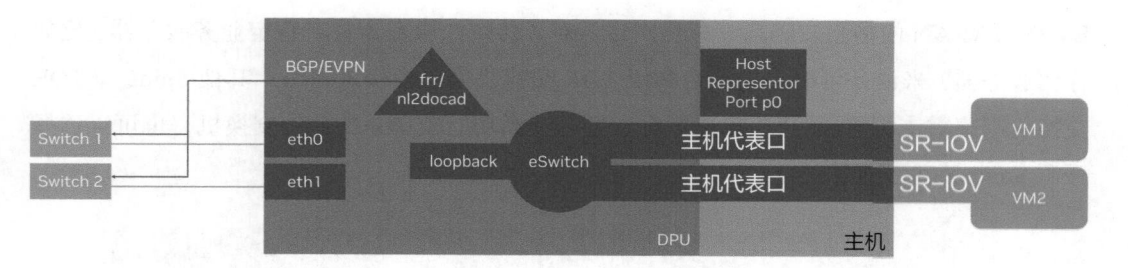

图 6-17　DOCA HBN 的安全隔离

（引用来源：NVIDIA 演示文稿）

- 消除了对昂贵、专有、集中式 SDN 控制器的需求，为云原生平台部署实现无控制器的 EVPN VXLAN 分布式路由平台，实现了灵活的多租户隔离虚拟网络；
- DPU 服务器实现了即插即用，通过三层 ECMP 等价路由代替传统的二层 LAG 或者 MLAG 冗余场景，减少路由环路和二层广播风暴的风险；
- 消除不同品牌 TOR 交换机功能和性能差异，只需支持简单的 BGP L3 协议互连即可，实现真正的端到端三层 IP CLOS Fabric 网络，增加了整体网络的可扩展性和健壮性；
- 在 DPU 内实现 TOR 高级功能，并且借助内部网卡 ASIC 实现计算、网络和存储流量的卸载、加速和隔离，对主机内流量实现安全网络管理和隔离，通过有状态和无状态 ACL 实现数据包过滤和分布式安全微分段，增强数据中心内东西向 Overlay 流量安全管理；
- 完整的端到端用户体验和较低的学习运维成本，所有交换机和 HBN 容器均可通过 Cumulus NVUE CLI 来配置和运维，结合强大的 API，可实现全网的自动化部署和敏捷服务编排；
- 将网络管理员的管理边界进一步下沉到 DPU，网络管理颗粒度更加精细化，结合 DPU 上的遥测服务，可监控全网端到端网络流量健康情况、buffer 延迟和阈值等状态。

3. HBN ECMP BGP 部署场景

ECMP 模式需要 DPU 工作在 DPU 模式下，装好 NVIDIA DOCA 框架后的 DPU 默认架构如图 6-18 所示，p0 和 p1 是网卡的 uplink_1 和 uplink_2 口，pf0hpf 和 pf1hpf 是主机侧 ens1f0 和 ens1f1 的代表口。默认会有两个 OVS switch：ovsbr1（桥接 p0 和 pf0hpf）和 ovsbr2（桥接 p1 和 pf1hpf）。流量默认从 uplink_1 口进

入到达 p0，然后经过 ovsbr1 交换机后，通过 pf0hpf 口到达主机侧的 ens1f0 口，从而进入主机内的容器或者虚拟机，uplink_2 通路也是如此。当硬件流表卸载后，业务流量可以通过网卡内硬件 eSwitch 直接从 uplink 口送到主机侧的 ens1fx 口。

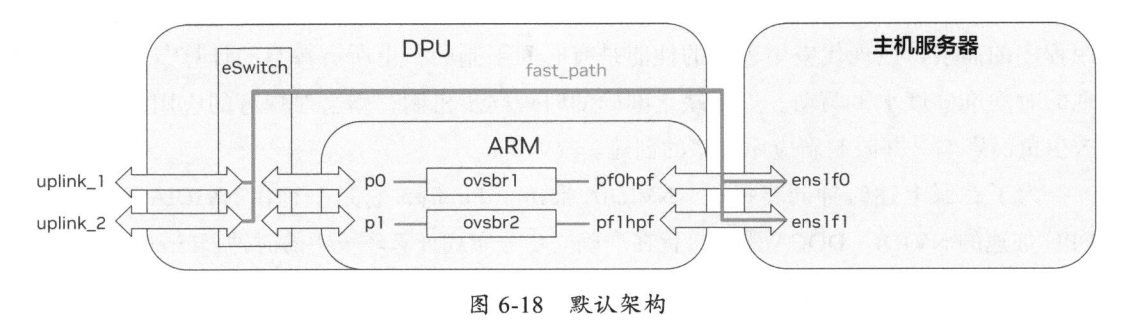

图 6-18　默认架构

（引用来源：NVIDIA 技术文档）

在 HBN 环境下，我们需要对 DPU 默认架构进行改造，去掉默认的两个 OVS switch，在 DPU 内构建一个网桥（bridge）用来做 vlan 和 vni 的映射，ECMP 场景下的 DPU 架构如图 6-19 所示。

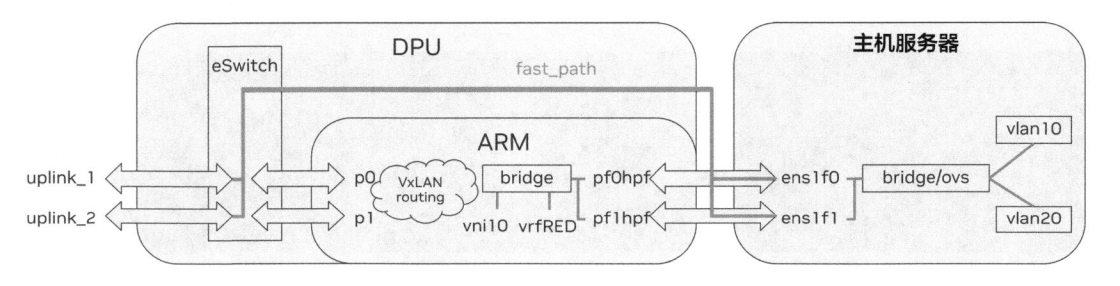

图 6-19　采用 ECMP 的架构

（引用来源：NVIDIA 技术文档）

在主机服务器内通过 bridge 或者 ovs 连接不同 vlan 租户的虚拟机或者容器，默认网关指向 DPU 内，DPU 则相当于一台 BGP 路由器做 EVPN VXLAN 的 VTEP，在路由器内实现 vlan 和 vni 的映射关系，并且实现多租户的隔离，同时 DPU 对外的两个 uplink 口可以建立两个等价 ECMP 的 BGP 邻居，从而实现流量的负载分担。

HBN 与 DPU 上的应用部署一样，都是从 NGC 下载 yaml 文件，本地部署到 DPU 的 Kubernetes 中，然后 Kubernetes 自动从 NGC 去下载镜像文件来自动部署 HBN 容器。更多有关 DOCA HBN 服务部署的信息，请访问 nvidia.cn/dpubook-30。

6.4.2 DOCA Firefly 精准计时服务

传统上，数据中心节点是通过使用网络时间协议（NTP）来与 NTP 服务器同步其时钟时间的。NTP 能够在几毫秒内同步数千台计算机。虽然这种同步方法足以满足传统应用程序的需求，但现代应用程序的性能是有时间限制的，由所有参与的计算节点间可实现的时间准确度水平驱动。如果缺乏准确的时钟同步机制，则会对现有的应用程序性能产生负面影响，并限制新应用程序的创建。

为了克服上述时钟同步挑战，NVIDIA 推出了 Firefly，它是一种由 NVIDIA BlueField DPU 加速的 NVIDIA DOCA 服务，旨在准确同步分布式计算环境中的时钟。Firefly 具有软件定义、硬件加速等特点，能够满足现代数据中心的需求并推动新一代应用程序的发展。

Firefly 的名称灵感来自萤火虫在野外非凡的同步发光方式，它是通过精确时间协议（PTP）来交换时钟信息的一种跨节点网络同步时钟技术，如图 6-20 所示。NVIDIA BlueField DPU 中的硬件引擎能够以全线速为数据包添加时间戳，可提供突破性的纳秒级精度。Firefly 与主机操作系统无关，不消耗任何 CPU 周期。这种部署模型消除了软件依赖性，并且可以在异构环境中无缝应用。

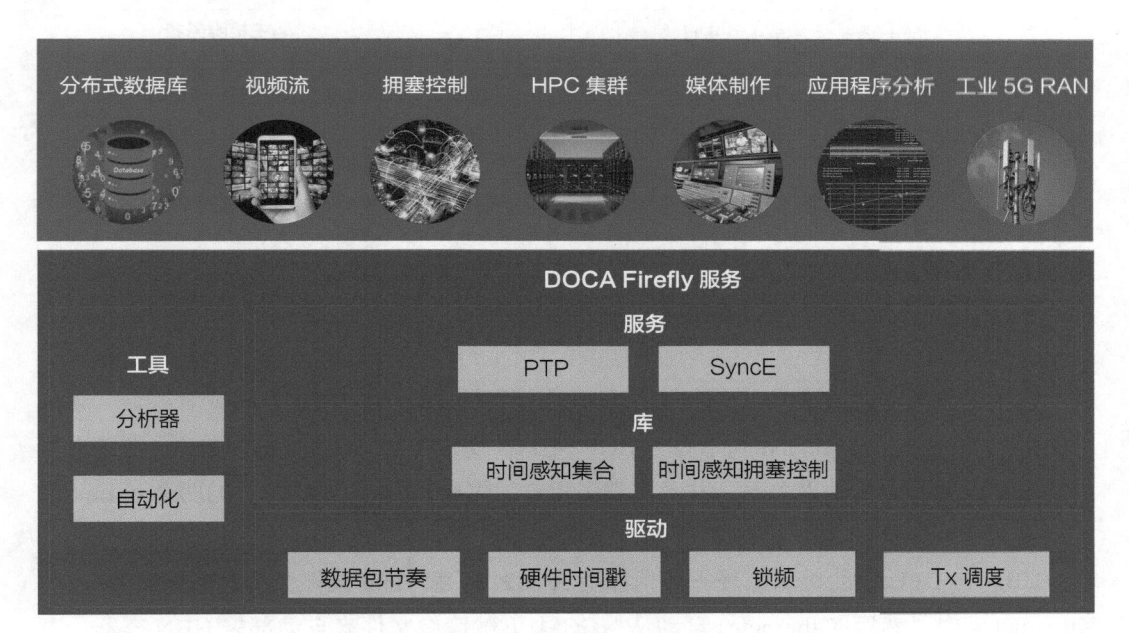

图 6-20　DOCA Firefly 精准计时服务

（引用来源：NVIDIA 演示文稿）

NVIDIA BlueField DPU 与主机系统完全隔离，因此 Firefly 也不直接与主机操作系统对话。相反，Firefly 将时钟信息存储在 PCIe 总线上，操作系统从那里读取。Firefly 的精准计时技术可以助力一系列应用，包括视频流、同步媒体制作、工业 5G RAN 的计时和更快的分布式数据库。如果想了解更多有关 DOCA Firefly 精准计时服务部署的信息，请访问 nvidia.cn/dpubook-31。

6.4.3 DOCA 遥测服务

SmartNIC 与 DPU 在数据中心中部署的关键区别在于 DPU 会提供可见性，DOCA 遥测服务（DOCA Telemetry Service，DTS）成为实现完整数据中心可见性的关键功能，能提供至关重要的数据，以确保停机时间能够达到最短，避免基础设施故障和潜在的网络攻击。

DOCA 遥测服务是 NVIDIA BlueField DPU 全面遥测功能的基础服务，也可以扩展提供 GPU 和主机的遥测，如图 6-21 所示。DOCA 遥测服务从内置提供程序和外部遥测应用程序收集数据，可以采用的 3 个提供程序如下：

- Sysfs（默认）
- ethtool
- tc（流量控制）

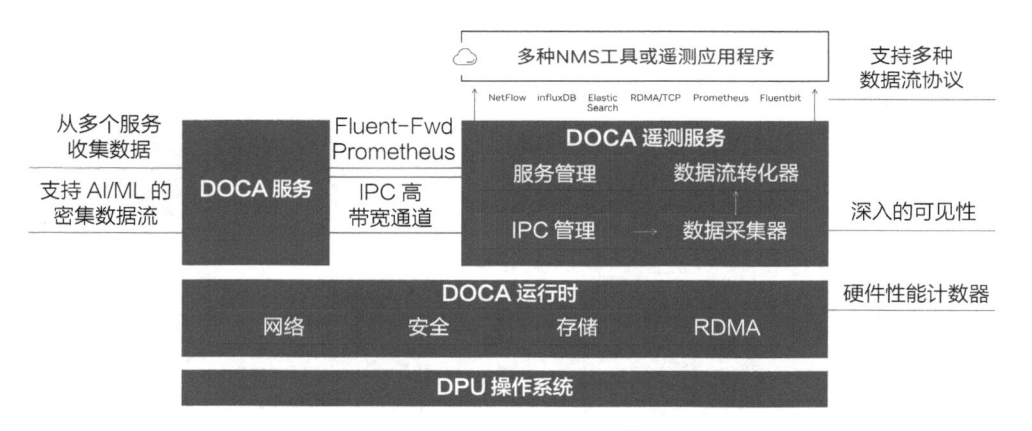

图 6-21 DOCA 遥测服务

（引用来源：NVIDIA 演示文稿）

DOCA 遥测服务支持多种数据流协议，可以通过多种 NMS 工具（例如 NetQ）或开源分析、交互可视 Web 应用程序（例如 Grafana）来采集和呈现数据。其他 DOCA 服务可以通过 IPC 高带宽通道或利用 Prometheus、Fluent-Fwd 来使用 DOCA 遥测 API 进行流式传输数据遥测。DOCA 遥测服务支持多个硬件计数器，包括性能计数器等。更多有关 DOCA 遥测服务部署的信息，请访问 nvidia.cn/dpubook-32。

6.4.4　DOCA 数据流检测器服务

DOCA 数据流检测器（Flow Inspector）服务允许用户监控实时数据和提取遥测数据，这些组件可供安全、大数据和其他各种服务使用。

DOCA 数据流检测器服务连接到 DOCA 遥测服务，它可从用户接收镜像数据包，然后解析数据并将其转发到 DOCA 遥测服务，DOCA 遥测服务负责收集由各种提供程序或其他来源转发的预定义统计信息，如图 6-22 所示。DOCA 数据流检测器使用 DOCA 遥测 API 启动与 DTS 的通信通道，而 DPDK 基础设施允许在用户空间层获取数据包。

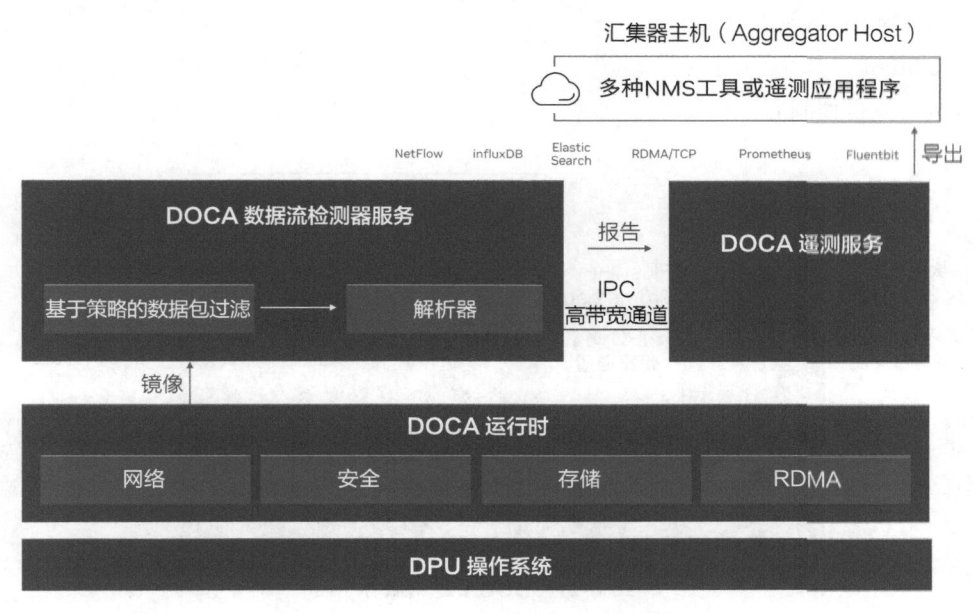

图 6-22　DOCA 数据流检测器服务

（引用来源：NVIDIA 演示文稿）

DOCA 数据流检测器在 NVIDIA BlueField DPU 上自己所属的 Kubernetes POD 内运行。更多有关 DOCA 数据流检测器服务部署的信息，请访问 nvidia.cn/dpubook-33。

6.5 NVIDIA 零信任安全框架

随着人工智能、数据科学、虚拟仿真等数据流量负载呈指数级增长，很多企业需要在任何位置都有足够的处理能力，这给传统的数据中心基础设施带来了全新挑战与巨大冲击，需要构建现代数据中心来支撑企业业务应用。当企业为云计算和边缘计算应用构建现代数据中心时，安全性是一项不可回避的重要问题，而 NVIDIA 云原生软件定义安全技术将直面现代数据中心零信任的需求。

所谓零信任就是一种以安全性为中心的模型，其核心观点就是企业不应对其内部和外部的任何事物授予默认信任权限。零信任网络安全就是首先对所有用户、设备、应用程序和数据均不信任，即使在企业内部也不例外，然后再对所有尝试获得访问权限的人、事、物进行身份鉴别、认证、隔离和监控，只有被授予权限后才可以访问特定资源，再通过"永不信任、始终验证"的方式持续进行安全保护。

现代数据中心面临着用户、数据、设备和应用程序的惊人增长，而无处不在的基础设施虚拟化又增大了攻击面，使企业面临更多、更复杂的网络威胁。在数据中心边界构建网络安全解决方案虽然在过去十分完善且有效，但已经不再具备为现代数据中心提供全面网络安全保护的能力。在部署了分布式、容器化应用程序的多租户环境，对于东西向的网络流量，租户网络的安全防护存在空白。在此类攻击愈发普遍、愈发复杂的情况下，网络一旦受到攻击，攻击者就会试图将网络攻击从一台服务器延伸到另一台服务器，从而在网络中发起横向攻击。

6.5.1 NVIDIA 零信任网络安全平台

从当前企业构建现代数据中心的角度来看，必将采用更为完善的零信任网络安全解决方案，并需要考虑几个重要的层面。

- 网络层面　通过 IPS/IDS 来阻止网络攻击，通过下一代防火墙来追踪每个网络连接并授权访问，对网络进行微分段，不同分段具有不同的访问许可，检查所有的网络流量，阻止跨分段的未授权访问；

- 设备层面　对设备来说，所有的用户访问默认都是不安全和不被信任的，只有经过授权、通过认证流程验证的用户才可以访问该设备，同时需要确保设备是可信的并对其进行安全监控，来防止因为某些失误而导致安全性受损；

- 用户层面　特别是在云原生时代，每个云计算数据中心都为大量的用户提供服务，需要有效的安全策略来防止被恶意攻击的用户影响到其他用户，而且在租户间、租户与系统管理员间也要建立安全隔离；

- 应用程序层面　数据中心中运行着大量的业务应用，一个业务应用可能对应多个微服务，不同的业务应用之间可能会存在潜在的安全风险，比如通过一个业务应用来恶意入侵其他租户的业务应用，或者通过占用大量计算资源而影响其他租户的业务应用；

- 数据层面　大量的数据在数据中心里流动，需要保障传输中和静止的数据不被窃取和篡改，数据需要加密安全功能。

考虑到未来数据中心对安全性的需求，NVIDIA 推出了零信任网络安全平台，该平台结合了三种核心技术，即 NVIDIA BlueField DPU、NVIDIA DOCA 软件框架和 NVIDIA Morpheus 人工智能网络安全框架。NVIDIA BlueField DPU 作为零信任网络安全的基础，在 NVIDIA BlueField DPU 的硬件基础上构建基于 NVIDIA DOCA 的零信任网络安全框架，并借助 NVIDIA Morpheus 来最终增强网络威胁检测能力。合作伙伴可以通过该平台帮助企业客户实现应用程序与基础设施的隔离，还可以通过该平台帮助企业客户提升下一代防火墙的性能，并利用加速计算和深度学习来持续监控和检测威胁，从而大幅提高数据中心的安全性。下面具体进行介绍。

6.5.2　NVIDIA BlueField DPU 提供网络安全基础

NVIDIA BlueField DPU 通过提供创新的硬件加速引擎，如网络报文处理的硬件卸载、连接跟踪（Connection Tracking）、数据的加解密（TLS、IPsec、MACsec）和正则表达式（RegEx）加速引擎等，将数据中心安全性提升到一个全新的水平。这些引擎可以为每台采用和部署 NVIDIA BlueField DPU 的主机提供安全防护的 CPU 卸载和加速，通过前置的隔离来保护网络、主机、数据的安全。

NVIDIA BlueField DPU 重新定义了安全域，使安全功能能够完全独立于主机 CPU 和操作系统运行，这种隔离是 NVIDIA BlueField DPU 实现零信任网络安全解决方案的关键。如果主机遭到入侵，安全功能与被入侵主机之间的安全隔离可有效防止攻击的进一步扩散。

NVIDIA BlueField DPU 还可以作为开放式 AI 网络安全框架 NVIDIA Morpheus 的传感器。NVIDIA Morpheus 可以从数据中心中由 NVIDIA BlueField DPU 加速的服务器接收丰富的实时遥测数据，并且不会影响性能。通过将 NVIDIA BlueField DPU 的实时遥测技术集成到 NVIDIA Morpheus 中，可在应对复杂的网络安全挑战时采用全球先进的 AI 计算技术。

6.5.3　基于 NVIDIA DOCA 的零信任网络安全框架

由于 NVIDIA BlueField DPU 位于每个数据中心节点内，NVIDIA DOCA 与 NVIDIA BlueField DPU 共同创建了一个独立且安全的基础设施服务域，可用于卸载、加速和隔离网络、存储、安全和基础设施管理，使合作伙伴与企业客户能够简化和加快零信任网络安全解决方案的开发与部署，成为实现零信任网络安全策略的首选，如图 6-23 所示。

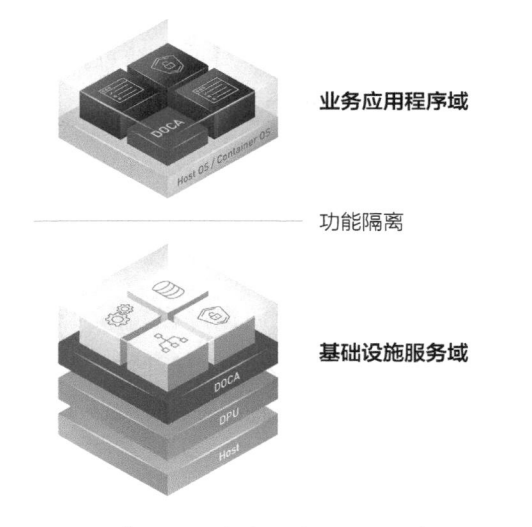

图 6-23　业务应用程序域与基础设施服务域隔离

（引用来源：NVIDIA 网页页面）

NVIDIA DOCA 基于 NVIDIA BlueField DPU 提供了零信任网络安全框架，据此合作伙伴可以帮助企业客户在设备、应用程序和数据的每个接触点上构建认证、身份验证和监控策略，实现零信任网络安全架构下的数据加密、遥测、访问控制、设备与用户认证、平台认证、下一代分布式防火墙、应用程序安全镜像与控制、自动威胁检测与响应等。

6.5.4　结合 NVIDIA Morpheus 增强网络威胁检测

NVIDIA Morpheus 是一个基于 NVIDIA RAPIDS 和 NVIDIA GPU 构建的开放应用程序框架，它支持对网络流量、服务器遥测、应用程序日志和其他类型的非结构化数据进行大规模实时分析，让网络安全开发人员创建优化的 AI Pipeline（流水线），用于过滤、处理和分类大量实时数据。NVIDIA Morpheus 为数据中心带来了新的信息安全技术，支持动态保护、实时遥测和自适应防御，以检测和修复网络安全威胁问题。

NVIDIA BlueField DPU 的加速器及 NVIDIA DOCA 的遥测功能与 NVIDIA Morpheus 的结合使用，使网络安全开发者和独立软件供应商（ISV）能够以最少的开发工作量，在数据中心基础设施中使用大量分布式数据收集来创建主动网络安全策略，而且不影响性能。通过基于无监督学习预训练 AI 模型的 NVIDIA Morpheus 实现实时行为分析，并在发现潜在威胁时立即向企业客户的安全运营团队发出问题警报，可以在这些威胁造成破坏前识别和防御它们。NVIDIA Morpheus 目前已经可以在 NVIDIA NGC（nvidia.cn/dpubook-34）下载，或在 GitHub（nvidia.cn/dpubook-35）上进一步开发。

本章小结

本章介绍了 NVIDIA DOCA 的定义及演进过程。作为专为 NVIDIA BlueField DPU 而设计的软件框架，读者可以基于其相关开放组件进行开发环境的部署，据此开发创新的数据中心基础设施应用程序或服务，或直接在 NVIDIA BlueField DPU 上部署 DOCA 服务，并构建零信任网络安全平台。

07

第 7 章

NVIDIA DOCA 开发环境体验

在第 6 章中，我们介绍了 NVIDIA DOCA 软件框架，包括 DOCA 驱动（Driver）、DOCA 库（Lib）和 DOCA 服务（Service）。在本章中，我们将介绍 NVIDIA DOCA 的使用模式，进一步介绍 DOCA 驱动、DOCA 库的各个主要功能模块，并给出一个 NVIDIA DOCA 应用程序卸载示例。

7.1 DOCA 使用模式

按照 NVIDIA DOCA 的使用模式，可以分为开发者和 IT 管理员两类，如图 7-1 所示。

对于开发者使用模式，NVIDIA DOCA 提供了 DOCA SDK，该 SDK 提供了开发应用程序所需要的组件，包括 DOCA 驱动、DOCA 库、开发工具、开发文档和示例代码等。开发者可以使用 NVIDIA SDK Manager 来部署开发环境，以及更新本地 DPU 系统镜像。如图 7-2 所示，开发者使用模式可以进一步划分为三种开发方式（1.a、1.b、2）。

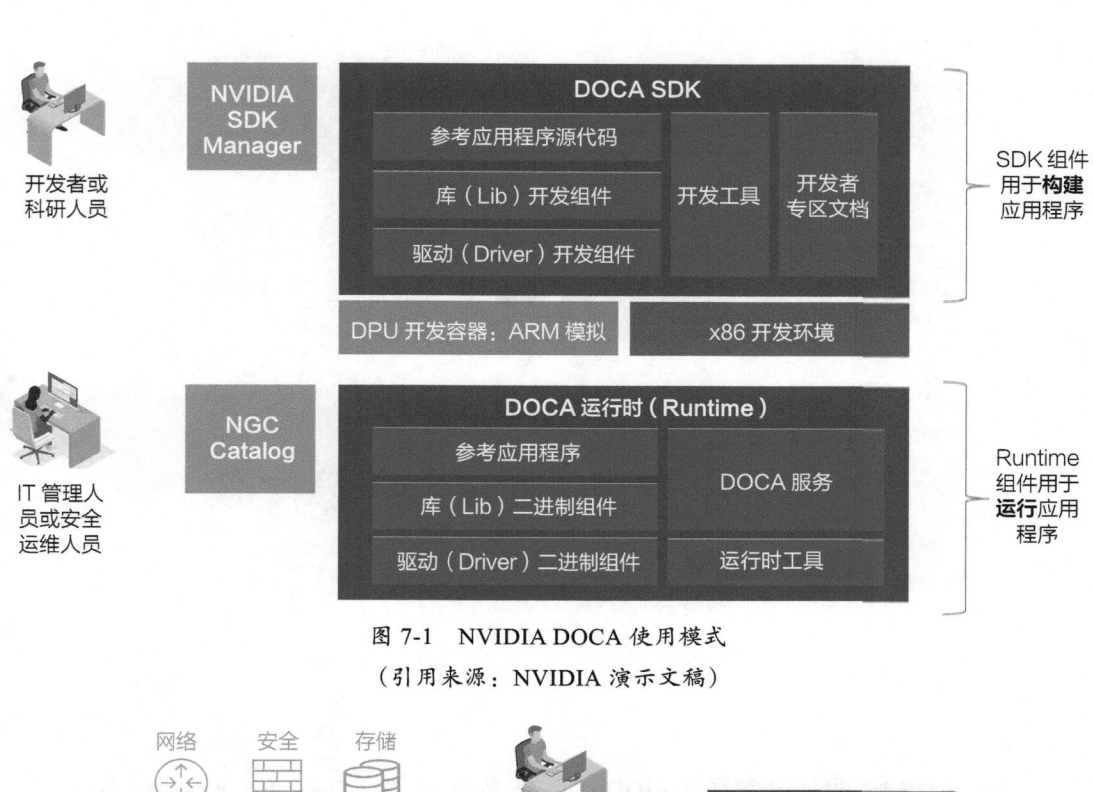

图 7-1 NVIDIA DOCA 使用模式

（引用来源：NVIDIA 演示文稿）

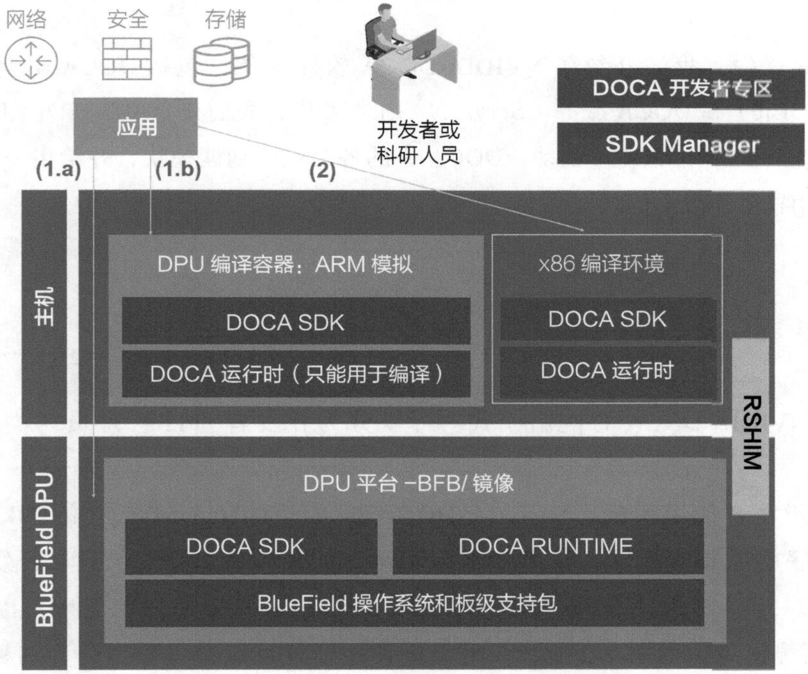

图 7-2 NVIDIA DOCA 开发者模式

（引用来源：NVIDIA 演示文稿）

1.a 和 1.b 开发方式适用于开发运行在 DPU 上的应用程序。1.a 开发方式是开发者直接在 DPU 上进行程序的开发、编译和调试；1.b 开发方式是开发者在主机上开发 ARM 应用，需要使用基于 ARM 模拟的 DPU 编译容器，容器内只能进行应用的编译，而不能进行应用的运行和调试。2 开发方式适用于开发运行在主机上的应用，所以需要在主机上安装相应的 DOCA SDK 和 DOCA Runtime。

对于 IT 管理员使用模式，可以直接通过 NGC Catalog 使用由 NVIDIA 或第三方开发好的应用和服务。这种情况下只需要 DOCA Runtime 就可以了，它包含了运行应用和服务需要的 DOCA 驱动和 DOCA 库二进制文件，以及一些基础服务，比如遥测等。

7.2 DOCA 驱动和 DOCA 库的关系

使用 NVIDIA DOCA 构建的应用程序可以基于 DOCA 驱动，也可以基于 DOCA 库，或者同时基于两者，如图 7-3 所示。

图 7-3　DOCA 应用程序与 DOCA 驱动和库的层次

（引用来源：NVIDIA 演示文稿）

DOCA 驱动是更底层的框架或函数库，大部分是开源的，比如 DPDK、SPDK 等，用户可以方便地定制化。DOCA 库是根据应用场景提供的更高级的抽象，能获得更快的开发效率。DOCA 库相比 DOCA 驱动有更高的性能，并且提供 API 的向后兼容性，如表 7-1 所示。

表 7-1 DOCA 驱动和 DOCA 库的比较

项目	DOCA 驱动（例如 DPDK）	DOCA 库（例如 DOCA Flow）
硬件加速	是	是
代码控制	细粒度控制	隐式初始化 & 统一 API
代码复杂度	高	每个函数库有简化的编程指南
许可	大部分开源	DOCA
版本兼容性	有限	向后兼容
根据用例的逻辑处理	开发者的任务	内置
参考应用	部分可用	每个函数库都有
性能	优化的	最大化的
扩展性	不同组件扩展性不同	最大化的

7.3 DOCA 驱动

DOCA 驱动是 NVIDIA DOCA 的基础，大部分基于开源软件，涵盖网络、存储、安全、HPC 等各个方面，本节介绍 DOCA 驱动里面几个典型的框架和技术。

7.3.1 DPDK

DPDK（Data Plane Development Kit）为网络应用提供了一个完整的数据报文处理框架，利用旁路内核、内存大页、轮询代替中断、无锁数据结构、批量报文处理等一系列技术来提高数据报文处理性能。DPDK 包含以下几个主要部分：

- EAL（Environment Abstraction Layer），它将各种硬件执行环境（如 CPU、内存、PCI 以及基础系统软件功能等）进行了抽象，为上层应用和函数库提供了一套用于 CPU 亲和性绑定、系统内存管理、原子操作、时钟管理、告警及调试等的通用接口；
- 核心模块，包含 ring、mempool、mbuf 以及 timer 函数库，mbuf 函数库是 DPDK 报文处理的基础，它实现了高效的报文元数据、内容访问以及分配释放管理；
- PMD 设备驱动模块，它利用 rte_ethdev 为网卡设备抽象出一组通用的接口，使各种不同的网卡设备可以独立实现特定的硬件驱动程序；
- 加速器模块，提供各种类型的硬件加速器访问的 API，比如 GPGPU、RegEx、DMA、加解密、压缩 / 解压缩等硬件加速器；
- 协议处理工具，提供各种 L3/L4 报文头处理工具、GSO、GRO、报文分类、QoS 等，也包含报文处理框架以支持流水线（Pipeline）处理模式。

DPDK 在业界被广泛采用，比如用于虚拟交换路由的 OVS-DPDK、VPP 等，用于 IP 协议栈处理的 F-Stack、Seastar 等，用于网络流量生成器的 Pktgen-dpdk、TRex、MoonGen 等。

7.3.2　ASAP2

NVIDIA ASAP2（Accelerated Switching and Packet Processing）技术将 OVS 数据平面卸载到 NVIDIA ConnectX-5 及后续版本的硬件 eSwitch 中，从而极大地提升了 OVS 的处理性能，并降低了 CPU 的开销。同时又保持 OVS 控制平面接口不变，从而保证 ASAP2 加速的 OVS 与各种 SDN 方案无缝对接。

ASAP2 支持 SR-IOV 和 vDPA（vhost Data Path Acceleration）两种模式。在 SR-IOV 模式下，VF（Virtual Function）被直通到 VM 中，VM 中使用的是 NVIDIA 的网卡驱动程序。vDPA 模式又分为软件 vDPA 和硬件 vDPA 两种。在软件 vDPA 模式下，vDPA 控制管理平面的功能由 OVS-DPDK 实现；在硬件 vDPA 模式下，主机上使用一个单独的应用处理 vDPA 的控制管理平面功能。在 vDPA 模式下，VM 使用的是 VirtIO-net 虚拟网卡驱动程序。

7.3.3　SPDK

SPDK（Storage Performance Development Kit）提供了一组工具和库用于编写高性能、可扩展的用户态模式存储应用程序。它通过使用许多关键技术来实现高性能：

- 将所有必要的驱动程序移至用户空间，从而避免系统调用并实现应用程序的零拷贝访问，轮询硬件完成而不是依赖中断，降低了总延迟和延迟差异；
- 避免 I/O 路径中的所有锁定，而是依赖消息传递；
- SPDK 的基础是运行于用户态的，支持轮询模式、异步、无锁 NVMe 驱动程序，这提供了从用户空间应用程序直接对 SSD 的零拷贝、高度并行访问。

SPDK 进一步提供了一个完整的用户态块存储栈，它执行许多与操作系统中的块存储栈相同的操作，包括统一不同存储设备之间的接口、使用队列处理内存不足或 I/O 挂起等情况，以及管理逻辑卷。

SPDK 还提供建立在这些组件之上的 NVMe-oF、iSCSI 和 vhost 服务端，能够通过网络或其他进程提供磁盘服务。标准的 Linux 内核 NVMe-oF 和 iSCSI 客户端能与这些服务端实现互操作，并且这些服务端的 CPU 效率可以比其他实现高出一个数量级。这些服务端可用作如何实现高性能存储服务端的参考示例，或用作生产部署的基础。

7.3.4　RDMA

RDMA（Remote Direct Memory Access）提供从一台主机的内存（存储或计算）到另一台主机的内存的直接内存访问，它通过内核旁路和避免内存拷贝来提供低延迟，降低 CPU 负载，减少内存带宽瓶颈并提供高带宽利用率。相比之下，TCP/IP 通信通常需要内存拷贝操作，这会增加延迟并消耗大量 CPU 和内存资源。

目前支持 RDMA 的技术有三种：InfiniBand、Ethernet RoCE 和 Ethernet iWARP。这三种技术都使用一套通用的用户 API，但具有不同的物理层和链路层，InfiniBand 和 Ethernet RoCE 支持组播传输。InfiniBand 链路层提供了流量控制机制等特性来进行拥塞控制，通过虚拟通道（Virtual Lane）来简化上层协议实现和提供高级的 QoS 特性。

RDMA 与 IP 网络技术的关键区别在于 RDMA 提供了一种消息传递服务，RDMA 使用操作系统建立了一个通道，然后允许应用程序直接交换消息，而不需要进一步的操作系统干预。这些消息可以是 RDMA 读取、写入操作或发送、接收操作。应用程序可以使用该服务直接访问远程计算机上的虚拟内存。消息传递服务可用于进程间通信（IPC）、与远程服务器的通信以及使用上层协议（ULP）与存储设备进行通信，例如用于 RDMA 的 iSCSI 扩展（ISER）和 SCSI RDMA 协议（SRP）、存储消息 Block（SMB）、Samba、Lustre、ZFS 等。

7.3.5　UCX

UCX（Unified Communication-X）是一个开源通信框架，由工业界和学术界协作开发，适用于现代高带宽和低延迟网络，用于加速高性能计算应用程序的性能。

UCX 抽象出了一组通信原语，这些原语利用了最好的可用硬件资源和卸载，其中包括 RDMA（InfiniBand 和 RoCE）、TCP、GPU、共享内存和网络原子操作。UCX 通过提供高级 API、屏蔽低级细节来促进快速开发，同时保持高性能和可扩展性。它还支持接收端标签匹配、单向通信语义、高效内存注册以及各种增强功能，可显著提高高性能计算应用程序的可扩展性和性能。

7.4　DOCA 库

DOCA 库是 NVIDIA DOCA 的核心，它提供了开放的 API，并且保证向后兼容性。DOCA 库在 NVIDIA BlueField DPU 平台上提供了最好的性能。本节将介绍 DOCA 库里面最重要的几个函数库。

7.4.1 DOCA 核心库

NVIDIA DOCA 核心库为 DOCA 函数库提供了一套基础接口，抽象出了一组便于访问和管理 NVIDIA BlueField DPU 能力的操作对象，包括 DOCA Device（doca_dev）、DOCA Buffer（doca_buf）、DOCA Buffer Inventory（doca_buf_inventory）、DOCA Memory Map（doca_mmap）、DOCA CTX（doca_ctx）以及 DOCA Workq（doca_workq）。

DOCA Device 如图 7-4 所示，代表 DPU 和主机（Host）上可用的处理单元，包含硬件设备和远程设备两种形式，远程设备通常位于 DPU 上，对主机上的硬件设备进行代理。使用 DOCA Device 可以方便地对本地设备和远程设备进行管理。

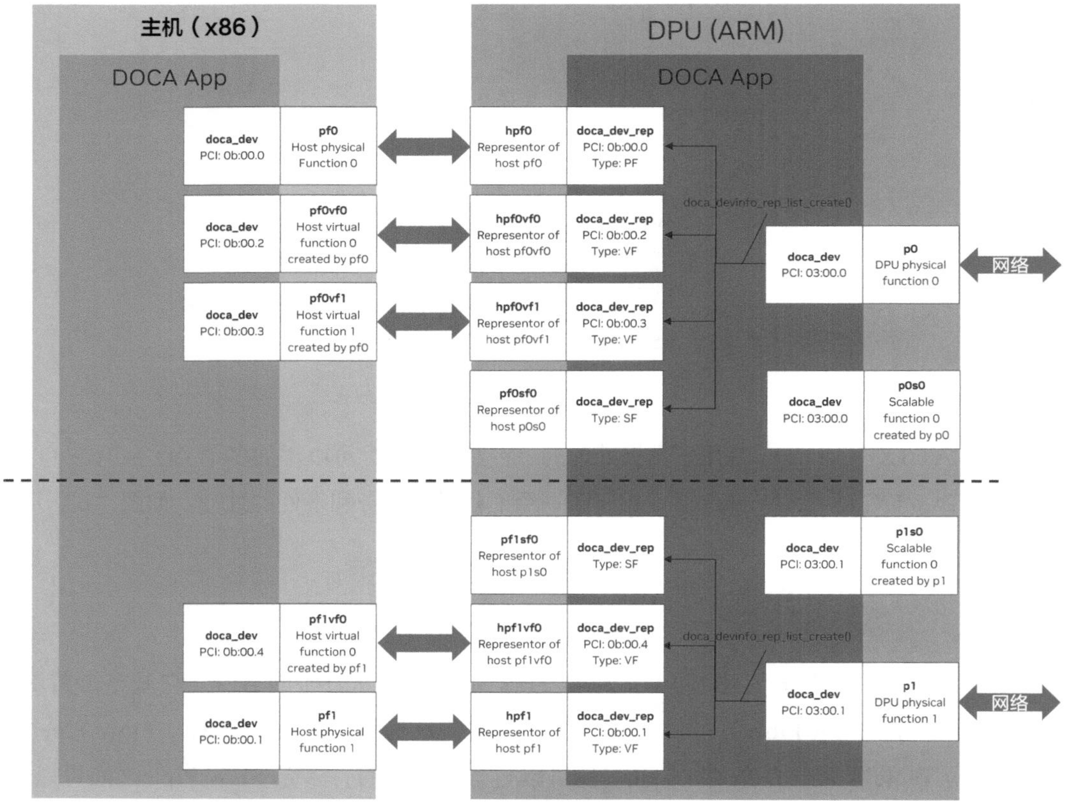

图 7-4　DOCA Device 示意图

（引用来源：NVIDIA 技术文档）

DOCA Buffer 从 DOCA Buffer Inventory 里面进行分配，用于保存 DOCA Memory Map 上的内存区域信息。DOCA Buffer 可以用于 DMA 操作，DOCA Buffer Inventory 则用于管理一组 DOCA Buffer 对象。

DOCA Memory Map 为各种 DOCA Device 注册内存映射提供集中式的管理，每块内存映射区域代表主机或 DPU 的一块内存地址空间，如图 7-5 所示。DOCA Memory Map 可以设置为在主机或 DPU 上多个应用之间共享。

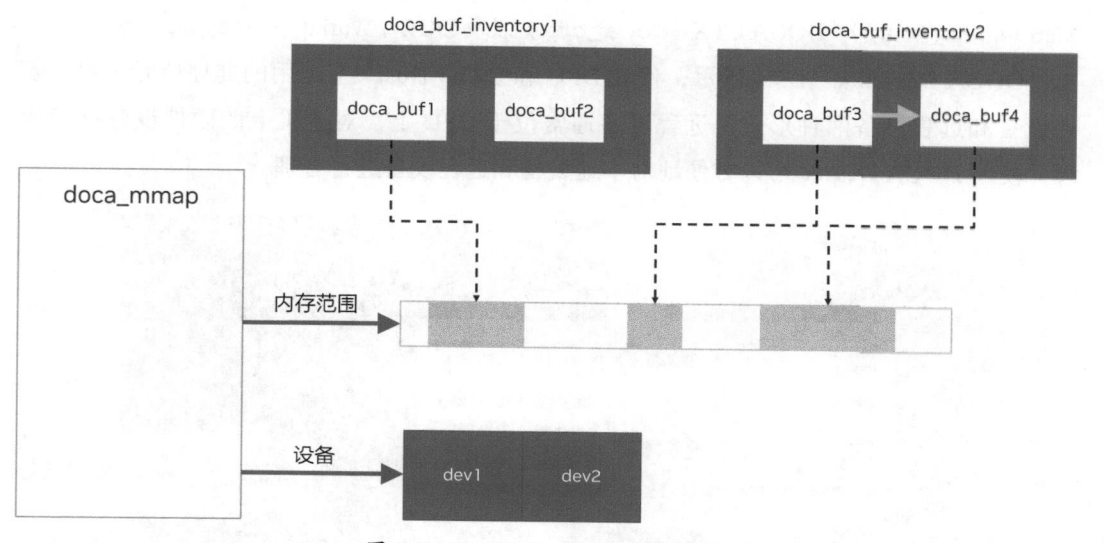

图 7-5　DOCA Buffer 及内存映射

（引用来源：NVIDIA 技术文档）

DOCA CTX（Context）是用于数据处理的一种基本对象，可以添加多个 DOCA WorkQ 到一个 DOCA CTX，DOCA WorkQ 通常绑定到一个线程进行任务和事件的处理，如图 7-6 所示。

7.4.2　DOCA Flow

DOCA Flow 是用来创建 Flow Pipe 以卸载到硬件进行加速的 API，它基于 DPDK，所以任何使用 DOCA Flow API 的应用程序都需要提前分配系统大页内存。Flow Pipe 与 OpenFlow Table 类似，每条 Flow Pipe 里可以包含多个条目，多条 Flow Pipe 之间可以进行级联。每个条目可以包含 Match（匹配）、MDF（修改）、MON（监控）和 FWD（转发），如图 7-7 所示。

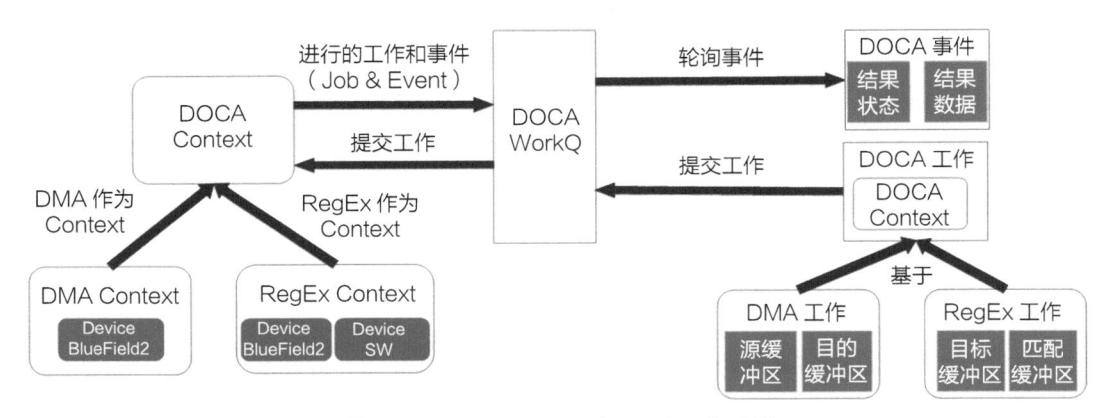

图 7-6　DOCA Context 和 WorkQ 交互图

（引用来源：NVIDIA 技术文档）

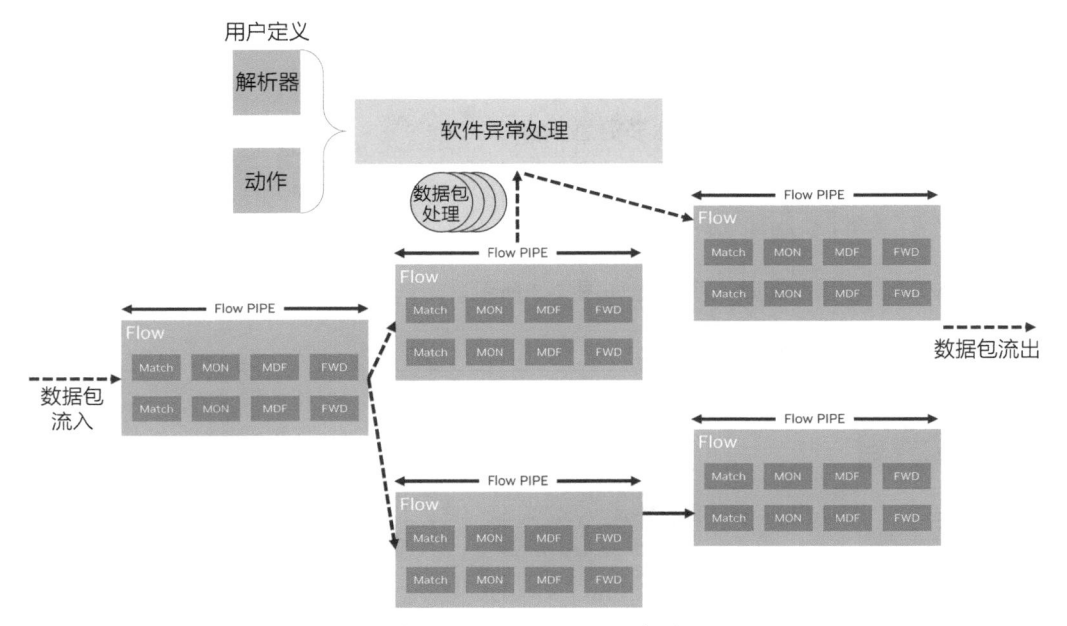

图 7-7　DOCA Flow 示意图

（引用来源：NVIDIA 技术文档）

Match 可以用于数据报文头匹配，面向 MAC/VLAN/ETHERTYPE、IPv4/IPv6、TCP/UDP/ICMP、GRE/VXLAN/GTP-U 以及元数据（Metadata）等。

MDF 可以用于对数据报文头进行修改，面向 MAC 地址、IP 地址、L4（端口、TCP 序号和确认序号）、隧道包头封装 / 解封装、元数据设置等。

MON 可以用于对数据报文进行计数、镜像、策略设置等。

FWD 可以用于对报文执行转发到特定端口、跳转到另一条 Pipe、丢弃等操作。

DOCA Flow Pipe 可以动态创建和销毁，数据报文首先由硬件进行处理，如果没有任何匹配的条目则交由 ARM 核进行软件处理，软件会为数据报文生成需要执行的操作并交由硬件处理，同时添加相应的数据流（Flow）到硬件 Flow Pipe 中。

7.4.3 DOCA DPI

DOCA DPI（Deep Packet Inspection）提供了对网络报文进行过滤的机制，可用于识别和阻断一些复杂的网络攻击。基于 DOCA DPI 的应用程序可以在主机或 DPU 上运行，由于 DOCA DPI 需要利用 NVIDIA BlueField DPU 上的 RegEx 加速引擎，使用时需要确认该功能已打开。DOCA DPI 支持对如下协议的报文进行深度数据包检测：

- HTTP 2.0/1.1/1.0
- TLS/SSL 的客户端请求和证书消息
- DNS
- FTP

DOCA DPI 应用的典型工作流程如图 7-8 所示。

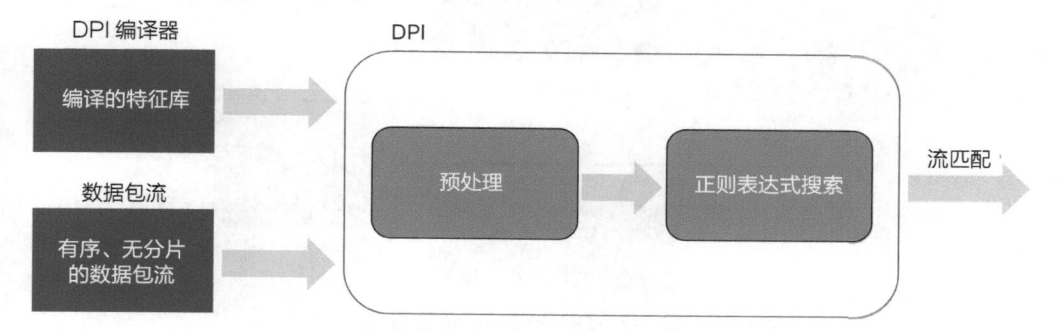

图 7-8　DOCA DPI 架构

（引用来源：NVIDIA 技术文档）

首先，由 DPI 编译器将特征库编译为 CDO 文件，该文件包含编译后的 RegEx 引擎规则，以及其他一些特征信息。然后，DPI 应用程序将 CDO 文件加载到 RegEx 引擎。如果收到的数据报文不属于已知的数据流，则需要创建一条新的 DPI 数据流；如果收到的数据报文匹配到存在的数据流，则需要处理乱序的报文以及重组分片的报文。

7.4.4　DOCA App Shield

　　DOCA App Shield API 利用 DPU 采集主机上的内存信息以提供入侵检测的方案。该方案能检测大量的攻击类型，并且对主机上应用的运行影响很小。App Shield 应用可以用来保护主机上的关键服务，这些关键服务通常负责保证主机上其他应用执行时的完整性和私密性，比如 scrubbing 服务就是用来清理用户的私密数据。

　　图 7-9 所示为一个 DOCA App Shield 应用的典型架构，DPU 上的 App Shield 应用利用 App Shield API 来检测主机上要保护的进程的内存信息，检测过程利用 DMA 而不会消耗主机上的系统资源。

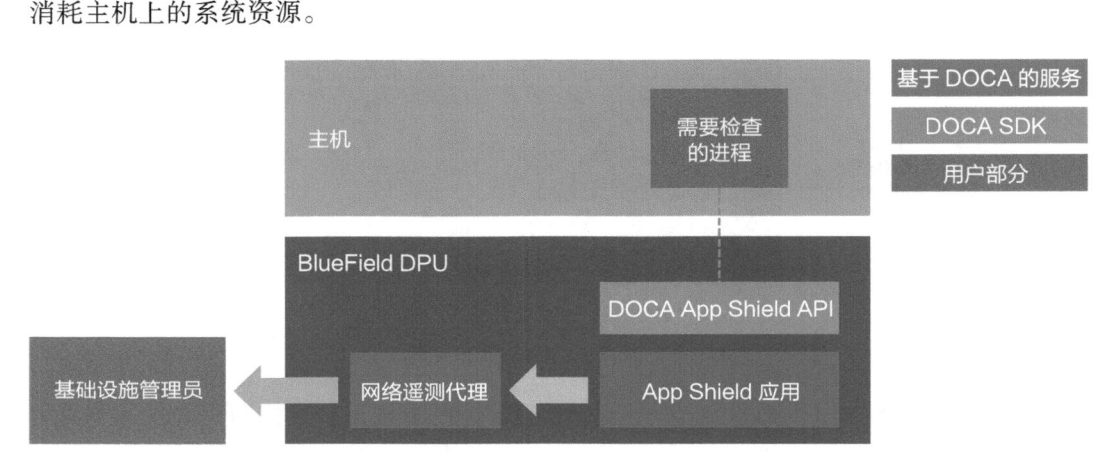

图 7-9　DOCA App Shield 应用典型架构
（引用来源：NVIDIA 技术文档）

　　当 App Shield 应用检测到关键事件发生，比如代码注入或进程、线程终止等，会通过遥测服务通知管理员采取措施以防止潜在的恶意攻击。

7.5　DOCA 应用程序卸载示例

　　基于 NVIDIA DOCA 的应用程序既可以编译为在主机（Host）上运行，也可以编译为在 DPU 上运行，这就为 DOCA 应用提供了灵活的卸载和加速模式。本节以一个基于 NVIDIA DOCA 的安全应用程序为例，介绍 DOCA 应用程序的三种典型卸载模式：内联加速（Inline Acceleration）、旁路加速（Lookaside Acceleration）和 DPU 集成安全（DPU Integrated Security）。这些模式同样也适用于其他类型的 DOCA 应用，需要注意的是，开发者需要针对不同的应用选择最适合的模式。

在内联加速模式下，DOCA 安全应用程序运行在主机上，DPU 上运行一个安全守护进程（Security Daemon），如图 7-10 所示。安全守护进程负责将数据报文发送到主机上的安全应用程序，安全应用程序对报文进行安全相关的处理，并将结果发回安全守护进程，安全守护进程可以将满足安全策略的数据流（Flow）下发至 ConnectX eSwitch，从而利用 eSwitch Cache 进行线速转发。

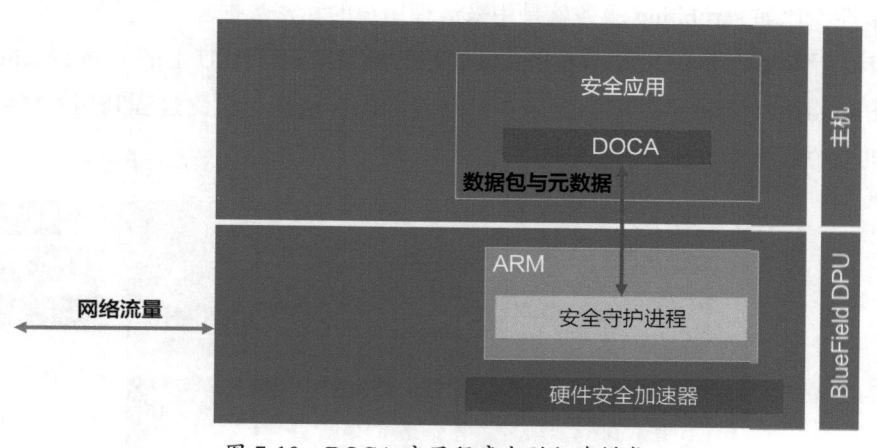

图 7-10　DOCA 应用程序内联加速模式

（引用来源：NVIDIA 演示文稿）

在旁路加速模式下，DOCA 安全应用程序运行在主机上，直接利用 DPI API 调用 DPU 上的 RegEx 引擎进行深度数据包检测加速，如图 7-11 所示。这种模式仅将 RegEx 引擎作为 PCIe 设备进行旁路加速。

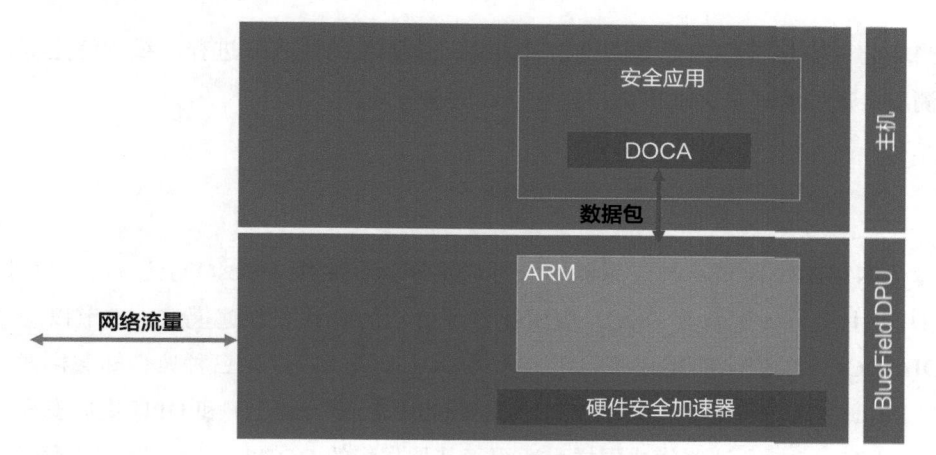

图 7-11　DOCA 应用程序旁路加速模式

（引用来源：NVIDIA 演示文稿）

在 DPU 集成安全模式下，DOCA 安全应用程序完全运行在 DPU 上，从而能将主机和 DPU 分为两个不同的安全域，达到卸载和加速的最佳效果，如图 7-12 所示。实际开发过程中，开发者需要考虑 DPU 上的 ARM 处理能力是否能承载完全卸载的 DOCA 应用，从而选取合适的卸载模式。

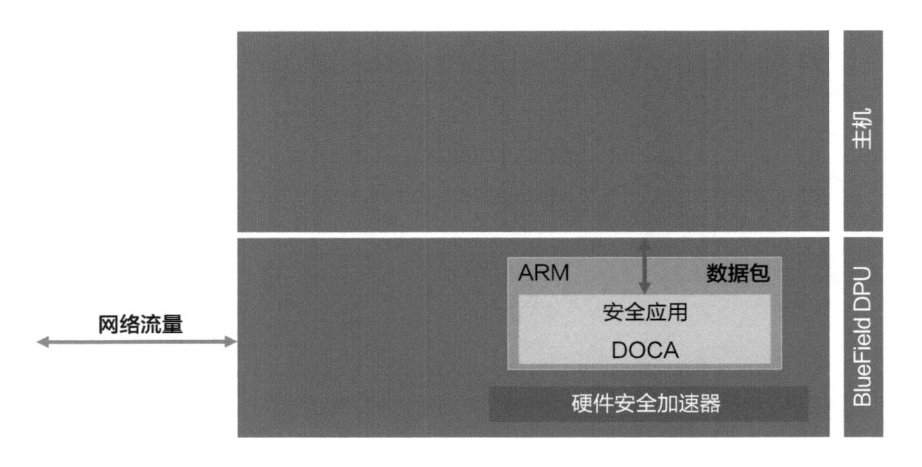

图 7-12　DOCA 应用程序 DPU 集成安全模式

（引用来源：NVIDIA 演示文稿）

本章小结

本章介绍了 NVIDIA DOCA 的使用模式，并进一步介绍了 DOCA 驱动和 DOCA 库，还给出了 DOCA 应用程序卸载的示例。希望读者读完本章后能对 NVIDIA DOCA 有更多了解。

04
第四部分

NVIDIA DOCA 开发实践

Data Processing Unit
Introduction to DPU Programming

08

第 8 章

基于 NVIDIA BlueField DPU 的 DOCA 应用

在第 7 章中，我们介绍了 NVIDIA DOCA 的应用开发环境和 DOCA API。本章将介绍基于 DOCA API 的 DOCA 参考应用。这些 DOCA 参考应用通常使用多个 DOCA API 模块，通过这些参考应用，用户可以了解如何基于 DOCA 开发环境和 DOCA API 来编写 DOCA 应用。本章将着重介绍其中 4 个 DOCA 参考应用：应用识别、DNS 过滤、入侵防御系统、安全通道。如果想进一步了解相关信息，请参考 nvidia.cn/dpubook-36、nvidia.cn/dpubook-37 和 nvidia.cn/dpubook-38。

8.1　DOCA 应用概述

在 NVIDIA DOCA 开发环境里，可以使用 DOCA API 开发多种类型的应用。这些应用可以是网络应用、安全应用、存储应用、高性能计算和人工智能（HPC/AI）应用、电信应用，以及媒体应用。在写作本书的时候，NVIDIA DOCA 1.5 发行版里已经包含了 18 种参考应用，并且在未来的版本里还会继续增加和扩展。接下来简要介绍这 18 种应用。

1. Allreduce 应用

这是一个加速高性能计算和人工智能应用里的集合通信的 DOCA 应用。它基于 UCC/UCX 通信框架，集合通信的通信工作由 DPU 完成，Reduce 的计算操作也由 DPU 完成。这个应用发挥了 DPU 的高带宽、低延迟的性能优势。

2. 应用识别

这个应用使用了 DOCA_DPI 和 SFT 库，以及 DPU 的 RegEx 引擎，通过对流量内容的识别来确定流量的类型。用户可以根据应用的类型对流量进行监控、管理、分发等处理操作。

3. 主机应用防护 Agent 应用

这个应用使用了 DOCA_app shield 和 DOCA_DMA 库，以及 DPU 的 RegEx 引擎和 DMA 引擎。该 Agent 运行在 DPU 的 ARM 侧，守护主机上的进程，防止恶意数据和代码。

4. 直接内存访问复制

这个应用基于 DOCA_DMA 库实现 DPU 和主机之间的文件传输，并利用硬件加速对本地和远程内存进行数据复制。

5. DNS 过滤

这个应用使用了 DOCA_Flow 和 DOCA_regex，把 DNS 解析卸载到 NVIDIA BlueField-2 DPU 的 ARM 上，并通过 DOCA_regex 接口来使用 RegEx 引擎，加速 DNS 域名的过滤。

6. 东西向 Overlay 加密

这个应用在不同的设备之间建立加密的 IPsec 通信连接，它基于 StrongSwan 解决方案。

7. 文件压缩

这个应用使用了 DOCA Compress 和 DOCA Comm Channel 库。它演示了如何使用硬件加速来实现数据压缩和解压缩，并发送和接收数据。

8. 文件完整性

这个应用使用了 DOCA SHA 和 DOCA Comm Channel 库。它演示了如何使用硬件加密引擎来以安全的方式发送和接收文件。

9. 文件扫描

这个应用使用了 DOCA_regex 库。它演示了如何用 DPU 的 RegEx 引擎来加速文件内容的扫描，并发现文件内容是否匹配编译并下载到 RegEx 引擎上的正则表达规则。

10. 防火墙

这个应用使用了 DOCA_Flow 库和 grpc 组件。它演示了如何在主机上编程 DPU 的硬件以实现网络安全方面的功能。它使用 DOCA_Flow 来编写通用的流水线（Pipeline）到硬件上，从而监控进出系统的网络流量。

11. 入侵防御系统

这个应用使用了 DOCA_DPI 库和 SFT 库，以及 DPU 的 RegEx 引擎和连接跟踪引擎。它监控网络上的恶意活动和违反定义策略的行为。

12. L2 反射器

这个应用基于利用高速 DPA 等 DPU 功能的 FlexIO API。它使用数据路径加速器（DPA）引擎拦截网络流量并交换每个数据包的源 MAC 地址和目标 MAC 地址。

13. L4 OVS 防火墙

这个应用实现 ACL 的功能。它检查报文的 L3/L4 部分的信息，执行通过 OVS 命令下发的动作（Action）。

14. 网络地址转换

网络地址转换（NAT）基于 DOCA_Flow 库，可以利用在硬件中构建执行管道并对流量执行特定操作等 DPU 硬件功能。它可以将本地 IP 地址的数据包切换到全局 IP 地址，反之亦然。

15. 安全通道

这个应用使用了 DOCA Comm Channel 库，在 DPU 和主机之间建立安全的通信通道。

16. 简单转发功能的 VNF

这个应用使用 DOCA_Flow 接口，构建通用的流水线到 DPU 硬件上执行。这个应用演示了转发功能。

17. 交换

这个应用基于 DOCA_Flow 库，可以利用在硬件中构建执行管道等 DPU 功能。它可用于在 DPU 代表口（Representor）之间建立内部交换。

18. URL 过滤

这个应用使用了 `DOCA_DPI` 库和 `SFT` 库。它通过扫描 Web 流量发现并阻止安全威胁，比如恶意软件、有害的网站、钓鱼行为等。

8.2　应用识别

应用识别（Application Recognition，AR）是一种通过网络流量的内容来确定应用类型进而采取处置措施的技术。网络流量的识别方法有很多种，比如经典的根据报文的五元组进行粗略的判断，再如根据 UDP/TCP 端口号来判断出一个应用。但是当应用类型越来越多，识别要求越来越精细的时候，这些识别方法就无法满足需求了。业务感知应用识别技术是一种基于应用特征来进行提取和匹配的技术，通过提取报文中的某些特定字段，与特征库进行匹配来识别应用。特征匹配可以通过深度数据包检测（Deep Packet Inspection，DPI）技术实现，DPI 的本质是一个图遍历算法，需要检测报文内容，相比于报文五元组检测而言，需要消耗更多的 CPU 算力。

AR 同时还是许多安全应用程序的基石，例如基于 L7 的防火墙（WAF）。由于通过第 7 层（HTTP）进行通信的应用程序数量大幅增长，要有效监测网络活动，就需要深入探测第 7 层流量，以便识别单个应用程序。不同的应用程序可能需要不同级别的安全和服务。

NVIDIA BlueField 系列 DPU 含有一个 DPI 引擎，可以将报文内容检测的工作卸载到硬件引擎上，从而提高性能，并降低 CPU 的利用率。本节将描述如何使用 DPI 引擎构建 AR 应用。该引擎利用了 NVIDIA BlueField-2 DPU 的功能，如正则表达式（RegEx）加速引擎、基于硬件的连接跟踪等。

8.2.1　AR 应用架构

AR 应用基于 DPDK 的有状态流跟踪功能（SFT）构建，首先通过 SFT 识别流量，确定哪些可以放行，放行的流量进一步通过 DPI 引擎进行深度报文分析。AR 应用架构如图 8-1 所示。

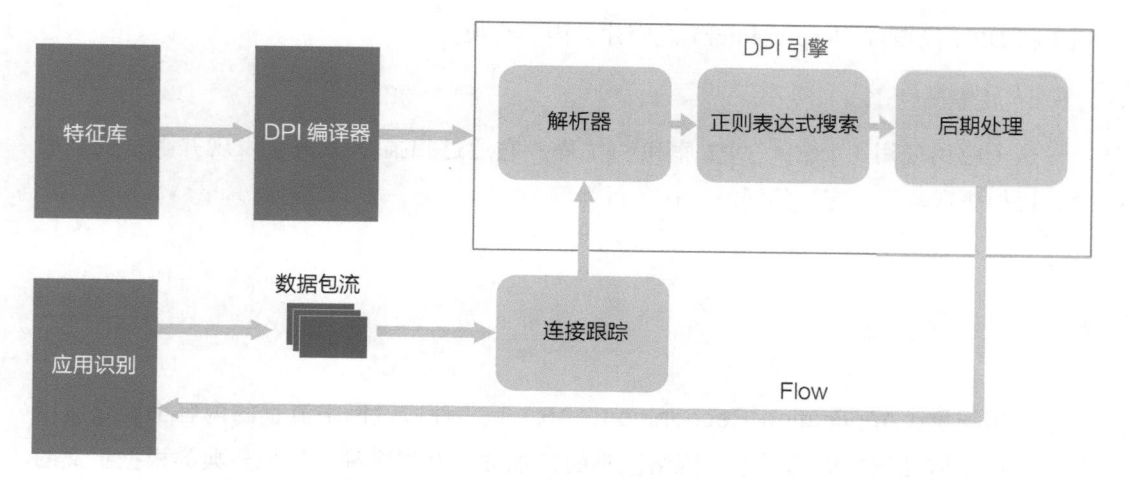

图 8-1　AR 应用架构

（引用来源：NVIDIA 技术文档）

其工作流程大致如下：

1）DPI 引擎基于特征库工作，特征库支持 PCRE，编写好的特征库文件由 DPI 编译器编译，生成 cdo 文件，然后在运行时加载到 DPI 引擎。

2）入口流量首先使用 DPDK 库的有状态表模块识别，该模块由于利用了 NVIDIA BlueField 系列 DPU 的连接跟踪硬件卸载功能，允许流量进行硬件级别的流分类，以及支持将流量转发到发夹队列（Hairpin Queue）而不需要软件处理，从而显著提高了性能。

3）经 SFT 放行的流量，接着根据 DPI 引擎编译的特征数据库扫描匹配。

4）对匹配的流量进行进一步的后期处理。

5）由于 DPI 是对报文的最后一个处理步骤，对于匹配命中规则的流，可以将动作（Action）卸载到硬件以提高性能。

6）SFT 流量条目可以通过老化自动删除，默认老化时间为 60s。当流被硬件卸载时，无法对其进行跟踪和销毁。

8.2.2　AR 应用的系统配置

AR 应用部署在 NVIDIA BlueField-2 DPU 的 ARM CPU 的 OS 上，作用在网络流量的路径之中，通过可扩展网络设备（Scalable Function，SF）SF0/SF1 进行报文的转接，AR 应用通过 SF1 拦截来自线路的流量，处理完成后再通过 SF0 将流量传递给连接到主

机的物理网络设备（PF）代表口（Representor），接着到达主机。线路上流量的转发通过
两个 OVS 网桥完成，图 8-2 所示为 AR 应用的系统配置。

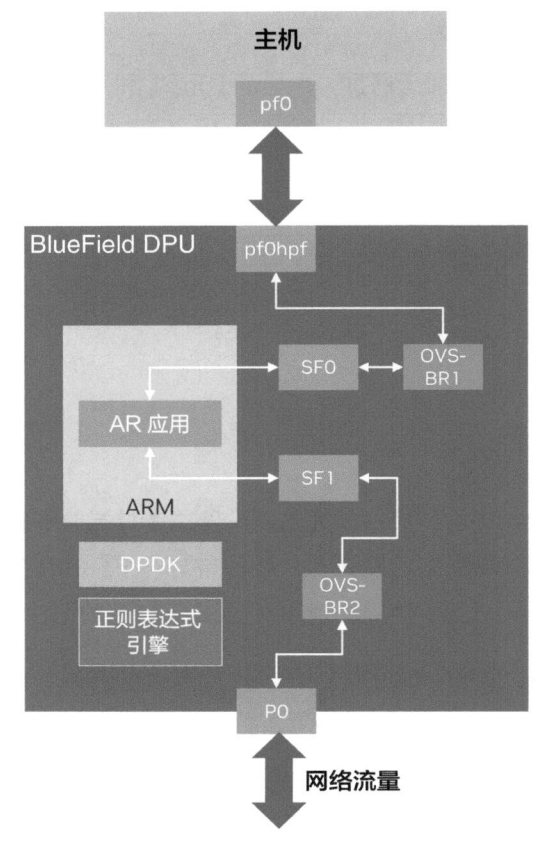

图 8-2　AR 应用的系统配置

（引用来源：NVIDIA 技术文档）

1. SF 的创建和配置

创建和配置 SF 的参考代码如下：

```
mlxdevm port add pci/0000:03:00.0 flavour pcisf pfnum 0 sfnum 88
mlxdevm port function set pci/0000:03:00.0/294913 hw_addr 02:af:ce:9b:88:88
mlxdevm port function set pci/0000:03:00.0/294913 trust on
mlxdevm port function set pci/0000:03:00.0/294913 state active
echo mlx5_core.sf.3 > /sys/bus/auxiliary/drivers/mlx5_core.sf_cfg/unbind
echo mlx5_core.sf.2 > /sys/bus/auxiliary/drivers/mlx5_core.sf/bind
```

注意，SF 需要设置为信任模式，否则会出现类似如下错误：

```
[07:33:44:961512][DOCA][ERR][NUTILS:188]: SFT init failed
```

2. OVS 网桥的创建和配置

根据系统设计，需要创建两个网桥，sf_bridge1 和 sf_bridge2，按照要求分别加入成员端口。例如：

```
ovs-vsctl add-br sf_bridge1
ovs-vsctl add-br sf_bridge2
ovs-vsctl add-port sf_bridge1 p0
ovs-vsctl add-port sf_bridge2 pf0hpf
ovs-vsctl add-port sf_bridge1 en3f0pf0sf0
ovs-vsctl add-port sf_bridge2 en3f0pf0sf88
```

8.2.3 运行 AR 应用

编写如下 suricata 规则。第一条规则表示发往客户端的带有 "baidu" 关键词的流量都会被告警，第二条规则表示发往客户端的带有 "taobao" 关键词的流量都会被丢弃。关于如何编写 suricata 规则，请参考 suricata 的语法定义。

```
alert tcp any any -> any any(msg:"Baidu"; flow:to_client; pcre:"/.*baidu.*/";
sid:4; rev:1;)
drop tcp any any -> any any(msg:"Taobao"; flow:to_client; pcre:
"/.*taobao.*/"; sid:2; rev:1;)
```

用 DPI 编译器将上面的规则编译成 cdo 文件：

```
doca_dpi_compiler -i /opt/mellanox/doca/applications/application_recognition/
bin/ar_suricata_rules_example -o /tmp/ar.cdo -f suricata
```

启动 AR 应用：

```
systemctl start mlx-regex
systemctl status mlx-regex
echo 2048 > /sys/kernel/mm/hugepages/hugepages-2048kB/nr_hugepages
/opt/mellanox/doca/applications/application_recognition/bin/doca_application_
recognition -a 0000:03:00.0,class=regex -a auxiliary:mlx5_core.sf.4,sft_en=1
-a auxiliary:mlx5_core.sf.5,sft_en=1 -- -c /tmp/ar.cdo -p
```

访问百度网站，此时会弹出告警信息：

```
APPLICATION RECOGNITION>> [07:49:00:053138][DOCA][INF][DWRKR:796]: SIG ID: 1,
APP Name: Baidu, SFT_FID: 1, Blocked: 0
```

可以通过 -i 以交互模式启动，如果需要屏蔽某个命中规则的报文，可以执行 block 命令：

```
APPLICATION RECOGNITION>> block 1
Blocking sig_id=1!
```

屏蔽后的报文就无法通过，会打印一个告警信息，显示 Blocked。

```
APPLICATION RECOGNITION>> [07:51:23:556879][DOCA][INF][DWRKR:796]: SIG ID: 1,
APP Name: Baidu, SFT_FID: 1, Blocked: 1
```

8.2.4　AR 应用相关的其他介绍

在部署 DOCA 应用程序和服务的时候，我们建议在 DPU 本身的 OS 上进行操作，但这不是唯一的方式。根据需要，用户能够直接从主机（x86）管理和配置在 DPU 上运行的应用程序。DOCA 通过 gRPC 实现底层主机与 DPU 的通信，AR 应用支持 gRPC，使得可以在主机端对它进行管理和监控。

AR 支持通过容器的方式部署，具体的部署方法和容器镜像可以通过 NVIDIA NGC 网站获得。在 NVIDIA DOCA 开发者社区还有对 AR 应用的源代码和应用程序参数的详细介绍，更多信息请参考 DOCA 开发者社区的相关文档。

8.2.5　参考资料

本节描述的参考代码可以在以下 DOCA 目录中找到：

```
/opt/mellanox/doca/applications/application_recognition/src/application_
recognition.c
/opt/mellanox/doca/applications/application_recognition/src/grpc/application_
recognition.proto
/opt/mellanox/doca/applications/application_recognition/bin/ar_suricata_rules_
example
```

8.3　DNS 过滤

域名服务系统（DNS）的作用是把域名转换为 IP 地址，浏览器使用 DNS 来加载互联网资源。连接到互联网的每台设备都可以通过域名对应到唯一的地址，这样其他的机器就可以通过域名来查找和访问设备。

DNS 域名查找包含如下几个步骤。

1）用户使用浏览器登录网页，浏览器会通过用户设备创建一个 DNS 查询，并将该查询消息发送给 DNS 解析器。

2）DNS 解析器查询本 DNS 域的缓存，如果找到对应符合域名的 IP 地址，则将该 IP 地址作为结果返回给浏览器，否则将该请求发送给 DNS 服务器。

3）如果请求发送给了 DNS 服务器，DNS 服务器会将找到对应的 IP 地址返回给解析器，再由解析器返回给浏览器。

4）用户得到 IP 地址之后，可以通过该 IP 地址连接网站。

DNS 过滤是根据预先配置的域名黑白名单列表，在 DNS 域名查找过程中，过滤掉黑名单内的 DNS 请求的安全操作。DNS 过滤过程涉及大量不同域名的匹配操作，按照在黑白名单中匹配到域名或未匹配到域名，对整个业务会话会有不同的处理。在域名黑白名单较长的情况下，通过依赖 CPU 的软件实现 DNS 过滤功能需要占用较多处理资源，域名过滤所需的较长检索匹配时间也会影响用户体验。

NVIDIA BlueField DPU 可以在主机侧发送请求时，在主机侧或卡内根据预先设置好的域名黑白名单使用处理器和 RegEx 加速引擎处理对应的 DNS 过滤动作，减少主机 CPU 的不必要消耗，同时优化用户体验，在 x86 服务器上达到类似专用的 DNS 安全过滤设备上的效果。

DPU 的 DOCA 组件中包含了一个 DNS 过滤器的参考实现，通过 DOCA 的流引擎和正则表达式引擎实现对应功能。我们在本节对 DNS 过滤器的相关设计原理、业务流程、执行方式等进行一个简单的介绍，方便读者借鉴其实现并参考运行测试其效果。

DNS 过滤器使用了 DOCA 的 Flow 库和 RegEx 库。DOCA Flow 库是用于在硬件中构建通用数据包处理管道（Pipe）的最基本的 API。该库提供了用于构建一组管道的 API，其中每条管道都包括匹配条件、监控和一组动作。管道可以链接起来，从而在执行完管道定义的动作后，数据包可以继续进入另一条管道。DOCA RegEx 库是一个为 DOCA 应用程序提供正则表达式模式匹配的库。它提供对正则表达式处理器的访问，也就是 NVIDIA BlueField DPU 上可用的高性能 RegEx 硬件加速引擎。使用 DOCA RegEx 库，开发者能够以优化的硬件加速方式轻松执行复杂的正则表达式操作。

8.3.1　DNS 过滤应用架构

NVIDIA BlueField-2 DPU 上的 DNS 过滤器程序采用 DOCA Flow 流处理引擎来实现 DNS 请求的分类，使用 DPU 上的硬件正则表达式引擎来匹配对应的域名黑白名单规则列表。输入的域名规则文件通过正则表达式编译器编译之后形成二进制文件，供硬件引擎更加快速高效地实时检索处理。图 8-3 所示为 DNS 过滤应用架构。

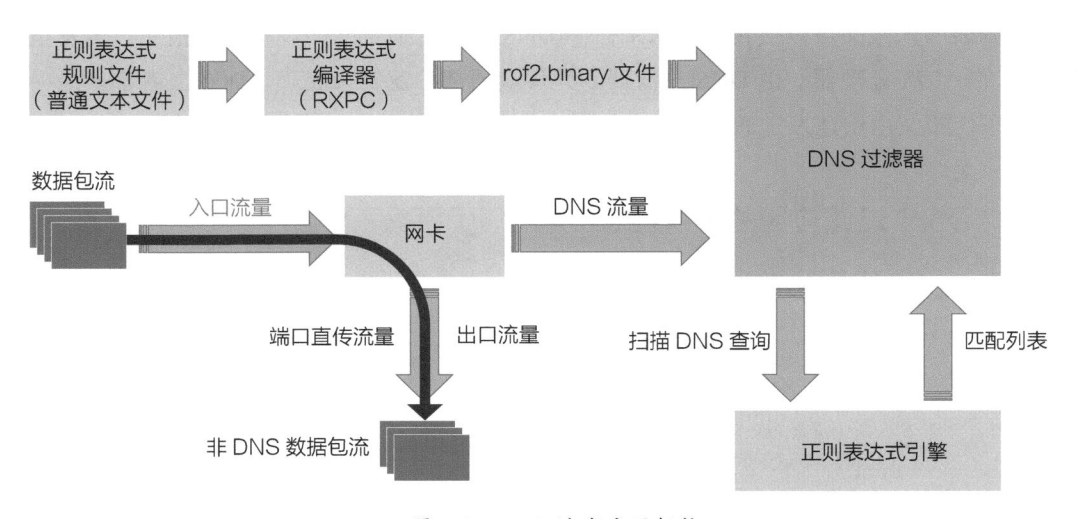

图 8-3　DNS 过滤应用架构

（引用来源：NVIDIA 技术文档）

其工作流程大致如下：

1）客户自定义 DNS 列表的黑白名单，将其通过正则表达式的语义定义描述为一个文本文件，然后使用 DPU 自带的正则表达式编译器（RXPC）将其编译成一个 rof2.binary 二进制文件，作为应用过滤时 DPU 硬件查询的库文件。

2）DNS 过滤器将上述二进制文件加载到正则表达式引擎中。

3）正则应用需要提前通过 DOCA Flow 的管道定义好需要匹配的报文格式和动作，当收到报文时，DPU 的网卡硬件通过 Flow 规则匹配，识别所收到的入向报文的类型。

4）DNS 过滤器为每个端口创建三条管道（DNS 丢弃管道、DNS 转发管道，以及端口直传管道）。除了丢弃管道，每条管道都只有一个入口。DNS 丢弃管道运行时包含众多表项，每个表项入口都代表了一组丢弃的报文。丢弃管道在应用初始化配置但还没有接收任何报文的时候是空的。

5）丢弃管道匹配那些已经被阻止访问的 DNS 报文，并且将之丢弃。端口直传管道则是匹配每条报文。丢弃管道是作为报文分类操作的根管道而存在的，如果报文未命中丢弃管道，则进入 DNS 转发管道进行过滤。相应地，如果该报文进而未命中 DNS 转发管道定义的规则，那么将进入端口直传管道。

因此，每条报文被 DPU 收到之后都会先被送到丢弃管道来匹配。如果报文命中其中的规则，那么证明该报文在预先设置的黑名单访问列表内，报文将被丢弃。未命中丢弃管道则表明该报文可以被转发，如果命中 DNS 转发管道定义的规则，则报文被转发至 DPU 上的 ARM 处理器，由 DNS 过滤器的软件应用部分逻辑来处理。而在二者都未命中的情况下，报文由快速发送通道直接送至端口直传管道进行匹配。

8.3.2　DNS 过滤应用的系统配置

如图 8-4 所示，DNS 过滤应用的配置和 AR 应用的配置类似，配置命令请参考 8.2.3 节。

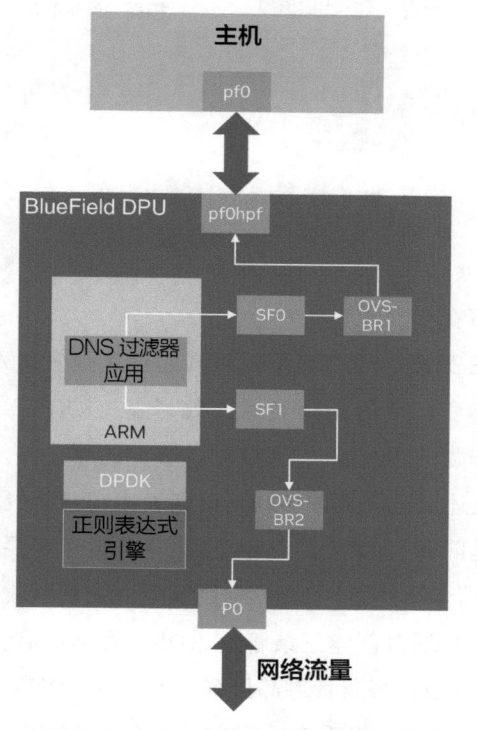

图 8-4　DNS 过滤应用的系统配置

（引用来源：NVIDIA 技术文档）

8.3.3　运行 DNS 过滤应用

首先，用 RXPC 编译 RegEx 规则。运行应用之前，需要确保已经准备好规则文件，并通过 RegEx 编译通过。编译后的文件通常是 `*.rof2.binary` 文件格式。DOCA 包中包含了示例的规则文件，可以通过如下命令编译：

```
cd /opt/mellanox/doca/applications/dns_filter/bin/
rxpc -f regex_rules.txt -p 0.01 -o /tmp/regex_rules
```

运行这个命令之后，RXPC 的编译运行结果将被写入 `/tmp/` 目录下，每个文件都带 `regex_rules` 前缀。如果想了解详细的规则编译信息，可以参考 NVIDIA DOCA 社区的 NVIDIA RXP Compiler 文档。

接下来，启动 DNS 过滤应用：

```
systemctl start mlx-regex
systemctl status mlx-regex
echo 2048 > /sys/kernel/mm/hugepages/hugepages-2048kB/nr_hugepages
/opt/mellanox/doca/applications/dns_filter/bin/doca_dns_filter -a
auxiliary:mlx5_core.sf.4,dv_flow_en=2 -a auxiliary:mlx5_core.sf.5,dv_flow_en=2
-- -l 60 -p 03:00.0 --rules /tmp/regex_rules.rof2.binary
```

> 💫 **注　意**　`-a auxiliary:mlx5_core.sf.4,dv_flow_en=2-a auxiliary:mlx5_core.sf.5,dv_flow_en=2` 标识是 DNS 过滤器正常使用必需的参数。由于 DNS 过滤器只支持两个端口，所以不建议修改端口数量参数。而标识中的 SF 端口号可以根据实际 DPU 卡上配置的 SF 情况进行配置和修改。RegEx 设备配置则不可修改，并且必须使用端口 0。SF 端口须参照 NVIDIA DOCA 社区文档的 Scalable Function Setup Guide 小节配置。

8.3.4　DNS 过滤应用相关的其他介绍

DNS 过滤器也可以运行于融合了 DPU+GPU 的加速器的 DPU 平台上。将 DNS 过滤器运行在融合加速器上可以利用 GPU 来抽取发送到 ARM 处理器的报文中的 DNS 查询请求，从而进一步提高整个 DNS 过滤器在复杂流量场景下的性能。抽取出的 DNS 查询被送到 RegEx 引擎，检查是否匹配对应的黑白名单规则，其他部分的处理与前文中使用纯 DPU 的方式是没有区别的。

DNS 过滤器参考架构支持通过主机侧的客户端使用 gRPC 来和 DPU 卡上运行的 DNS 过滤器进程通信,实现远程调用 DNS 过滤器的功能。NVIDIA DOCA 开发者社区有对 DNS 过滤应用的源代码和应用程序参数的详细介绍。如需了解更多信息,请参阅 NVIDIA DOCA 开发者社区的相关文档。

8.3.5 参考资料

本节描述的参考代码可以在以下 DOCA 目录中找到:

```
/opt/mellanox/doca/applications/dns_filter/src/dns_filter.c
/opt/mellanox/doca/applications/dns_filter/src/grpc/dns_filter.proto
```

8.4 入侵防御系统

DOCA 应用里面的入侵防御系统(IPS)应用的作用是监控网络中恶意和违反策略的行为。IPS 使用 DOCA DPI 的 API 和相关工具,根据定义的 suricata 规则,扫描网络流量,发现恶意内容,包含恶意内容的报文会被丢弃,并打印相关的消息。IPS 可以使用 NetFlow 协议把相关的恶意内容和打印的消息发送到远端的 NetFlow Collector,做进一步的分析。IPS 应用也使用了 SFT 库,SFT 使用 DPU 上的连接跟踪硬件模块加速。连接跟踪加速 SFT 把报文组成报文流,由 DPI 引擎对报文流进行处理。

8.4.1 IPS 应用架构

IPS 应用架构如图 8-5 所示。

其工作流程大致如下:

1)使用 DOCA DPI 编译器编译 suricata 规则集,生成 cdo 文件。IPS 应用使用 DOCA DPI 接口将 cdo 文件加载到 DPI 引擎。

2)SFT 模块使用连接追踪加速硬件单元,将接收的报文组成报文流,然后将组成的报文流输出到 DPI 引擎模块。

3)DPI 引擎根据加载的规则集扫描报文流。

4）匹配后，被匹配规则所对应的动作会被执行。

5）匹配的报文流会被处理。如果是丢弃处理，可以卸载到硬件进行加速。

6）报文流的销毁可以通过配置老化计时器来完成。IPS 里面 SFT 的流老化时间默认为 60s。当流被硬件卸载后，无法对其进行跟踪和销毁。

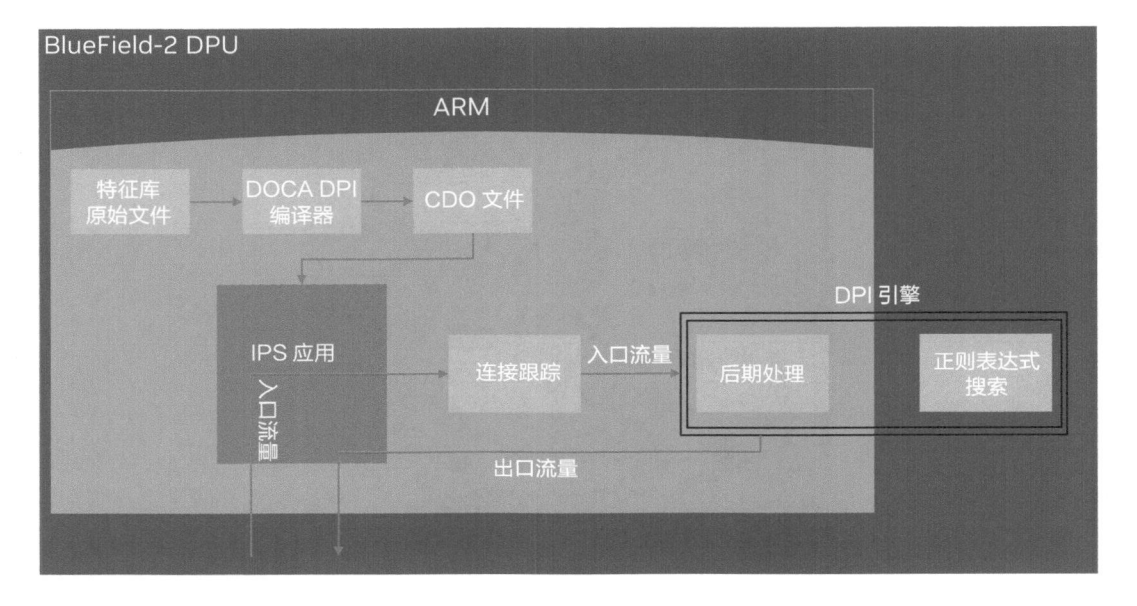

图 8-5　IPS 应用架构

（引用来源：NVIDIA 技术文档）

8.4.2　IPS 应用的配置

IPS 应用运行在 DPU 的 ARM 侧的时候，其配置如图 8-6 所示。

在这个配置里，首先要创建 2 台 SF 设备：SF4（图中的 SF0 是 SF4 设备的代表口）和 SF5（图中的 SF1 是 SF5 设备的代表口）。DOCA 参考应用里的 IPS 运行在 SF4 设备和 SF5 设备之上。SF4 设备的代表口设备和主机端设备（pf0）的代表口设备（pf0hpf）在同一个 OVS 桥上。SF5 设备的代表口设备和上行口设备（p0）的代表口设备（p0）在同一个 OVS 桥上，上行口设备和其代表口设备同名。

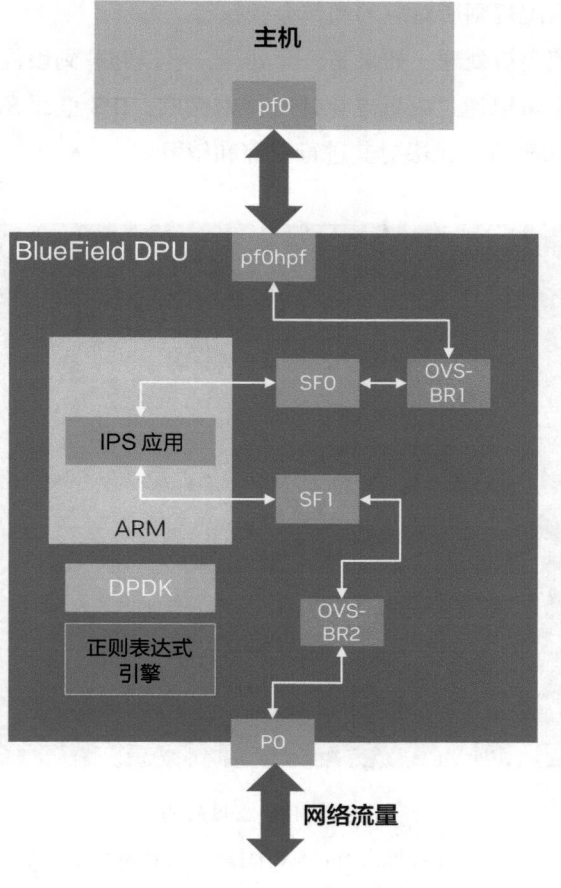

图 8-6　IPS 应用的配置

（引用来源：NVIDIA 技术文档）

　　使用下面的命令创建 SF4 设备和其对应的代表口设备 SF0，SF5 设备和其对应的代表口设备 SF1：

```
/opt/mellanox/iproute2/sbin/mlxdevm port add pci/0000:03:00.0 flavour pcisf
pfnum 0 sfnum 4 controller 0
/opt/mellanox/iproute2/sbin/mlxdevm port function set pci/0000:03:00.0/229409
hw_addr aa:bb:cc:dd:04:04 trust on state active
echo mlx5_core.sf.4 > /sys/bus/auxiliary/drivers/mlx5_core.sf_cfg/unbind
echo mlx5_core.sf.4 > /sys/bus/auxiliary/drivers/mlx5_core.sf/bind
/opt/mellanox/iproute2/sbin/mlxdevm port add pci/0000:03:00.0 flavour pcisf
pfnum 0 sfnum 5 controller 0
/opt/mellanox/iproute2/sbin/mlxdevm port function set pci/0000:03:00.0/229410
```

```
hw_addr aa:bb:cc:dd:05:05 trust on state active
echo mlx5_core.sf.5 > /sys/bus/auxiliary/drivers/mlx5_core.sf_cfg/unbind
echo mlx5_core.sf.5 > /sys/bus/auxiliary/drivers/mlx5_core.sf/bind
```

使用下面的命令创建图 8-6 所示的 OVS 桥（OVS-BR1、OVS-BR2）：

```
ovs-vsctl show
ovs-vsctl add-br ovsbr1
ovs-vsctl add-br ovsbr2
ovs-vsctl add-port ovsbr1 en3f0pf0sf4
ovs-vsctl add-port ovsbr1 pf0hpf
ovs-vsctl add-port ovsbr2 en3f0pf0sf5
ovs-vsctl add-port ovsbr2 p0
```

使用 `ovs-vsctl show` 查看 OVS 桥的配置结果如下：

```
[root@mtbc-r740-11-dpu ips]#ovs-vsctl show
c63596f5-3a48-43bd-a436-bf0912acf20e
    Bridge ovsbr2
        Port en3f0pf0sf5
            Interface en3f0pf0sf5
        Port ovsbr2
            Interface ovsbr2
                type: internal
        Port p0
            Interface p0
    Bridge ovsbr1
        Port pf0hpf
            Interface pf0hpf
        Port ovsbr1
            Interface ovsbr1
                type: internal
        Port en3f0pf0sf4
            Interface en3f0pf0sf4
ovs_version:"2.15.1-d246dab"
```

8.4.3　运行 IPS 应用

编写简单的 `suricata` 规则：

```
alert udp any any -> any any (msg:"demo traffic"; sid:1; )
```

用 DPI 编译器将上面的规则编译成 `cdo` 文件，结果如下：

```
doca_dpi_compiler -i ./ips.rule -o ./ips.cdo -f suricatapi_compiler -i ./ips.
rule -o ./ips.cdo -f suricata

/tmp/13702/signatures.rules
rules file is /tmp/13702/signatures.rules
Info: Setting target hardware version to v5.7...done
Info: Setting virtual prefix mode to 0...done
Info: Setting prefix capacity to 32k...done
Info: Setting compiler objective value to 5...done
Info: Setting number of threads for compilation to 1...done
Info: Reading ruleset...done
Info: Detected 1 rules
Info: Enabling global single-line mode...done
Info: Setting maximum TPE data width to 4...done
Info: Scanning rules...[==============================]...done
Info: Analising possible prefix usage...[==============================]...done
Info: Mapping prefiexes, phase 1...[==============================]...done
Info: Mapping prefiexes, phase 2...[==============================]...done
Info: Running rules analysis...[==============================]...done
Info: Optimizing memory map...[==============================]...done
Info: Analyzing memory map...[==============================]...done
Info: Calculating thread instructions...[==============================]...done
Info: Beginning to write memory map for ROF2...done
Info: PPE total 1-byte prefix usage: 0/256 (0%)
Info: PPE total 2-byte prefix usage: 0/2048 (0%)
Info: PPE total 3-byte prefix usage: 0/2048 (0%)
Info: PPE total 4-byte prefix usage: 27/32768 (0.0823975%)
Info: TPE instruction RAM TCM partition usage: 2048/2048 (100%)
Info: TPE instruction RAM external memory partition usage: 6171/13M (0.0452702%)
Info: TPE class RAM usage: 2/256 (0.78125%)
Info: Estimated threads/byte: 6.997e-09
Info: Finalizing memory map for ROF2...done
Info: Storing ROF2 data...done
Info: Number of rules compiled = 1/1
Info: Writing ROF2 file to /tmp/13702/rof/signatures_compiled.rof2
Info: Writing binary ROF2 file to /tmp/13702/rof/signatures_compiled.rof2.
    binary...done
```

启动 IPS 应用：

```
systemctl start mlx-regex
systemctl status mlx-regex
echo 2048 > /sys/kernel/mm/hugepages/hugepages-2048kB/nr_hugepages
/opt/mellanox/doca/applications/ips/bin/doca_ips -a 0000:03:00.0,class=regex
-a auxiliary:mlx5_core.sf.4,sft_en=1 -a auxiliary:mlx5_core.sf.5,sft_en=1 --
--cdo /root/ips.cdo -p -n
```

从主机侧使用 Scapy 发送 UDP 报文。

这个时候，在 NVIDIA BlueField-2 DPU 的 ARM 侧会看到 IPS 的规则被命中，结果如下：

```
EAL: Detected 8 lcore(s)
EAL: Detected 1 NUMA nodes
EAL: Detected shared linkage of DPDK
EAL: Multi-process socket /var/run/dpdk/rte/mp_socket
EAL: Selected IOVA mode 'PA'
EAL: Probing VFIO support...
EAL: VFIO support initialized
EAL:   Device is not NUMA-aware, defaulting socket to 0
EAL: Probe PCI driver: mlx5_pci (15b3:a2d6) device: 0000:03:00.0 (socket 0)
EAL: No legacy callbacks, legacy socket not created
Temporary WARN - Destination table level lower than Source
[2022-08-02 19:45:06.699] [info] [dictfluentbit exporter] Disabled by
    configuration (no fluentbit-config-dir)
[2022-08-02 19:45:06.700] [info] [NetFlow Exporter] collector address set to
    192.168.100.1:2055
[2022-08-02 19:45:06.734] [info] [python exporter] Disabled by configuration
    (no python-export-file)
[19:45:06:745215][DOCA][INF][DWRKR:807]: 7 cores are used as DPI workers
[19:46:27:953544][DOCA][INF][DWRKR:796]: SIG ID: 1, APP Name: demo traffic,
    SFT_FID: 1, Blocked: 0
[19:46:27:953907][DOCA][INF][DWRKR:796]: SIG ID: 1, APP Name: demo traffic,
    SFT_FID: 1, Blocked: 0
[19:47:05:286466][DOCA][INF][DWRKR:796]: SIG ID: 1, APP Name: demo traffic,
    SFT_FID: 2, Blocked: 0
[19:47:05:286728][DOCA][INF][DWRKR:796]: SIG ID: 1, APP Name: demo traffic,
    SFT_FID: 2, Blocked: 0
```

8.4.4　IPS 应用相关的其他介绍

IPS 应用支持 gRPC，可以在主机端对 IPS 应用进行管理和监控。IPS 应用支持通过容器的方式部署，具体的部署方法和容器镜像可以通过 NVIDIA NGC 网站获得。NVIDIA DOCA 开发者社区有对 IPS 应用的源代码和应用程序参数的详细介绍。如想了解更多信息，请参阅 NVIDIA DOCA 开发者社区的相关文档。

8.4.5　参考资料

本节描述的参考代码可以在以下 DOCA 目录中找到：

```
/opt/mellanox/doca/applications/ips/src/ips.c
/opt/mellanox/doca/applications/ips/src/grpc/ips.proto
/opt/mellanox/doca/applications/ips/bin/ips_suricata_rules_example
```

8.5 安全通道

安全通道应用使用了 DOCA Comm Channel API。DOCA Comm Channel 是一个用于 NVIDIA BlueField-2 DPU 主机端和 DPU 端通信的通道，它是一个安全的、与网络无关的通信通道，可以使用它在主机端控制 DPU 上运行的应用和服务，启用 DPU 上的卸载功能，在主机和 DPU 之间交换数据。通信通道基于 RDMA QP 机制，信息的发送包含 2 个部分：头部分和数据部分。头部分是个 32 位的结构体，保留了信息相关的元数据。

客户端在一个时间点只能跟一个服务端通信，服务端可以同时和多个客户端通信。通过 DOCA Comm Channel API，运行在主机端的任何基于 PF、VF、SF 的设备都可以和 DPU 的 ARM 端进行通信。

8.5.1 安全通道应用架构

图 8-7 所示为安全通道应用架构，安全通道的客户端运行在主机上，服务端运行在 DPU 上。安全通道使用 2 个 RDMA QP，一个 QP 用于发送，另外一个 QP 用于接收。安全通道建立之后，消息就可以在两端之间发送。

如图 8-8 所示，安全通道的建立过程如下：

1）两端都创建安全通道的端点（Endpoint）。

2）服务端侦听通道，等待客户端发起连接。

3）客户端发起连接请求，连接服务端。

4）服务端收到客户端的连接请求，服务端决定接受或者拒绝连接请求。

5）如果服务端接受了连接请求，并把消息发送给客户端。客户端接收到消息之后，安全通道就建立完成了。

6）客户端和服务端可以相互发送消息。在安全通道应用里，客户端向服务端发送一条消息，服务端会发送响应消息给客户端。

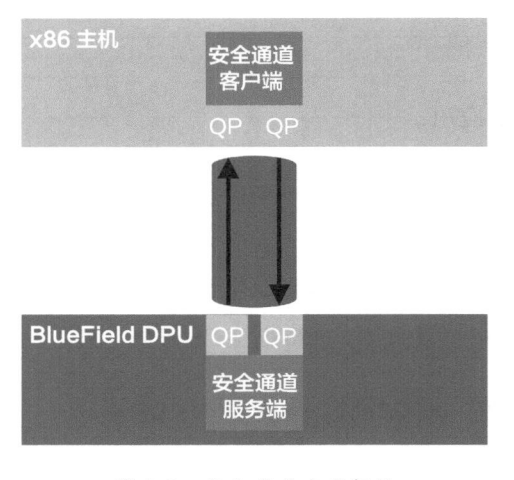

图 8-7 安全通道应用架构

（引用来源：NVIDIA 技术文档）

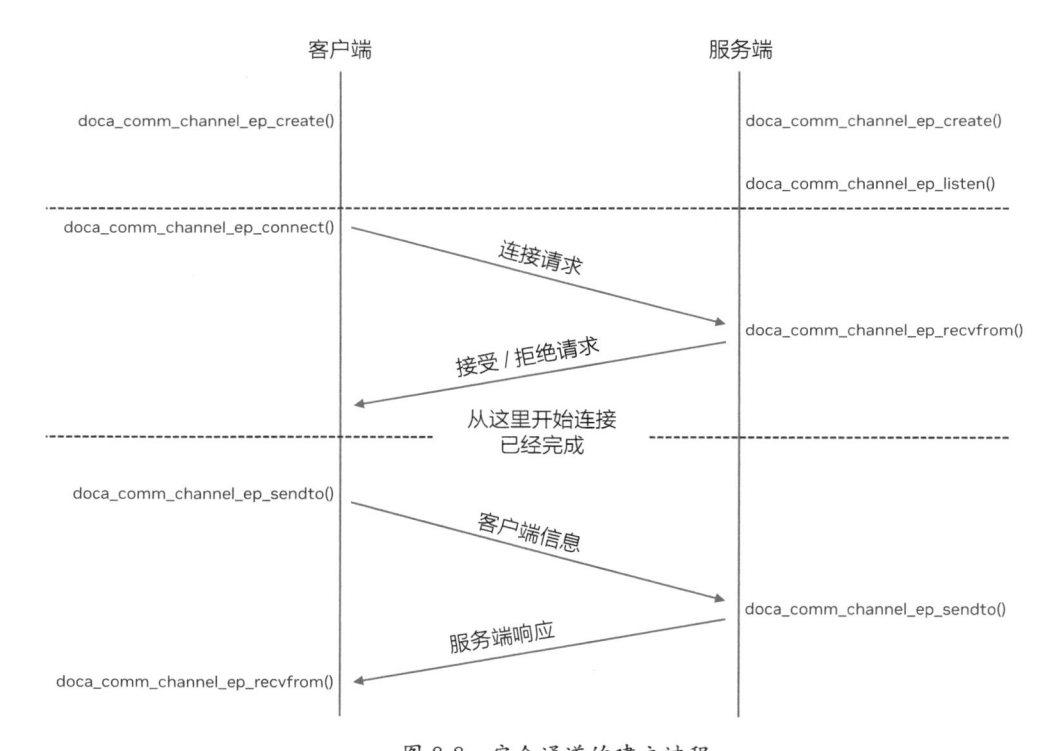

图 8-8 安全通道的建立过程

（引用来源：NVIDIA 技术文档）

8.5.2　运行安全通道应用

首先，编译安全通道应用：

```
cd /opt/mellanox/doca/applications/
meson build
ninja -C build
```

然后，在 DPU 端启动安全通道应用的服务端：

```
/opt/mellanox/doca/applications/secure_channel/bin/doca_secure_channel --ep-
mode server
```

最后，在主机端启动安全通道的客户端：

```
/opt/mellanox/doca/applications/secure_channel/bin/doca_secure_channel -em
client -m runningFromHost -n 1
```

8.5.3　参考资料

本节描述的参考代码可以在以下 DOCA 目录中找到：

```
/opt/mellanox/doca/applications/secure_channel/src/secure_channel.c
```

本章小结

本章介绍了 DOCA API 和 DOCA 开发环境，以及已经开发的一些应用。希望对这些应用的介绍能方便读者更轻松地理解 DOCA API 和 DOCA 的开发环境。读者可以在自己的产品里使用这些应用，或者基于这些应用做一些扩展开发。我们没有完整介绍目前 NVIDIA DOCA 发行版里包含的所有应用，后续的 NVIDIA DOCA 发行版里也会加入更多的 DOCA 应用，读者可以通过 NVIDIA DOCA 开发者社区了解更多。

05

生态体系与网络平台

Data Processing Unit
Introduction to DPU Programming

09

第 9 章

NVIDIA DOCA 生态体系解决方案

在第 8 章中，我们介绍了基于 NVIDIA BlueField DPU 的 DOCA 应用。本章我们将介绍 NVIDIA DOCA 生态系统合作伙伴基于 NVIDIA BlueField DPU 上的行业标准开放 API 和框架而构建的创新解决方案，涉及平台基础设施、存储、网络安全和边缘计算应用场景。

9.1 平台基础设施解决方案

现代信息技术的一种发展趋势是平台的多样化：应用可以部署在数据中心，也可以部署在公共云、混合云或边缘；应用可能运行在虚拟机、容器里，也有可能运行在裸机 Windows 或 Linux 上。计算基础设施已经变得越来越专业化，为不同的工作负载（如企业应用、AI/ML、实时数据分析、存储等）量身定制。这就导致基础设施碎片化成孤岛，其管理复杂性与日俱增。

另一个挑战是基础设施服务的不断增加，例如在主机上运行的网络和存储服务占用了越来越多的 CPU 资源。一个解决方案是从服务器中卸载和迁移基础设施服务，在不增加基础设施成本的情况下释放 CPU 资源以运行应用程序，这推动了硬件加速器（包括 GPU、FPGA 、SmartNIC 和 DPU 等）的发展。

从安全角度来看，这些趋势使得安全管理变得越来越复杂。应用程序分布在各个孤岛、站点和区域，使得传统的基于边界的安全模型很难奏效。尤其在云平台这样的多租户环境下，CPU 和操作系统暴露出很大的攻击面，这意味着必须在基础设施和工作负载之间实现安全的硬件隔离。

面对这些趋势和挑战，我们可以看到很多典型的平台基础设施解决方案，利用 NVIDIA BlueField DPU，以最大的效率和可预测的性能，安全地运行应用程序。

9.1.1 VMware vSphere 分布式服务引擎

VMware vSphere 分布式服务引擎（Distributed Services Engine，DSE）是 VMware Cloud Foundation 软件定义、硬件加速的基础设施。VMware Cloud Foundation 是一款集成的软件平台，能够在标准化的超融合体系结构上对整个软件定义数据中心自动执行部署与生命周期管理。它可以本地部署到多种支持的硬件上，或在公有云上作为服务使用。利用集成式云计算管理功能，可打造一个混合云平台，该平台能够跨私有和公有环境提供基于 vSphere 工具和流程一致的运维模式，并在任意位置自由运行应用，免除了重新编写应用的复杂性。

VMware vSphere DSE 利用了 NVIDIA BlueField DPU 的硬件功能、新的安全模型打造下一代的数据中心基础设施软件平台。从图 9-1 中可以看出，vSphere DSE 将 vSphere 软件定义网络、软件定义存储、软件定义安全及基础设施管理服务从主机上卸载，构建出基于 NVIDIA BlueField DPU 的软件定义、硬件加速的基础设施平台。

NSX-T 是 VMware 软件定义网络和软件定义安全的方案，其中网络服务主要包括网络虚拟化、虚拟交换、路由以及负载均衡等，把 NSX-T 网络服务从主机 CPU 卸载到 DPU 主要可以获得两个好处：第一，将需要消耗大量主机 CPU 资源的虚拟交换卸载到 DPU，从而使主机能运行更多的业务负载；第二，卸载的虚拟交换利用 ASAP2 硬件进行加速，提高了虚拟网络的性能，使得虚拟网络能满足分布式数据库、流媒体和电信等应用的实时和延迟敏感需求。

NSX-T 安全服务主要包括防火墙、微隔离以及 IDS/IPS 等，将安全服务卸载到 DPU

上，充分利用硬件连接跟踪以及正则表达式加速引擎，在 DPU 上提供分布式 4～7 层安全服务，并具有很好的网络性能。此外，在 DPU 上实施微分段将有助于将网络威胁的攻击面降至最低，并在数据中心内实现零信任架构。

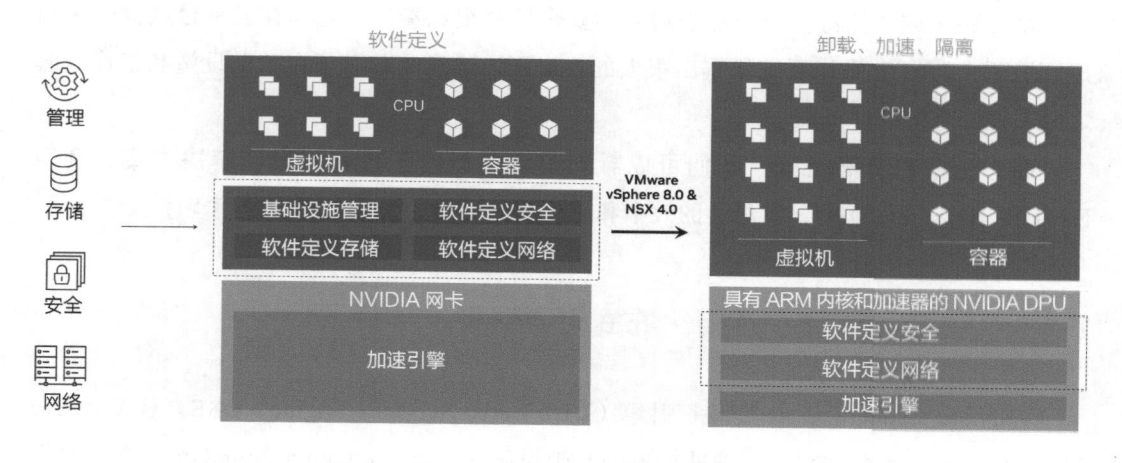

图 9-1　基于 DPU 的 VMware vSphere DSE

（引用来源：NVIDIA 演示文稿）

在存储方面，NVMe-oF over RoCE 和 vSAN over RoCE 在 vSphere7 已经获得了支持，随着存储服务卸载到 DPU，将进一步释放主机 CPU 资源，隔离基础设施服务和工作负载，实现存算分离架构。

9.1.2　Red Hat OpenShift

Red Hat OpenShift 是一个企业级 Kubernetes 平台，可以部署在云端、本地和边缘，Red Hat OpenShift 能选择构建、部署和运行应用的位置，并提供一致的体验。为了应对之前提到的平台基础设施面临的统一管理多样化部署、提高业务应用性能和效率，以及复杂的安全管理等挑战，Red Hat OpenShift 提供了将 OpenShift SDN 卸载到 NVIDIA BlueField DPU 的方案。

OpenShift SDN 主要涉及三个层面：

- OVS（Open vSwitch） 提供最底层的基于 OpenFlow 的虚拟交换；
- OVN（Open Virtual Network） 基于 OVS 提供更抽象的分布式逻辑交换机、分布式逻辑路由器、ACL、DHCP 及 DNS 等服务，并将上层的抽象转换为底层的 OpenFlow，OVN 可以与各种基于虚拟机或容器的云平台管理系统集成；

- OVN-Kubernetes CNI 这个 CNI 插件用于为 Kubernetes 提供基于 OVN 的容器网络服务。

OpenShift SDN 卸载主要是将数据平面和控制平面 OVS/OVN 卸载到 DPU 上，如图 9-2 所示，这时需要 OVN Kubernetes 在 OpenShift worker 节点（worker node）上工作为 Host 模式，在 DPU 上工作为 SmartNIC 模式，OVN Kubernetes 在 DPU 上为对应 worker 节点上的每一个 Pod 提供一个 VF 接口。通过这种卸载方式，虚拟交换、Geneve 隧道封装/解封装、IPsec 加解密、NAT 以及 OVN controller 等都由 DPU 运行，在 OpenShift worker 节点上无须运行任何 SDN 数据平面和控制平面的组件。

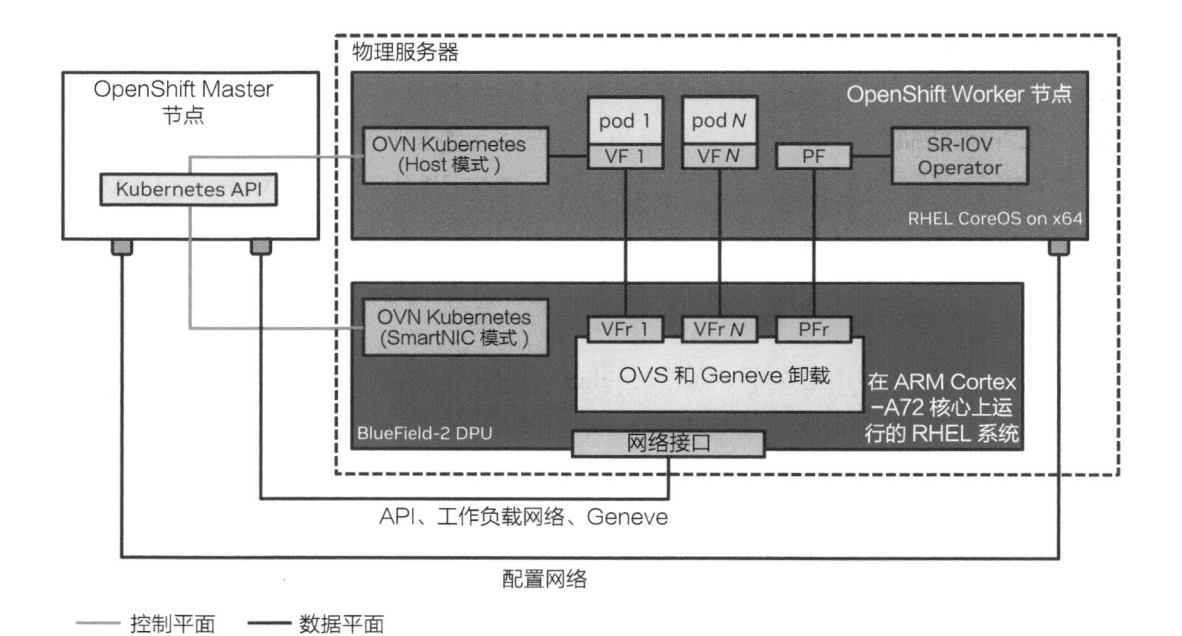

图 9-2　OpenShift 虚拟网络卸载方案

（引用来源：NVIDIA 技术博客）

通过 OpenShift SDN 卸载方案，NVIDIA BlueField DPU 进一步展现出其为平台基础设施带来的巨大好处：节约主机 CPU 资源以更高效地服务应用；加速网络从而为应用提供更好的性能；为租户应用和基础设施服务提供物理上的安全边界。

9.1.3　Arista Unified Cloud Fabric

当今云时代的虚拟化数据中心网络都已经采用成熟的 IP CLOS Fabric 组网方式，不同品牌的交换机可以通过支持标准的 EVPN VXLAN 协议来组成一个几十万甚至上百万服务器规模的大型网络。然而，随着主机侧云原生、容器化、云编排等技术的兴起，这种以物理基础设施为中心的数据中心组网遇到了很多瓶颈。首先是主机的服务形式有了改变，从传统的单机单服务向单机多服务演进，在云原生数据中心内，一台主机可以是一台裸金属，或者是在其上安装多种虚拟化平台来构建虚拟机或容器，并在虚拟机或容器中运行多种应用服务，业务层经常是通过 Kubernetes 在各种已经虚拟池化的服务器之间灵活调度，隐藏在 Underlay 下面的 Overlay 端到端流量往往很难被管理和安全监控。其次，这种建立在 Hypervisor 基础上的虚拟化方式经常会导致服务器出现资源不足和性能瓶颈，每一台虚拟化后的服务器往往需要消耗 20%～30% 的性能来支持底层 Hypervisor 的正常运行。同时，由于各种虚拟化软件平台（如 VMware、KVM、Xen、Kubernetes 等）的混合应用，加上各种交换机具有不同的软件特性，以及 SDN 和网管平台支持的接口各不相同，网络运维管理人员经常需要耗费大量的学习成本和精力。

针对云平台数据中心的种种痛点，Pluribus Networks 公司创新地提出了 Unified Cloud Fabric 网络架构概念。该架构将 TOR 交换机和 DPU 做成一个统一的 Overlay 控制层管理平台，并且统一支持一种网络操作系统——Netvisor ONE，从而为云平台的网络和安全服务提供了一个高效简洁的统一解决方案。2022 年 8 月，Arista 正式收购了 Pluribus Networks 公司，将 Pluribus Unified Cloud Fabric 改名为 Arista Unified Cloud Fabric（如图 9-3 所示）。

通过与 NVIDIA BlueField DPU 产品结合，该网络方案可以将数据中心内的多个网络整合成一个统一的计算网络。DPU 可以帮助建立一个清晰的计算和网络安全边界，将网络系统从 x86 主机侧隔离出来并且单独管理。同时，借助 DPU 强大的硬件卸载加速功能，该方案可帮助用户节省至少 20% 的计算资源。

Unified Cloud Fabric 网络架构具有以下优点：

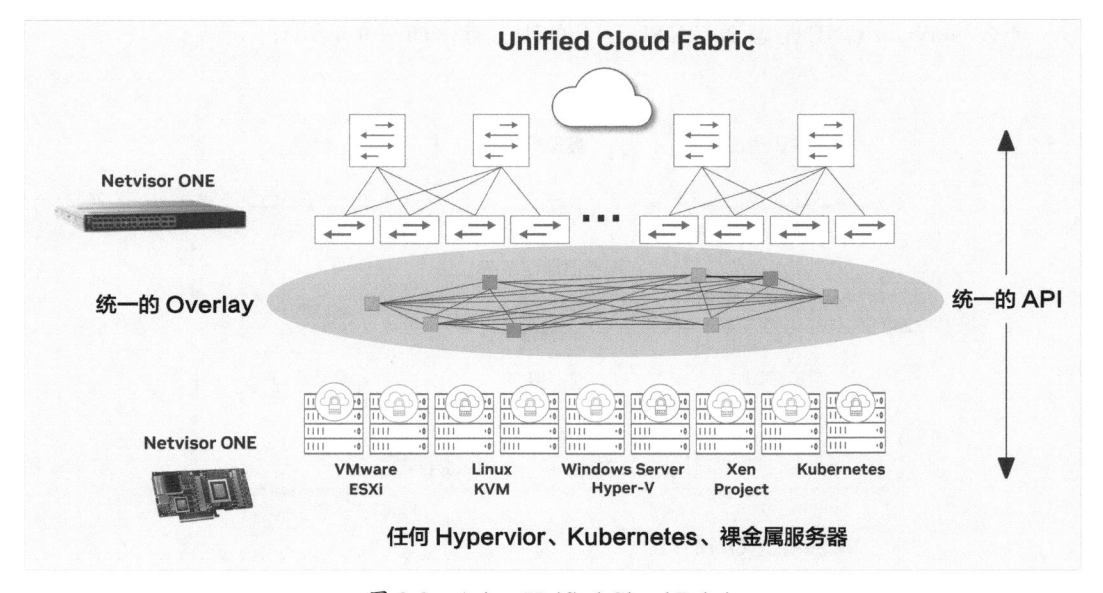

图 9-3　Arista Unified Cloud Fabric

（引用来源：NVIDIA 演示文稿）

- 将不同的虚拟化平台、Kubernetes 集群和裸金属集群统一成一个整体 Overlay 控制层，并且提供统一的可编程 API，帮助用户建立一套统一的云原生配置和管理平台；

- 最大化保护用户的投资，对于已经安装 DPU 的服务器，可在 DPU 内部署 Netvisor ONE 系统，对于没有安装 DPU 的服务器（例如特殊功能设备、IoT 设备或者老旧数据库等），可支持在上层 TOR 交换机内安装 Netvisor ONE 系统，并且该系统可支持白盒交换机；

- 简化服务器内的网络部署，节省 CPU 资源，将所有交换和路由能力赋予 DPU，使 DPU 成为虚拟机或者容器的新 TOR 交换机角色；

- DPU 和主机的隔离管理还可在计算和网络之间建立一条清晰统一的零信任边界；

- 结合 DPU，该方案可以建立一整套针对东西向流量的安全微分段和分布式防火墙服务，避免了之前针对不同租户和应用之间的东西向流量管理，替代了虚拟化安全软件和物理安全设备的端口直传式流量部署模式；

- 使数据中心网络真正具有公有云的敏捷性，统一的 Overlay 服务摆脱了对各种复杂协议的依赖，简化了端到端的网络部署，类似在公有云里简单建立一个 VPC 网络，该方案可以帮助用户快速一键式建立一个包括数百台 DPU 服务器和交换机规模的多租户隔离网络。

那么 Netvisor ONE 是怎么与 DPU 结合的呢？具体如图 9-4 所示。

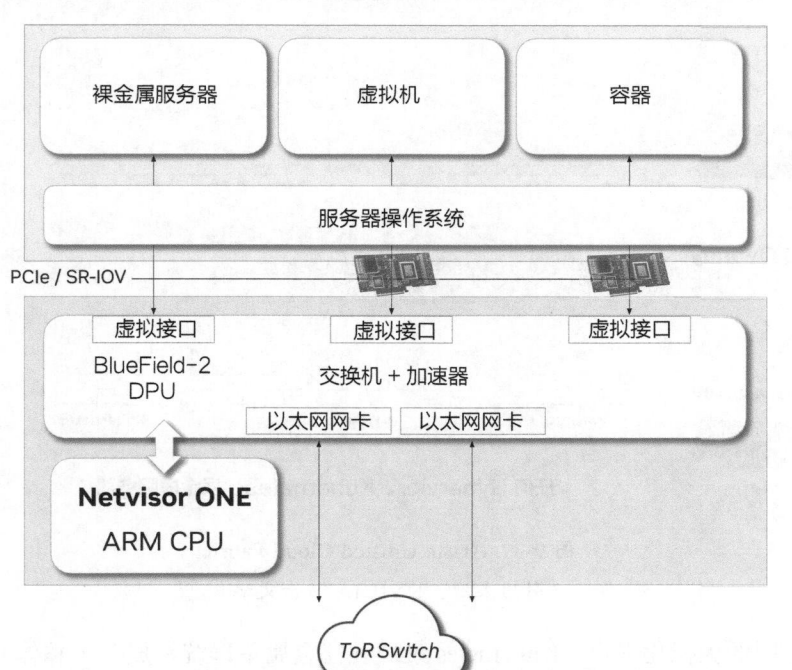

图 9-4　Netvisor ONE 与 DPU 的结合

（引用来源：NVIDIA 演示文稿）

首先是硬件隔离，Netvisor ONE 操作系统可以运行在 DPU 的 ARM CPU 上，并不需要消耗主机侧的 x86 CPU 资源，真正在网卡上实现了独立的高级 TOR 交换机功能，帮助用户建立一个清晰的计算和网络之间的零信任安全边界；其次是简化了主机 OS 的网络协议栈，主机侧可以将更多精力放在配置虚拟机 SR-IOV 或者 VirtIO 上，然后直接连接到 DPU 内的虚拟接口，消除了之前 Hypervisor 上复杂的网络配置，同时所有的网络和安全服务都从主机 CPU 侧转移到了硬件 DPU 上；最后是硬件加速，DPU 可以支持计算、网络和存储的硬件加速，运行在 DPU 内的 Netvisor ONE 系统具备很多现代 TOR 交换机功能，通过 DPU 硬件加速 L2、L3、Security、QoS 等功能，相比于同样运行在 x86 服务器上，可以降低大约 20% 的 CPU 利用率。

借助 DPU 的强大功能，Arista 还可以帮助用户构建一个符合云平台特点的 Unified Cloud Fabric 网络架构（如图 9-5 所示），其优势如下：

● 支持如 VMware、Xen、KVM 等多种 Hypervisor 平台，支持裸金属云和混合云；

- 建立了一个统一的管理和控制平台，可灵活调度和监控数据中心中每一台 TOR 交换机和服务器中的 DPU；
- 将网络中的安全微分段功能下发到 DPU，建立了一个清晰的计算和网络零信任边界；
- 一条命令即可完成 Fabric 级别的端到端业务网络部署，彻底摆脱不同厂家设备或者不同网络协议兼容性所带来的复杂运维问题；
- 可以通过 DPU 将全网的东西向流量安全策略以 VLAN 或者 Subnet 的形式快速下发，避免之前采用虚拟化安全软件或者硬件带来的成本和复杂性；
- 借助 DPU 和 TOR 的遥测功能，可以帮助用户监控更细粒度的流量健康情况，针对不同端到端应用流量进行安全分析。

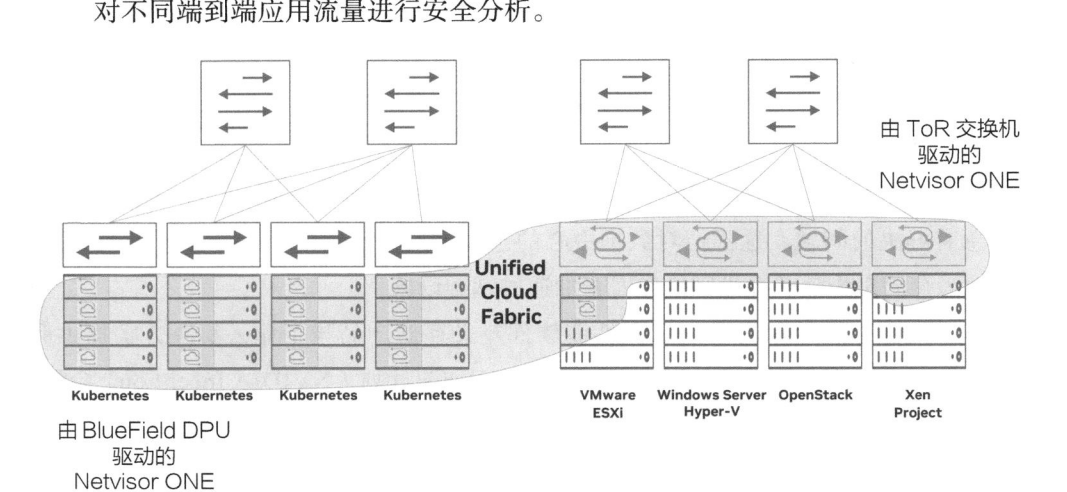

图 9-5　符合云平台特点的 Unified Cloud Fabric 网络架构

（引用来源：NVIDIA 演示文稿）

9.2　存储解决方案

随着数据量的不断增加，企业逐渐转向采用软件定义存储（SDS）技术，以满足其对灵活性、敏捷性、易于管理及低成本的需求。通过使存储资源具备可编程性，SDS 能让用户和组织将底层硬件平台中的存储资源解耦或抽象化，从而得到更高的效率和可扩展性。

虽然相较于传统的存储基础设施而言，SDS 技术具有显著优势，然而该技术往往在读 / 写速度或 IOPS 及延迟方面存在性能瓶颈。存储硬件的软件抽象化通常会造成性能下降，包括专业可视化、深度学习和内容分发网络（CDN）在内的现代应用均遇到了 SDS

解决方案性能不足的问题。

在 NVIDIA BlueField 软件定义网络加速处理（BlueField SNAP）技术的加持下，企业可利用硬件虚拟化收获所有软件定义存储的运营优势和经济效益，同时还享有高端的直连式存储的性能。部署 NVIDIA BlueField DPU 可实现弹性配置 BlueField SNAP 网络块存储，存储将变得虚拟化，实现配置精简并受到保护，还能根据需要在服务器之间迁移，从而节省资本和运营支出。

9.2.1　极客天成高性能软件定义存储

在现代大型数据中心中，提升存储的性能和利用率是一个永不过时的话题。各种存储解决方案迅速演进，旨在从不同的角度来解决当前存储的各种不足，并满足每个客户日益增加的特殊需求。那么，如何构建低成本、高性能、低能耗、可扩展且安全的数据中心来承载大型机构庞大的数据量，如何优化利用数据为客户提供可靠、高效的服务，就成为急需解决的问题。这不但对数据中心的性能提出了更高的要求，而且需要在云原生环境中为存储工作负载提供网络和安全加速的基础设施。

极客天成（ScaleFlash）是一家高性能软件定义存储产品与企业云解决方案提供商，专注于创新型存储技术的研发。作为 NVIDIA 初创加速计划（NVIDIA Inception）会员企业，极客天成的 NVMatrix 云原生存储解决方案利用 NVIDIA BlueField-2 InfiniBand DPU 及 NVIDIA InfiniBand 网络构建了云原生高速存储，使存储中无法得到充分利用的容量变为有效容量，高效地弹性扩展数据，实现了数据中心存储的高性能和安全性。

某大型金融客户致力于打造行业领先的人工智能应用研发、部署及统一运行的云平台，以提供统一的数据、算力和研发等服务。该金融客户的人工智能云平台是基于 Kubernetes 的云原生平台，提供面向内部人工智能应用的基础设施云原生服务。提供安全、可靠、高性能且可扩展的持久性存储是人工智能云平台的关键指标之一。然而，要在 Kubernetes 环境中实现这个目标面临着巨大的挑战。

极客天成的 NVMatrix 存储解决方案（如图 9-6 所示）为该金融客户提供了可与 Kubernetes 集成的完全云原生的持久性存储，并通过 NVIDIA BlueField-2 InfiniBand DPU 将计算和存储解耦，以集群式存储的方式实现了前所未有的可扩展性和高可用性。凭借优化的 NVMe-oF（NVMe over Fabric）前端和智能的后端分布式存储管理，充分发挥了 RDMA 技术和 NVIDIA InfiniBand 网络在存储方面的技术优势，达到了极高的 IOPS

性能。从应用的角度来看，可与直连式 NVMe 固态硬盘（SSD）媲美。

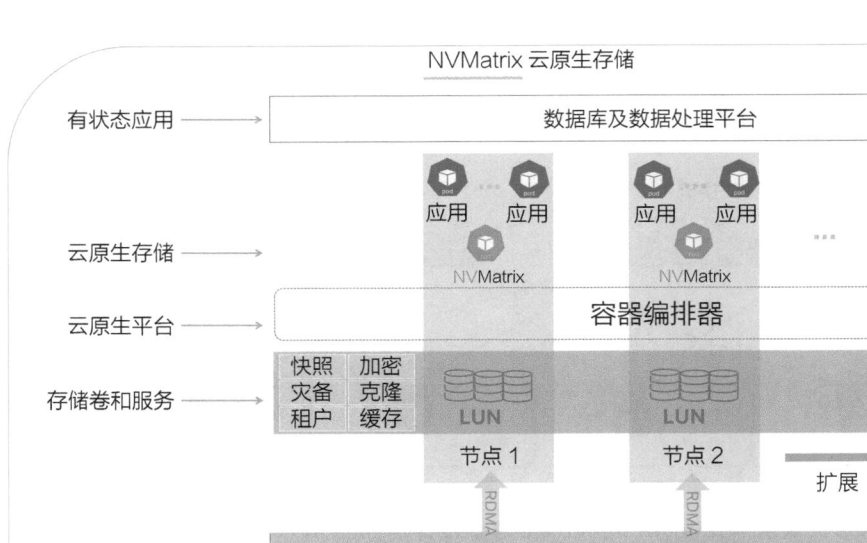

图 9-6　极客天成云原生存储 NVMatrix

（引用来源：NVIDIA 技术博客）

极客天成基于 NVIDIA BlueField-2 InfiniBand DPU 打造的 NVMatrix 云原生存储解决方案在架构上主要包含极客天成支持容器卷的高性能软件定义存储模块、NVIDIA InfiniBand 端到端网络（含 NVIDIA NVMe SNAP 软件）及高性能的 NVMe SSD，如图 9-7 所示。

通过采用双端口的 NVIDIA BlueField-2 InfiniBand DPU 卡和 NVIDIA ConnectX-5 InfiniBand 网卡，可以自动利用 NVIDIA InfiniBand 网络的 Multi-Rail 技术实现双端口的流量均衡，通过双交换机实现全局的冗余。在计算节点上，NVIDIA BlueField DPU 将扮演 InfiniBand 网卡和 NVMe SSD 的双重角色。对于主机操作系统而言，这实现了对于 NVMe-oF 的完全透明，即在主机操作系统下只需安装网卡驱动就可以通过 NVMe-oF 实现对存储的远程访问。在存储节点上，也可以利用 InfiniBand 网卡的 NVMe-oF Target 卸载功能，进一步提升存储的性能并降低对 CPU 的消耗。

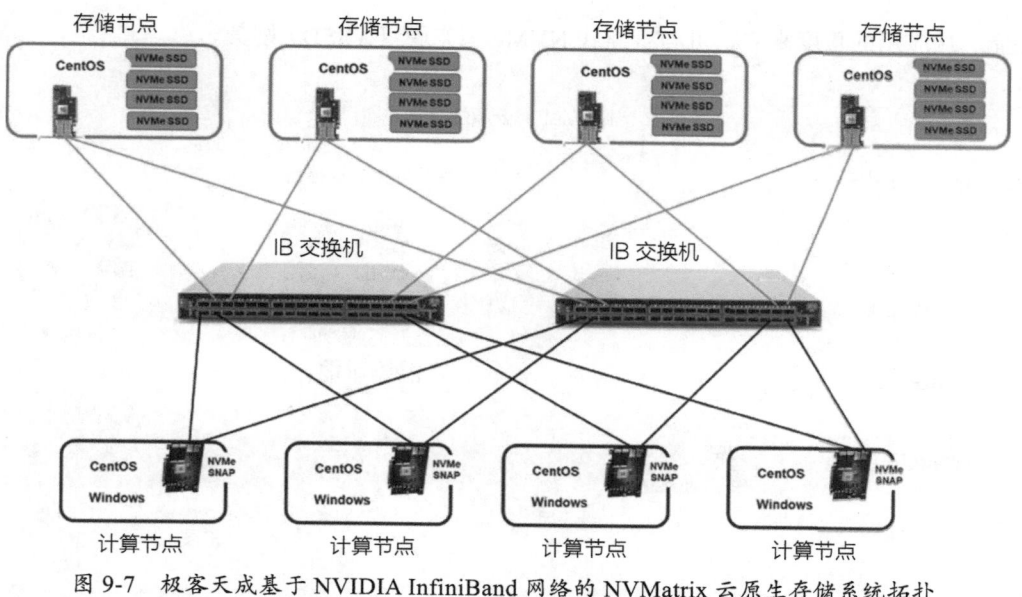

图 9-7 极客天成基于 NVIDIA InfiniBand 网络的 NVMatrix 云原生存储系统拓扑

（引用来源：NVIDIA 技术博客）

基于软件定义块存储的极客天成 NVMatrix 高性能软件栈（如图 9-8 所示），以及 NVIDIA BlueField-2 InfiniBand DPU 和端到端 NVIDIA InfiniBand 高速网络，是这个高性能存储架构的核心。

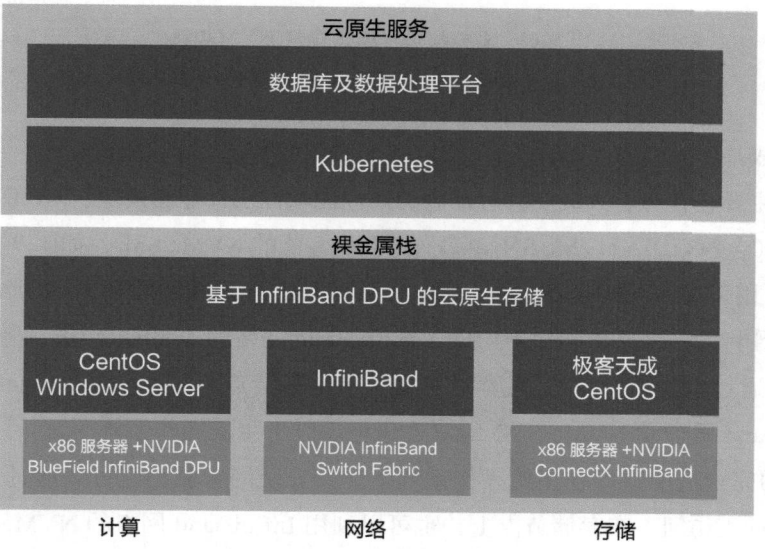

图 9-8 极客天成 NVMatrix 云原生存储系统软件栈

（引用来源：NVIDIA 技术博客）

随着网络、存储等各种服务所占用的带宽不断增加，各种相关的 I/O 处理对 CPU 的消耗呈现快速增长的趋势。这样，底层基础设施负载所占用的 CPU 资源越来越多，留给用户应用的 CPU 资源越来越少。通过在计算节点上使用 NVIDIA BlueField-2 InfiniBand DPU 取代传统的网卡，实现了把基础设施层的任务从主机 CPU 转移到 DPU 中，把完整的 CPU 资源都留给业务，达到了业务与管理、通信和安全的分离。NVIDIA BuleField-2 InfiniBand DPU 可以以 100Gbit/s 的传输速度实现主机端（Initiator）和存储目标端（Target）之间的高速通信，而 InfiniBand RDMA 技术实现了在存储通信过程中对于 DPU 上 ARM CPU 的零消耗。

NVIDIA BlueField-2 InfiniBand DPU 还可以用于屏蔽操作系统差异性，构建统一的计算资源池，实现计算和存储的分离，并支持容器 Linux 环境和 Windows 环境的动态切换。通过 DPU 的 NVMe SNAP 技术，可以在主机内通过 DPU 模拟 NVMe 设备，在数据层借助 DPU 的 ASIC 芯片的高速转发能力，配合极客天成的软件定义块存储软件栈，通过高速 InfiniBand 无损网络来实现 NVMe-oF 从主机端到存储端的数据传输，直接连接到目标端的高通量分布式存储集群，并通过极客天成的高性能存储软件栈实现数据的高可用性，达到用户期望的计算节点物理机无缝地接入灵活可扩展的高速云盘的目标。

主机端到存储端采用 NVIDIA InfiniBand 网络的端到端连接也是保障性能的关键，InfiniBand 网络是天然的无损网络，且在使用过程中不需要对网络做任何配置，就可以保障整个存储网络的端到端无损连接，真正实现了网络的即插即用。这种天然的无损网络保障也使 InfiniBand 网络达到了系统总线一级的传输性能，这对于实现存储和计算解耦后的性能保障至关重要。

从客户实测的性能来看，极客天成基于 NVIDIA BlueField-2 InfiniBand DPU 的存储解决方案达到了裸金属云盘超过一百万 IOPS 的超高性能，真正实现了灵活性与性能的兼顾。

云原生计算已经成为趋势，随着其不断发展，云原生存储将逐渐取代传统的存储架构，成为支撑未来数据中心即计算单元的重要支柱之一，极客天成 NVMatrix 云原生高性能存储解决方案可以为云上超级算力提供高性能、高性价比、高可用、易扩展及跨平台的存储架构。

9.2.2　UCloud 高可用、弹性扩展的云盘存储

UCloud 科技股份有限公司（简称：UCloud 或优刻得）是一家国际领先的公有云服

务商，致力于自主研发 IaaS、PaaS、大数据流通平台、AI 服务平台等系列云计算产品，为不同应用场景下的业务需求提供公有云、混合云、私有云、专有云的综合性行业解决方案。

UCloud 裸金属服务采用 NVIDIA BlueField-2 DPU 满足客户高带宽、低时延的网络需求，并在公有云中提供。相比于虚拟机，裸金属服务拥有极致的 CPU 性能，没有虚拟化的开销，避免了多个租户争抢硬件资源。基于 NVIDIA BlueField-2 DPU 的裸金属云打破了传统物理机带宽不足、部署复杂、不支持计算与存储分离等诸多限制，可以为用户提供高吞吐量、低延迟的物理网络和虚拟化网络，同时兼顾性能和灵活性。

从 2018 年起，UCloud 就开始积极探索基于 NVIDIA BlueField DPU 的高性能裸金属物理云方案。通过 NVIDIA BlueField-2 DPU 集成的多核 ARM CPU 快速将物理云基础架构软件从 x86 迁移到 DPU 中，满足了物理云客户高带宽、低延时的网络需求，并使用 NVIDIA ASAP2 技术，将 OpenvSwitch Kernel 硬件卸载到 DPU，实现了物理云客户无缝接入 NVGRE Overlay 虚拟网络。如今，在此基础上，UCloud 增加了对 UCloud UDisk RSSD 云盘的支持。

UCloud 将公有云网络和存储的业务处理卸载到 NVIDIA BlueField-2 DPU 中，不会额外占用宿主机的资源。虚拟网络 OVS 运行在 NVIDIA BlueField-2 DPU 中，并使用了 ASAP2 技术进行数据平面硬件加速。存储则使用 UCloud UDisk RSSD 云盘，客户可以按需使用。云盘支持随时扩容，并可以在裸金属服务器和云主机之间挂载使用。可以同时挂载 20 块云盘，提供高达 640TB 的存储容量。云盘使用三个副本存储，数据安全可靠，相比于本地盘能够快速实现故障转移。

UCloud UDisk RSSD 云盘使用了 NVIDIA BlueField-2 DPU 的 SNAP-Direct 功能，将云存储产品呈现为本地的 VirtIO-blk 系统盘和数据盘，为物理云客户提供了更灵活易用的云盘存储服务。借助 NVIDIA BlueField-2 DPU 成熟的 RDMA 能力，远端存储节点可以使用 RDMA 直接读写主机内存，I/O 数据平面不会通过运行在 ARM 上的操作系统，实现了 I/O 数据的零拷贝，UCloud UDisk RSSD 云盘的性能得到了很大的提升。

UCloud 裸金属服务可以基于 NVIDIA BlueField-2 DPU 实现 99.999999% 的数据持久性，并将 I/O 时延降低至 100μs，可用性提升至 99.95%。由于实现了 I/O 数据的零拷贝，其性能至少提升了 20%，单盘 4K 读写 IOPS 高达 75 万，带宽高达 3GB/s。UCloud 裸金属服务在提供极致计算的同时，也提供了公有云存储的高可用性和弹性扩展，配合 NPS、LLC as NUMA，未来用户可以方便地迁移到弹性裸金属服务。

9.3　网络安全解决方案

随着用户、数据、设备和应用程序的惊人增长，无处不在的基础设施虚拟化增大了现代数据中心的攻击面，使企业面临更多、更复杂的网络威胁。在数据中心边界构建的网络安全解决方案虽然在过去十分完善且有效，但是已经不再具备为现代数据中心提供全面的网络安全保护的能力。NVIDIA BlueField-2 DPU 通过提供创新的硬件加速引擎，如网络报文处理的硬件卸载、连接跟踪加速引擎，以及网络数据的加解密（TLS、IPsec、MACsec）和正则表达式（RegEx）加速引擎等，将数据中心安全性提升到了一个全新的水平。这些引擎可以为每台部署 NVIDIA BlueField DPU 的主机提供安全防护的 CPU 卸载和加速，通过前置隔离来保护主机或数据的安全。同时，安全厂商可以利用 NVIDIA DOCA 开发框架快速地把自己的产品和 NVIDIA BlueField DPU 进行集成，利用 NVIDIA BlueField DPU 提供的众多安全加速技术大幅提高性能，并把安全保护推进到数据中心的每一台服务器，从而大幅提高整个数据中心的安全防护等级，解决传统集中式安全防护机制存在的性能瓶颈问题。

9.3.1　Palo Alto 新一代防火墙

Palo Alto Networks 是一家创立于 2005 年的网络安全软件开发商，其总部位于美国加利福尼亚州。该公司是当今企业防火墙的主要领导者之一，其产品包括下一代防火墙、终端安全和云安全解决方案等。

随着 5G 的出现以及云计算的大规模部署，网络安全需要进一步增强以提供足够的保护。如今的网络攻击方式日益复杂，并且攻击面也日益扩大，加之现代云环境比本地部署更易受攻击，想要妥当地落实保护也并非易事，需要一种新的安全机制来提供充分的保护。基于这个市场需求，Palo Alto Networks 在 2021 年发布了基于 NVIDIA BlueField DPU 的 VM 系列下一代防火墙产品，如图 9-9 所示。该产品基于零信任网络安全原则，把 DPU 作为智能网络过滤器，能够在不消耗主机 CPU 的前提下对网络流进行解析、分类和引导，使得这款产品能够在各种典型用例中达到接近 100Gbit/s 的吞吐量。

与完全依赖主机 CPU 能力的 VM 系列防火墙相比，其性能提高了 5 倍，而与传统的硬件方案相比，可节省高达 150% 的成本支出。这款新的基于虚拟机的下一代防火墙产品引入了一个智能流量卸载（ITO）模块，能够自动把不需要 CPU 进行安全处理的网络会话卸载到 DPU 上进行加速处理，完全不需要消耗任何主机 CPU 资源。

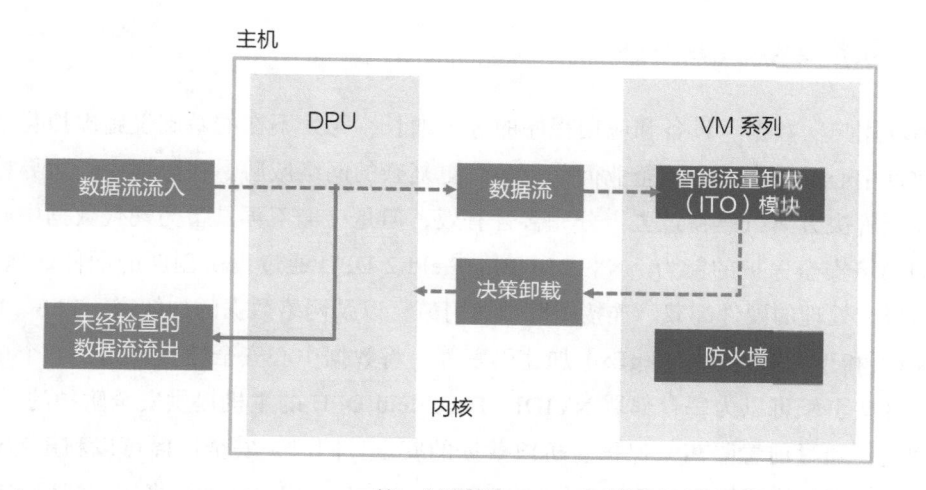

图 9-9 基于 DPU 的 Palo Alto 下一代防火墙

（引用来源：NVIDIA 技术博客）

在某些实际的用户环境中，高达 80% 的网络流量（包括数据中心的流媒体和加密数据）是不需要或者无法由防火墙进行检查的。在传统防火墙产品中，这些流量还是会经过防火墙，需要消耗大量的主机资源，包括 CPU、内存和 PCIe 总线带宽，这使得真正用于安全检测和处理的主机资源变得很有限。

为了解决这个问题，NVIDIA 和 Palo Alto Networks 联合开发了 ITO 模块，该模块可以对网络流量进行检查，以区分每个会话（Session）是否会受益于安全检查。如果 ITO 确定该会话无法受益于安全检查，就会把该会话卸载到 NVIDIA BlueField DPU，并利用 DPU 的 ASAP2 技术直接对这个会话进行加速处理，这个会话中的后续报文都由 DPU 直接转发给目的地，而不再需要发送到主机侧的防火墙。只有那些能够受益于安全检查的网络会话，DPU 才会把它们送到防火墙进行下一步的检查和处理，这样既减少了防火墙对主机 CPU 的消耗，又提升了整个系统的性能和安全性。

9.3.2 Guardicore Centra 安全平台

Guardicore 是一家 2013 年创立于以色列的网络安全公司，致力于开发数据中心内部的漏洞检测解决方案，该公司开发的 Guardicore Centra 安全平台能够通过实时的漏洞检测和响应机制来阻止高级威胁的侵入，确保客户内部数据中心的安全性。该公司于 2021

年被 Akamai 以 6 亿美元收购。

　　Guardicore 和 NVIDIA 合作把 Centra 安全平台的微分段解决方案运行在 NVIDIA BlueField-2 DPU 上（如图 9-10 所示），有效解决了企业所面临的安全挑战，并保护了它们在基础设施上的投资。该解决方案把安全平台所需的软件代理运行在 NVIDIA BlueField-2 DPU 上，而不是直接安装在计算实例上，因为有可能无法在这些计算实例上部署软件代理。

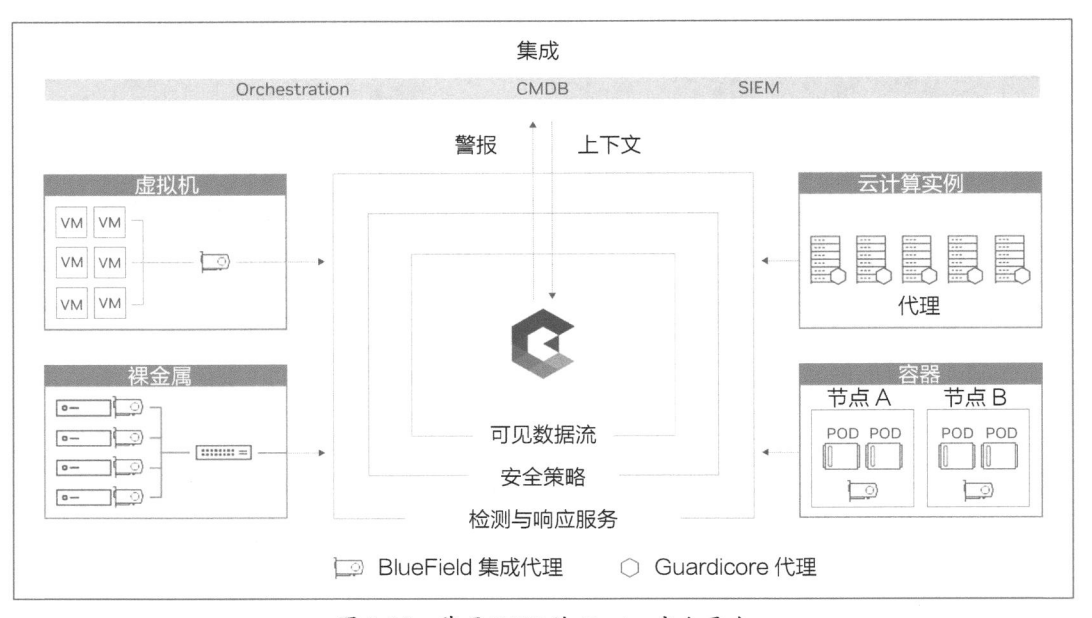

图 9-10　基于 DPU 的 Centra 安全平台
（引用来源：NVIDIA 产品手册）

　　由于 NVIDIA BlueField-2 DPU 完全独立于计算实例，在 NVIDIA BlueField-2 DPU 上部署代理不会损害主机，不受任何法规限制。此外，在 NVIDIA BlueField-2 DPU 上运行 Guardicore 代理提供了令人难以置信的执行性能——可以允许或者阻止指定网络流量并保证网络的线速性能，释放了原本执行安全控制策略需要消耗的 CPU 资源，从而保证主机的 CPU 资源都被用来运行核心业务。该解决方案使用户可以针对任何环境和规模的工作负载进行微分段，不管是云数据中心还是边缘数据中心，都支持以下部署选项：

- 基于 NVIDIA BlueField-2 DPU 的无代理方式　代理运行在 DPU 上并与主机完全隔离；
- 混合方式　同时在主机和 NVIDIA BlueField-2 DPU 上运行代理；
- 主机方式　代理运行在主机操作系统上，或者主机的某个虚拟机或容器里面，这是微分段的传统部署方式。

使用哪种部署方式取决于企业自己的 IT 环境和工作负载类型。NVIDIA BlueField-2 DPU 非常适合裸机和 Kubernetes 部署，把代理运行在 DPU 有助于代理的部署和维护，帮助企业实现 DevOps。BlueField-2 DPU 还增强了企业在其内部部署微服务时的开箱即用体验基础设施，提供改进的敏捷性、弹性和业务连续性。

9.3.3　Custodio CyVestiGO 安全调查平台

Custodio Technology 是一家位于新加坡的网络安全公司，该公司开发了 CyVestiGo 网络安全检测方案。通常，客户的安全运营中心（SOC）和计算机安全事件响应团队（CSIRT）的专业人员需要对企业网络中发生的安全事件及时进行响应，调查该事件的起因以及可能的影响范围，但这并不是一个很简单的事情，实际上会面临很多挑战：

- 调查过程本身非常费时；
- 缺乏足够的网络安全方面的技能；
- 缺乏可靠的信息进行分析。

Custodio 和 NVIDIA 联合开发了基于 NVIDIA BlueField DPU 的 CyVestiGO 安全调查平台（如图 9-11 所示），它能够自动从主机内存中提取需要的信息，并将这些信息推送到后端的日志管理系统中，这样就可以获得每个端点（Endpoint）或者网络设备上和安全有关的日志。该方案自动把来自多个数据源的感兴趣事件进行关联，并为调查人员提供单一的连贯图来描述某个安全事件的 TTP 特征、妥协指标（IOC）和风险评分。因此可以轻松快速地识别某个安全事件的根本起因以及影响范围。

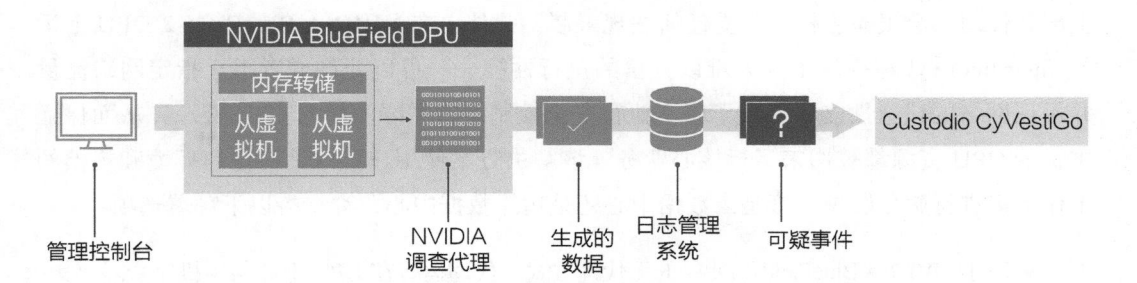

图 9-11　CyVestiGO 安全调查平台

（引用来源：NVIDIA 产品手册）

CyVestiGO 是一个商用解决方案，提供了图形用户界面（GUI）、可视化辅助工具以及相关联的引擎，帮助 SOC 和 CSIRT 专业人员进行安全事件的调查。CyVestiGO 基于 NVIDIA BlueField DPU，它引入了一个完全隔离的环境，可以通过直接内存访问（DMA）以非常高的速率读取主机的物理内存以及运行在该主机上的虚拟机所使用的内存。运行在 NVIDIA BlueField DPU 上的代理软件自动把收集的信息推送给后端的日志管理系统。CyVestiGO 支持：

- 在 NVIDIA BlueField-2 DPU 上部署和管理软件代理，该软件代理能够以主机无感知的方式收集主机的信息并推送到后端的日志管理系统；
- 对日志管理系统收集的各种信息进行分析并以图形化的方式进行展示。

9.4 边缘计算解决方案

5G 是推动移动产业互联的移动通信网络技术，从服务人到人的通信，到支持物联网、工业无线互联，以及无线局域网等新的应用场景，5G 网络乃至正在标准化的 6G 网络与之前几代移动通信网络相比，最大的变革之一就是增加了边缘低时延场景和丰富的边缘计算业务模式支持。

当前，大量的数据在各个终端产生、计算，并通过网络来传播。但大量原始数据在网络中的迁移和传播，既消耗了宝贵的网络资源，又在某种程度上使得数据本身的时效性大打折扣。边缘计算通过将数据在最靠近其产生的地方进行预处理乃至消费，极大地增加了整体无线网络的效率，高效利用带宽，同时又满足了部分低时延业务的要求，改善了相关用户体验。

5G 网络是通信运营商完全迈向云化部署的网络，从传统的一体化烟囱式设备到云部署再到云原生，这不仅仅是通信设备本身的部署方式的演进，更多带来的是管理运维自动化、业务部署的灵活性，以及创新技术在通信领域的快速落地（如图 9-12 所示）。5G 控制平面设备基本上已经采用了云化集中式部署的方式，统一搭建资源池，实现了资源的弹性使用和软硬件分离采购管理。5G 用户平面是由大量的无线基站设备以及需要实现用户业务接入网络服务和 TCP/IP 网关的核心网 UPF 设备构成。这些设备承载着无线网络的所有用户业务数据，也有引入更多业务创新的需求。边缘计算需要考虑如何将无线业务与人工智能（AI）更加紧密地结合，利用异构算力来加强 5G 网络对数据的处理效率，给用户提供更强的业务能力。

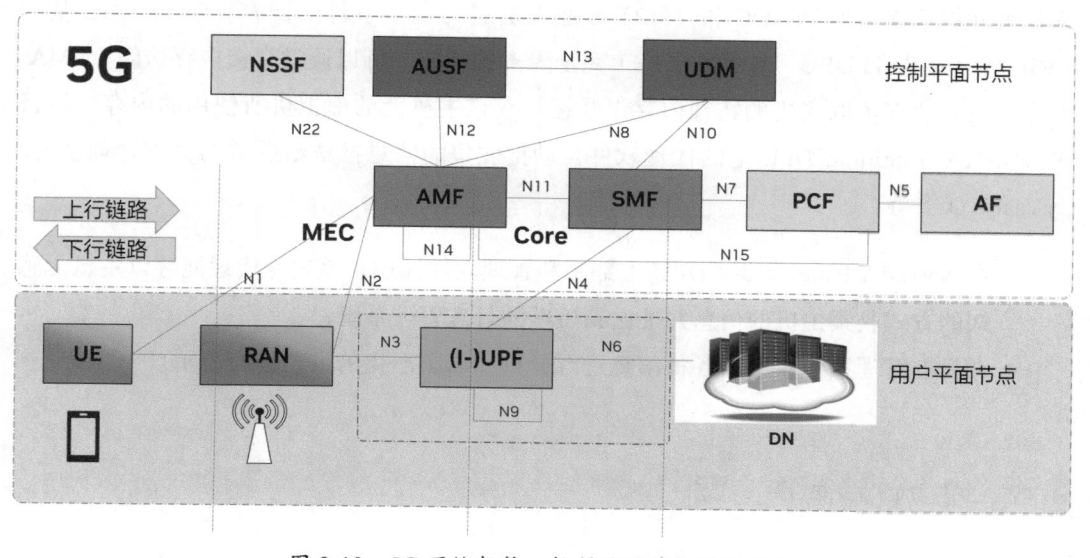

图 9-12　5G 网络架构，控制平面节点已经云化

（引用来源：NVIDIA 演示文稿）

边缘计算的兴起，不仅带来了 5G 网络设备的大幅增长，还催生了大量的边缘业务和应用场景。车联网、AR/VR、物联网、智慧城市、智能工厂等边缘计算平台都给 5G 边缘带来了更多的需求和挑战。现代的 5G 边缘架构需要更先进的硬件平台来满足这些日益多样化的工业、城市、生活、娱乐等方方面面的业务需求。搭建个性化的边缘一体化方案，鼓励在边缘进行业务和技术创新也是运营商及很多企业的目标之一。

为实现这样的技术创新，边缘计算需要一个强大的、可以支持通用软件开发的异构计算平台。NVIDIA 基于 CUDA 和 DOCA 套件，开发了一套 Aerial SDK 方案，通过开放的编程接口，来帮助更多有创造力的厂家实现基于人工智能技术的高性能、高灵活性 5G 边缘方案（如图 9-13 所示）。

这套边缘方案包括：

- 云原生支持　基于裸金属或容器化云原生 Kubernetes 编排支持；
- 5G 无线参考实现　基于 GPU 实现了 5G PHY 层的 DU 参考代码，通过 DPU 采用 eCPRI 接口与 RU 实现收发互通；
- 5G UPF 加速　利用 DPU 的协议栈处理硬件加速能力，可以基于 DPU 加速 5G UPF 节点实现；

- AI+5G 应用　在边缘平台上利用 GPU 实现智能化 5G 应用。

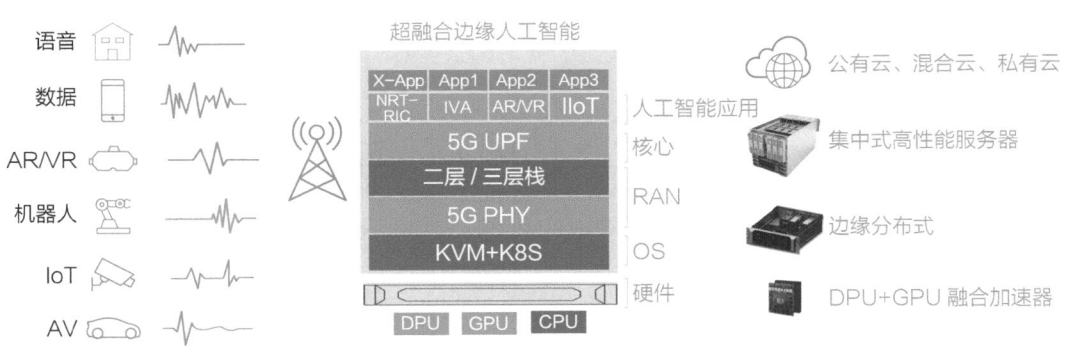

图 9-13　新型 5G 边缘：高性能 5G 应用 + AI + 云原生

（引用来源：NVIDIA 演示文稿）

这套方案基于 DPU+GPU 的融合加速器实现：DPU 负责云原生平台加速、精准时钟同步、无线定时发送，以及 UPF 协议栈加速；GPU 负责无线物理层和业务的人工智能处理。DPU 和 GPU 之间有高效的 GPUDirect 传输通道，可以不经过 CPU 直接通信，而二层、三层以及 UPF 的部分管理和调度逻辑则可以交给 DPU 中的 ARM 来实现（如图 9-14 所示）。NVIDIA BlueField 系列 DPU 有 NVIDIA A100X 和 NVIDIA A30X 融合加速器型号，后续章节有进一步介绍，本节不再赘述。

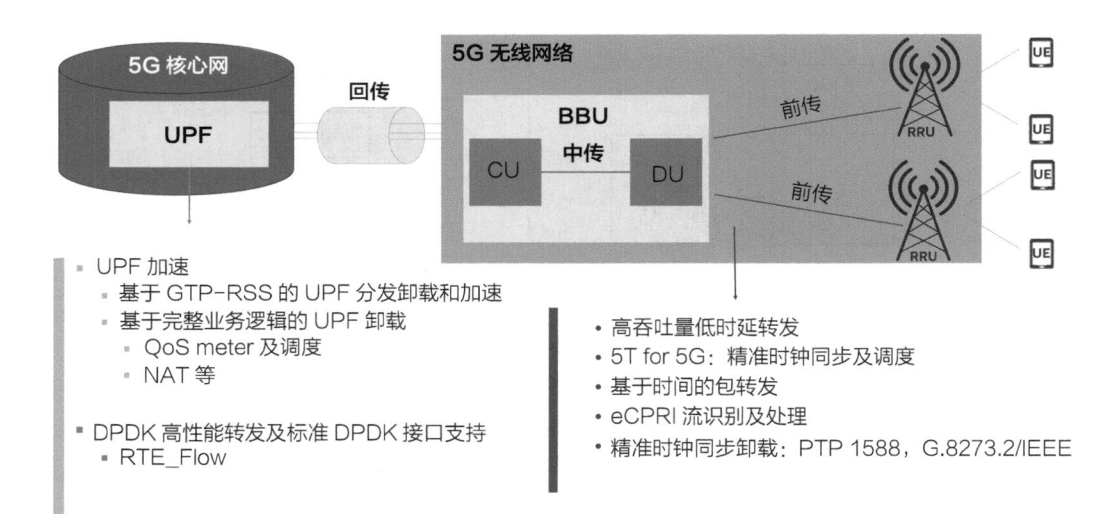

图 9-14　5G 端到端数据平面网络设备的 DPU 加速技术

（引用来源：NVIDIA 演示文稿）

除了上述核心实现之外，如图 9-15 所示，DPU 还可以支持部分边缘业务和边缘安全组件的实现和业务加速，如 DNS 过滤、安全网关、DPI 等，协助构建整套方案，搭建一体化的边缘平台。

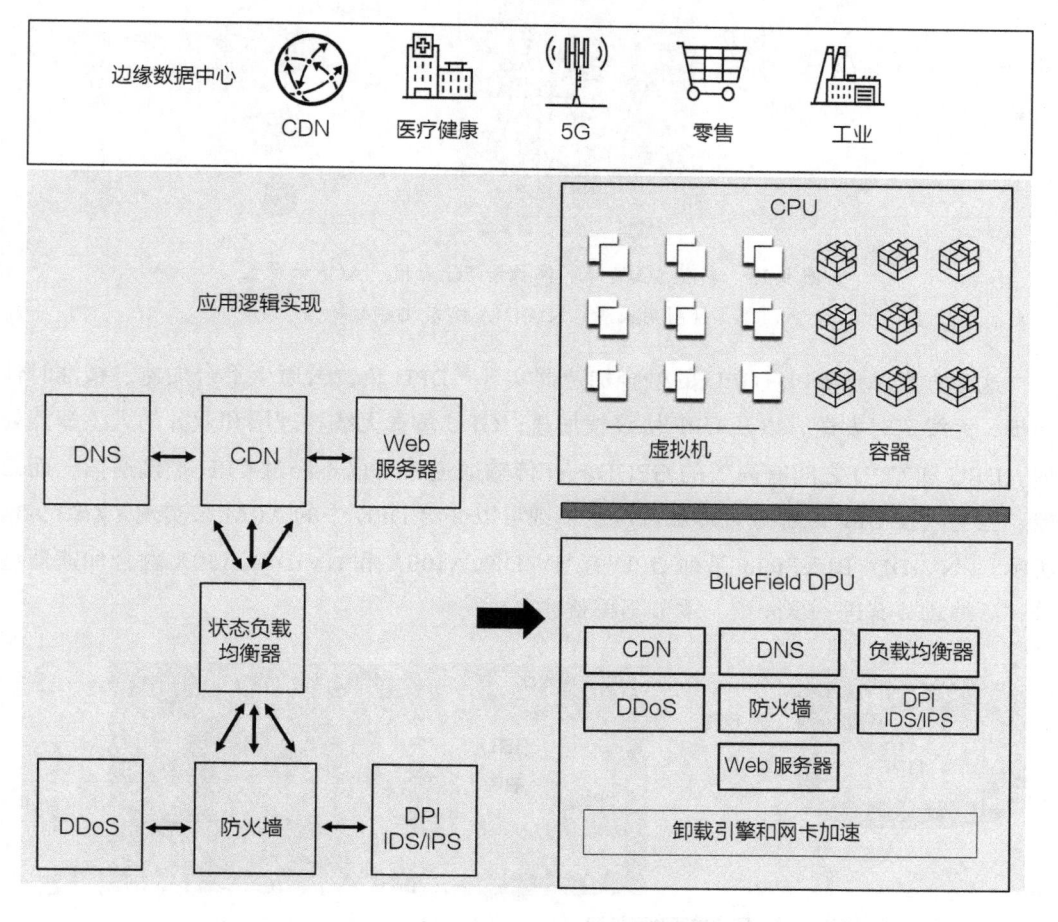

图 9-15 基于 DPU 的 5G 应用功能实现
（引用来源：NVIDIA 演示文稿）

下面分别深入探讨 DPU 在无线接入网和 UPF 中的应用案例。

9.4.1 DPU 与 5G Aerial

普华永道预测称，到 2030 年，企业 AI 可以为全球经济提供高达 15.7 万亿美元的产值。IHS Markit 则预计，到 2035 年，5G 所催生的价值链将创造 13.1 万亿美元的总产值。鉴于企业用例市场已趋于饱和，通过将 AI 与 5G 整合到统一的平台，可以帮助各个行业快速实现数字化转型。

在现有方案中，采用传统 CT 架构的 5G 网络设备和采用 IT 架构的边缘计算平台通常是两套独立部署的系统。人们通常也会分别独立评估、部署或管理 5G 电信基础设施和 AI 计算基础架构。由于 AI 和 5G 均需要同一高性能平台提供算力，因此这种策略并不高效，在效率、安全性、运维等方面难以达到最佳效果。而且，传统 CT 架构的 5G 网络设备是相对封闭且软硬件高度耦合的，其研发、部署和运维的工作量比较大，复杂度也比较高。同时，众多行业应用对 5G 网络有着不同的要求，使得 5G 网络在行业应用中大规模推广时会遇到部署周期长、运营管理复杂等一系列困难。而 AI 应用一般采用 IT 架构，即在通用硬件（CPU、GPU、DPU）组成的边缘计算平台上以软件形式实现，在快速部署和快速迭代方面有着巨大的优势。业界迫切需要一个能融合 5G 网络和行业应用的更灵活、更有效率的系统部署解决方案。

爱瑞无线是一家具有大规模商用 5G 系统研发和部署经验的解决方案提供商，致力于为行业用户提供 URLLC、定位、AI、云与虚拟化等领域的关键技术与设备。爱瑞无线基于 NVIDIA DPU 和 GPU 加速的 AI-on-5G 平台实现了 5G 端到端用户接入和实时业务，该方案可灵活适配各种 5G 商用终端的端到端 5G 系统，为行业用户打造了性能强大、易部署和易运维的 5G+AI 边缘计算解决方案（如图 9-16 所示）。

图 9-16　爱瑞无线 AI-on-5G 端到端解决方案框图

（引用来源：NVIDIA 技术博客）

作为一家 AI-on-5G 解决方案提供商，爱瑞无线基于 NVIDIA A100 GPU、NVIDIA BlueField-2 DPU、Aerial SDK，以及爱瑞无线的前传网关、射频单元和协议栈，打造了一个全新的面向行业应用的 5G+AI 边缘计算企业套件，大大降低了 5G 网络和 AI 部署、运维的门槛，从而加速行业的数字化转型升级。

在其最终的 AI-on-5G 解决方案中，硬件主要由三大部分组成：带有 NIVIDIA GPU 和 DPU 的服务器、前传网关和无线空口。其中，GPU 作为算力担当，承载了 5G 物理层复杂的信号处理和 AI 负载。通过 GPU 的 MIG 功能，根据 5G 小区规格和 AI 负载需求灵活分配 GPU 算力和内存资源，同时保证满足 5G 信号处理的实时性和 AI 负载的吞吐要求。另外，L2/L3 协议栈可以由主机的 CPU 卸载到 DPU 的 ARM 上，这样 DPU+GPU 就承载了 RAN 的绝大部分功能，解放了主机上 CPU 的算力和内存，从而让同一台服务器容纳更多的 AI 负载。

当前 NVIDIA BlueField-3 DPU 上的网口速率最大可达 400Gbit/s，可连接超过 10 个无线空口的前传网关，使其毫无压力地承载 5G 的数字信号吞吐。此外，服务器上对 5G 信号的搬移和处理完全采用内联（Inline）模式，即通过 DPU 收发的 5G 数据信号可以不经主机的 CPU 直接读写 GPU 内存。这样大大降低了数据在服务器内部搬移的时延和 PCIe 带宽压力，从而让 PCIe 的吞吐不再是 AI-on-5G 的短板。

在软件上，爱瑞无线采用了 NVIDIA Aerial 5G vRAN 的解决方案。如图 9-17 所示，Aerial 5G vRAN 是一套能够支持 GPU 加速及软件定义型 5G RAN 的 SDK。如今，NVIDIA Aerial 可以提供至关重要的 SDK：cuVNF 和 cuBB。

同时，NVIDIA GPU 和 DPU 的资源可以被虚拟化和管理，并由多个应用和租户共享。为了向电信公司提供所需的各种工具，助力其利用 GPU 加速计算实现创新并部署 AI 解决方案，NVIDIA 为开发者提供了多种应用框架，其中包括 SDK、开发者套件、API 和文档。基于由各个独立软件供应商（ISV）提供的即用型应用所组成的庞大生态系统，可以加速各行各业的各种工作负载。

一方面，爱瑞无线的 AI-on-5G 商用落地解决方案在同一个计算平台上借助 5G 顺畅运行 AI，可同时带来技术效益和成本效益。这有利于减少企业在设备、电力和空间方面的总体拥有成本（TCO），促进计算资源的自动扩展和池化。同时，亦可为 AI 带来更高的安全性。边缘人工智能与 5G 连接的结合正在推动下一次工业革命，为企业和社会带来前所未有的机遇。

图 9-17　Aerial 5G vRAN

（引用来源：NVIDIA 产品手册）

　　另一方面，依靠实现边缘 AI 的生态（如图 9-18 所示）优势，爱瑞无线的商用落地方案可以为网络服务商在边缘提供更多的获利方式。从计算机视觉到 AR/VR，有许多成熟的边缘 AI 应用已投入使用。采用 NVIDIA GPU 和 DPU 的计算平台实现了 5G 网络功能软件化，利用纯软件 5G 网络的快速迭代、易扩展、TCO 低、效率高、安全性强等优势，可以更加便捷且快速地进行系统维护和升级。同时，5G 和 AI 应用算力池共享，实现了算力的流动，充分发挥了 GPU 对接入网、核心网和各种 AI 应用加速的优势，使企业可以基于通用的硬件平台实现 5G 网络连接和边缘 AI 应用的快速部署。该方案的商业落地会与各垂直行业特性相结合，爱瑞无线和 NVIDIA 共同打造的 5G+AI 超融合解决方案将为智慧医疗、智能矿产、智能制造等行业应用带来无限可能，特别是如下三个方面：

- **企业和 B2B 服务**　电信公司可以提供软件即服务（SaaS）功能并接入应用市场，以帮助企业普及 AI 应用；
- **托管服务和专用网络**　电信公司可以为企业提供托管服务，此类服务不仅包括端到端网络基础设施的管理，还包括支持创新用例的边缘计算和应用；
- **消费者服务**　电信公司可以利用 5G 部署更丰富的全新沉浸式内容（如基于位置的娱乐和电竞），提供引人入胜的新型体验。

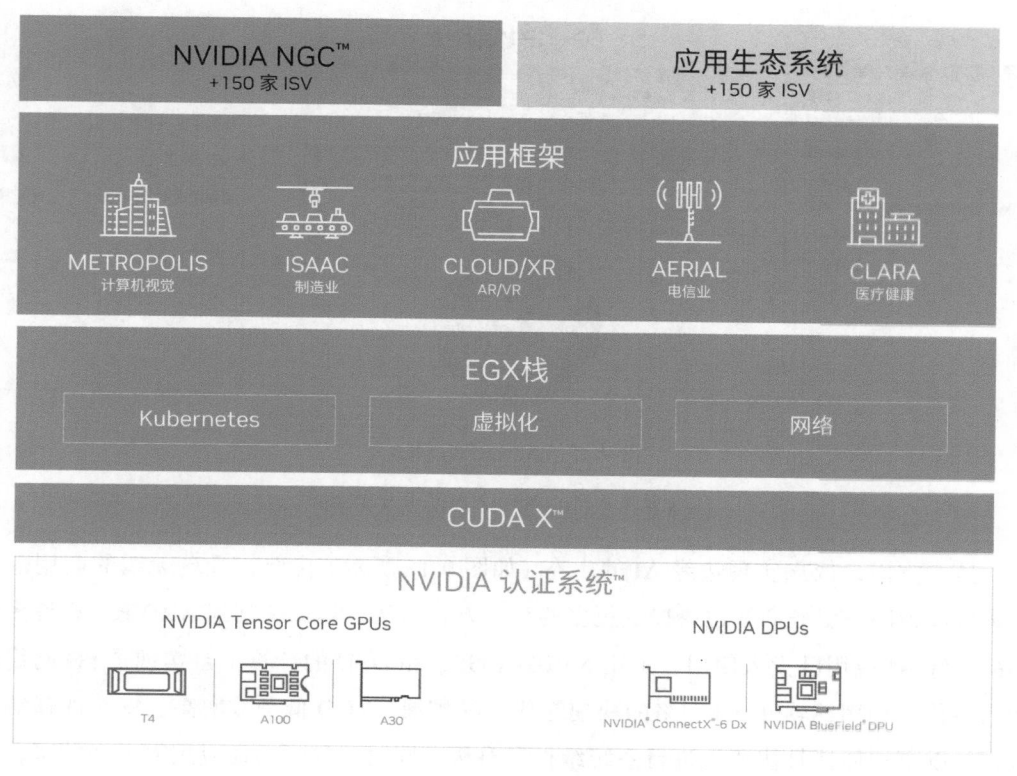

图 9-18 NVIDIA EGX 平台

（引用来源：NVIDIA 产品手册）

9.4.2 DPU 的边缘 UPF 加速

在电信网络中，用户平面功能（UPF）是 5G 核心网的数据平面节点，主要指负责移动用户数据业务的互联网接入的网关设备。UPF 节点的任务以数据处理为主，会同时支持大量的用户会话数据业务。出于运营商的业务管理需要，UPF 节点还需要支持对业务数据进行流分类、IP 地址分配和管理、QoS 保证、计费统计、业务策略执行等功能。在某些场景下，还需要对移动数据报文进行特定的 DPI 识别和处理。

在传统 5G 网络中，由于业务流量较大，而且需要衔接运营商的内外网络，UPF 设备需要支持比较大的流量和转发表项，因此通常基于路由器设备开发实现。同时，为了使边缘计算平台可以在边缘给终端分配 IP 地址，并执行计费和 QoS 处理等，需要将 UPF

下放到边缘计算平台。UPF 可以选择与边缘业务和无线集中单元 / 分布单元（CU/DU）设备等合并或分离部署，是移动网络中边缘计算不可或缺的重要组成部分。

作为通信行业的云原生端到端解决方案提供商，Mavenir 提供通信行业的专业软件在云环境下的端到端产品组合实现，致力于加快通信服务的软件网络转型。从 5G 应用服务层到分组核心和无线接入网，Mavenir 在云原生网络解决方案方面均有业界领先的创新型方案，为 140 多个国家的 250 多家运营商提供助力。

Mavenir 已经于 2020 年宣布基于 NVIDIA 智能网卡加速 5G 核心网用户平面功能（UPF），将高性能与独特功能组合起来，通过一个融合的节点为 2G、3G、4G、5G 用户提供数据平面服务。通过对 5G 核心网的 GTP 报文的动态负载平衡和智能转发，实现了使用 16 个快速路径达到 524Gbit/s 的吞吐性能，同时将服务器的总占地面积减少了 50%。

在 Mavenir 的解决方案中，UPF 的功能实现可以简单理解为一条对移动数据报文进行处理的流水线（Pipeline），如图 9-19 所示。报文经过包头解析和 GTP 隧道的封装 / 解封装，进行会话处理、统计、QoS 等一系列操作，最终转发到外部网络（上行）或移动终端（下行）上。

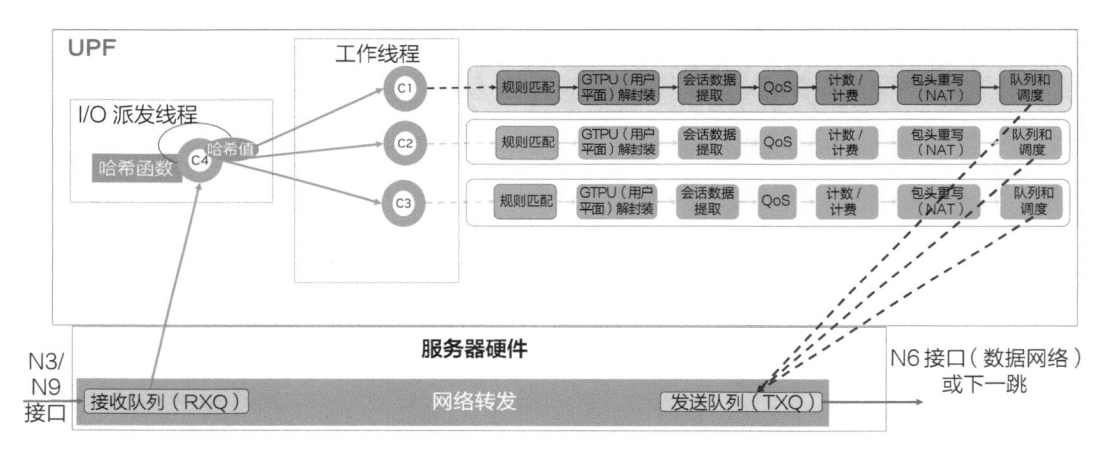

图 9-19　5G 数据平面功能 UPF 节点的 x86 化软件功能实现示意图

（引用来源：NVIDIA 演示文稿）

边缘型 UPF 的实现对业务会话数量和流量要求都不高，但对数据业务时延处理相当敏感。在边缘通过软件实现的 UPF 由于 CPU 调度的因素，延时不低，并容易偶发抖动，很难保证令人满意的数据处理时延。通过采用 DPU 来卸载 UPF 的数据平面流水线处理，Mavenir 基于 DPU 硬件实现可预期的低时延，为 UPF 加速提供了最优选择。UPF 卸载实现的难点在于其流水线的特征，硬件实现必须要实现完整的流水线或包含整个关键路径的部分流水线，否则加速意义不大。

DPU 支持通过 DOCA Flow 的流引擎对 UPF 的业务数据流进行卸载处理（如图 9-20 所示），通过对接收到的用户业务会话报文的匹配，在 DPU 硬件执行对应的动作处理，包括报文的封装 / 解封装、QoS 逻辑的实现、GTP 隧道的封装 / 解封装以及其他的报文修改操作，同时支持会话信息的统计，以期降低时延、提升吞吐能力。对用户会话报文的匹配和执行规则的管理又可以通过软件编程逻辑实现。

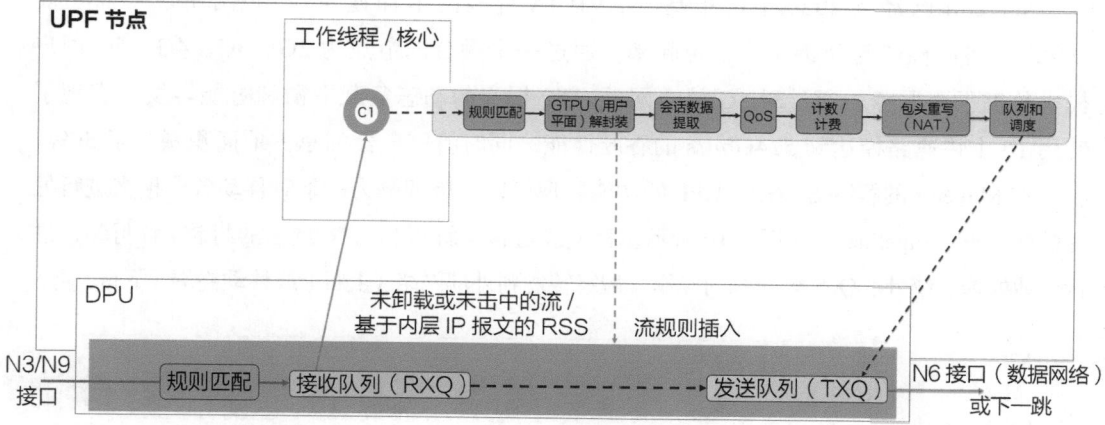

图 9-20　UPF 数据平面——以上行报文为例的硬件卸载逻辑

（引用来源：NVIDIA 演示文稿）

同时，在 UPF 的实现中，前文中介绍的 DOCA RegEx 也可以作为 DPI 处理引擎，对移动网络中的业务数据流进行深层报文识别，以实现高效的硬件加速。

本章小结

本章介绍了一些 NVIDIA DOCA 生态体系解决方案，涉及平台基础设施、存储、网络安全、边缘计算等方面。读者可以直接采用这些 NVIDIA DOCA 生态体系解决方案，获得它们带来的优势和收益。

此外，NVIDIA 正与领先的平台供应商和合作伙伴紧密合作，定义和创建更多的 NVIDIA DOCA 库和服务，在满足数据中心技术创新需求的同时，使客户和合作伙伴可以创建定制的技术解决方案，以满足特定的业务需求。

10

第 10 章

网络平台及融合加速器产品

全球每年交付的约 3000 万台数据中心服务器中，有三分之一会用于运行软件定义的数据中心软件栈。企业需要改进其网络基础设施，以支持现代数据中心工作负载所带来的呈指数级增长的数据处理量。NVIDIA 提供 Quantum InfiniBand 和 Spectrum 以太网两种加速网络平台解决方案，可为企业提供支持开发到部署实施的基础设施，满足所有现代工作负载和存储需求，使企业在加速计算的新时代能够更大限度地提高投资回报。

此外，NVIDIA 融合加速器在单一模组中将 NVIDIA GPU 的强大功能与 NVIDIA BlueField DPU 的增强网络及安全功能封装于一体。这种先进的、独特的高效架构可以为 AI 驱动的边缘计算、5G 和网络安全等应用领域的工作负载提供出色的性能和强大的安全性。

10.1　NVIDIA Quantum-2 InfiniBand 网络平台

随着高性能计算（HPC）和人工智能技术的蓬勃发展，日益复杂的数据中心工作负载需要超快的数据中心基础设施的支撑，以支持高分辨率模拟、超大型数据集和高度并行算法等应用场景。NVIDIA Quantum InfiniBand 作为可完全卸载的在网计算平台，可以为各种规模的高性能计算（如科学计算、人工智能、云原生超级计算和超大规模云计算）提供超强加速的网络性能，并有效降低成本和复杂性。

作为新一代的 InfiniBand 网络平台，NVIDIA Quantum-2 可为云计算提供商和超级计算中心提供极致的网络性能、广泛的接入能力及强大的安全性。NVIDIA Quantum-2，即 400Gbit/s 的 InfiniBand 网络平台，是迄今为止最先进的端到端网络平台之一，它包括 NVIDIA Quantum-2 交换机、NVIDIA ConnectX-7 智能网卡、NVIDIA BlueField-3 DPU 和所有支持这种新架构的软件。

NVIDIA Quantum-2 400Gbit/s InfiniBand 网络平台的推出，正值越来越多的超级计算中心向广大用户开放之际，其中也包括许多外部用户。与此同时，全球云计算服务提供商也开始为数以百万计的客户提供更多的超级计算服务。NVIDIA Quantum-2 网络平台迎合了这两种趋势下对高性能计算应用的需求，量身定制了基于云原生技术的高吞吐量和多租户功能，以满足众多用户的需求。

超级计算中心和公有云正在走向融合，它们必须能为新一代高性能计算、人工智能和数据分析等高要求应用提供尽可能高的网络性能，同时还应满足安全隔离的要求，并及时响应用户对数据流量的不同需求。NVIDIA Quantum-2 InfiniBand 网络平台提供了绝佳的高性能网络解决方案，能够将这一愿景在现代数据中心中变为现实。

10.1.1 Quantum-2 网络平台的超高性能与云原生功能

凭借 400Gbit/s 的高吞吐量，NVIDIA Quantum-2 InfiniBand 网络平台将数据中心的网络速度提高了 1 倍，网络端口数量增加了 3 倍。在将性能提升 3 倍的同时，它还将数据中心网络所需的交换机数量减少为了原来的六分之一，数据中心的能耗和空间各降低了 7%。

NVIDIA Quantum-2 400Gbit/s InfiniBand 网络平台还有一些云原生超级计算功能，如图 10-1 所示。NVIDIA Quantum-2 网络平台实现了多租户之间的性能隔离，这使得一个租户的行为不会干扰其他租户。同时，通过先进的基于遥测且支持云原生的拥塞控制机制，确保了可靠的数据吞吐量，并且不受用户或应用需求高峰的影响。

此外，NVIDIA Quantum-2 SHARPv3 在网计算技术可为人工智能应用提供加速引擎，加速引擎的数量是上一代产品的 32 倍。借助 NVIDIA UFM Cyber-AI 网络智能与分析平台，可以为数据中心提供先进的 InfiniBand 网络管理功能，包括预防性维护等。

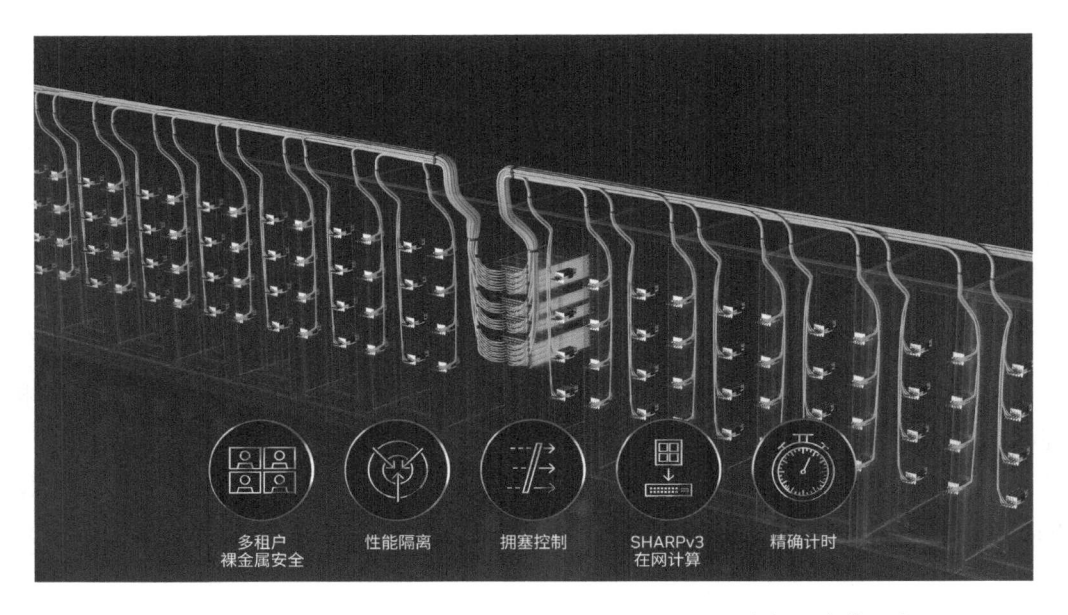

图 10-1　NVIDIA Quantum-2 400Gbit/s InfiniBand 云原生超级计算功能

（引用来源：NVIDIA 演示文稿）

NVIDIA Quantum-2 网络平台中还集成了纳秒级精度的计时系统，可以同步分布式应用。例如，在数据库处理中，这有助于减少等待及空闲时间。这一新功能可以让云数据中心成为电信网络的一部分，支持托管软件定义的 5G 无线服务。

10.1.2　Quantum-2 InfiniBand 交换机

Quantum-2 网络平台的核心是全新的 Quantum-2 InfiniBand 交换机（如图 10-2 所示），其主芯片采用 7nm 制程，包含 570 亿个晶体管。它具有 64 个 400Gbit/s 端口或 128 个 200Gbit/s 端口，并可以提供具有不同端口数的交换机产品，最多可达 2048 个 400Gbit/s 端口或 4096 个 200Gbit/s 端口。Quantum-2 InfiniBand 交换机还具有 51.2Tbit/s 的吞吐量和 66.5Bpps 的包转发速率。在交换能力上超出上一代 Quantum-1 InfiniBand 交换机约 5 倍。同时，它还具有优化多租户网内计算和主动拥塞控制的功能。

图 10-2　Quantum-2 InfiniBand 交换机

（引用来源：NVIDIA 产品图片）

　　凭借网络速度、交换能力和扩展性上的优势，Quantum-2 InfiniBand 交换机将成为构建下一代巨型高性能计算系统的理想选择。全球众多领先的基础架构和系统厂商现已支持 NVIDIA Quantum-2 交换机，这些厂商包括 Atos、DataDirect Networks（DDN）、戴尔、Excelero、技嘉、惠普、IBM、联想、Penguin Computing、QCT、超微、VAST Data 和 WekaIO。

10.1.3　ConnectX-7 和 BlueField-3 DPU

　　NVIDIA Quantum-2 网络平台在主机端提供两个选项：NVIDIA ConnectX-7 InfiniBand 智能网卡（如图 10-3 所示）和 NVIDIA BlueField-3 DPU（如图 10-4 所示）。

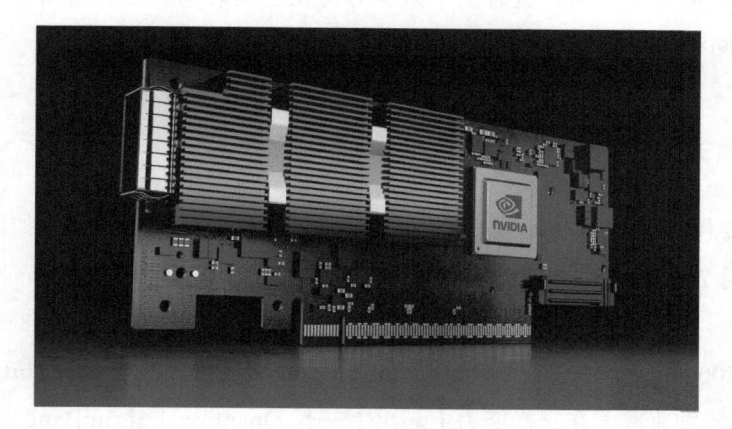

图 10-3　NVIDIA ConnnectX-7 InfiniBand 智能网卡

（引用来源：NVIDIA 产品图片）

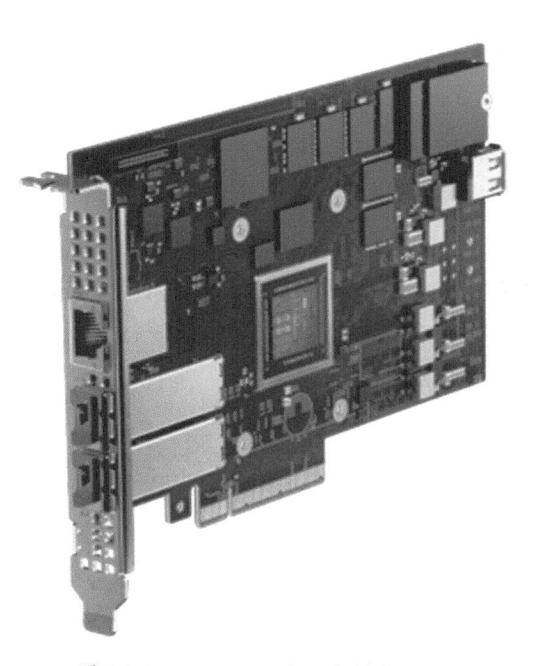

图 10-4　NVIDIA BlueField-3 DPU

（引用来源：NVIDIA 产品图片）

ConnectX-7 芯片采用 7nm 制程工艺，包含 80 亿个晶体管。相比 NVIDIA ConnectX-6 网络芯片而言，ConnectX-7 的数据传输速率是其两倍，高达 400Gbit/s，而且还使 RDMA、GPUDirect Storage、GPUDirect RDMA 和在网计算的性能翻倍，并提供 4 倍的网内计算性能，可满足高性能计算和云原生超级计算对网络性能的需求。

NVIDIA BlueField-3 DPU 芯片也采用 7nm 制程工艺，包含 220 亿个晶体管，集成了 16 个 64 位的 ARM A78 CPU 核心、16 核心 256 线程的数据路径加速器和 ConnectX-7 智能网卡，提供 400Gbit/s 的网络连接和 400Gbit/s 的加密加速器，可以卸载、加速和隔离各种数据中心基础设施服务。

如果想进一步了解 NVIDIA Quantum-2 InfiniBand 网络平台，请访问 nvidia.cn/dpubook-39。

10.2　NVIDIA Spectrum-4 以太网网络平台

随着大规模云计算、企业人工智能与虚拟仿真的兴起，数据中心的数据流量正呈指数级增长，需要具有超高性能、先进安全性和强大功能的以太网网络平台来大规模进行处理。专为人工智能打造的 NVIDIA Spectrum-4 以太网网络平台将满足这一系列需求，并包含相应的关键功能。

在 GTC 2022 春季大会上，NVIDIA 隆重发布了全新的 NVIDIA Spectrum-4，即新一代的 400Gbit/s 端到端以太网网络平台，该平台将为大规模数据中心基础设施提供所需的极致网络性能和强大安全性，同时降低功耗和成本。

作为全球首个 400Gbit/s 端到端网络平台，NVIDIA Spectrum-4 的交换吞吐量比上一代产品高出 4 倍，达到了 51.2Tbit/s。该平台由 NVIDIA Spectrum-4 交换机系列、ConnectX-7 智能网卡、NVIDIA BlueField-3 DPU 和 DOCA 数据中心基础设施软件组成，能够大幅加速大规模云原生应用。

NVIDIA Spectrum 网络平台赋能了 NVIDIA Omniverse 数字孪生，支持用于 3D 设计协作平台创建和模拟与现实世界无法区分的虚拟世界，实现数字孪生的精确空间和精准时间，可广泛应用于机器人仿真、5G 应用、智能工厂、气候研究、数据科学建模和自动驾驶汽车。基于 NVIDIA Spectrum 网络平台的可扩展、低延时和精准时间特性，可以支持数据中心规模数字孪生算力的弹性扩展，提供超强的网络性能和低延时，并通过精准时间来同步计算节点，为用户呈现实时的数字孪生体验。

第一代 NVIDIA OVX 服务器结合了高性能的光线追踪技术（RTX）和网络组件，包括 8 颗 NVIDIA A40 RTX GPU 和 3 块 ConnentX-6 Dx 200Gbit/s 以太网智能网卡。通过 NVIDIA Spectrum-3 以太网交换机组成的网络架构能够连接 8～16 台 OVX 服务器组成 NVIDIA OVX 集群（POD），或连接 32 台 OVX 服务器组成 OVX 超级集群（SuperPOD）。在第二代 NVIDIA OVX 集群中将采用 Spectrum-4 网络平台，除了极致的性能、高级的安全性和强大的功能外，还实现了纳秒级的计时精度，能够更全面地支持 Omniverse 数字孪生。随着 Omniverse 等新一代应用的出现，NVIDIA Spectrum-4 网络平台将在云和边缘数据中心成为各种计算系统的骨干网络。

10.2.1　Spectrum-4 以太网交换机

NVIDIA Spectrum-4 交换芯片采用 4N 制程，包含 1000 多亿个晶体管以及经过简化的收发器设计，具有领先的能效和总体拥有成本。凭借其单芯片支持 128 个 400GbE 端口的 51.2Tbit/s 交换吞吐量（比起上一代产品高出 4 倍），Spectrum-4 以太网交换机（如图 10-5 所示）能够为大规模数据中心基础设施提供超高的网络性能和强大的安全性。

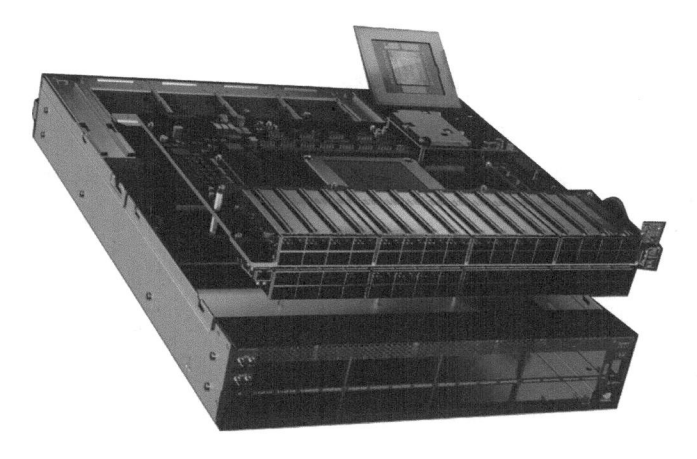

图 10-5　NVIDIA Spectrum-4 以太网交换机

（引用来源：NVIDIA 产品图片）

为了实现更好的人工智能管理运维，NVIDIA Spectrum-4 还优化了 RoCE（RDMA over Converged Ethernet）网络架构，并提供自适应路由（Adaptive Routing）和增强拥塞控制。Spectrum-4 以太网交换机具有领先的安全功能，例如，它支持硬件级的 MACsec 和 VXLANsec，并通过硬件信任根将安全启动作为默认设置，帮助确保数据流和网络管理的安全性和完整性。凭借令人惊叹的 12.8Tbit/s 加密带宽和相关安全功能（NVIDIA BlueField-3 DPU 和 NVIDIA ConnectX-7 智能网卡同样具有此类功能），Spectrum-4 以太网交换机将成为市场上优秀的、高性能的、安全的端到端以太网交换机。

Spectrum-4 以太网交换机实现了纳秒级计时精度，相比普通的毫秒级数据中心提升了五到六个数量级。这款交换机还能加速、简化和保护网络架构。与上一代产品相比，其每个端口的网络带宽提高了 4 倍，安全加密提升了 3 倍，交换机数量减少到原来的十二分之一，功耗降低了 40%。

Spectrum-4 以太网交换机秉承了 Spectrum 交换机家族一贯的开放性，提供了包括 Cumulus Linux 在内的丰富网络 OS 及网络软件及工具。NVIDIA 在整合 Mellanox 和 Cumulus Networks 强大网络硬件与软件技术实力后，对于交换芯片、底层系统、操作系统、网络协议和网络服务都采用开放的标准，让客户在获得业界领先的性能和可预测性、全面的可视化和自动化、基于融合以太网的远程直接内存访问（RoCE）以外，还可以通过开放式接口对 Spectrum-4 平台进行访问和管理，并基于可编程 ASIC 芯片快速构建开源网络应用程序和协议。开放性在 NVIDIA Spectrum-4 身上得到了极佳的展现，可以为客户带来巨大价值。

对于许多应用程序，性能不仅取决于网络的平均带宽，还取决于数据流的完成时间分布。完成时间分布中的长尾或异常值可能会显著降低应用程序性能。自适应路由作为 Spectrum-4 以太网交换机的一项独特技术，可以通过减少网络拥塞来加快数据流量的传输，实现应用程序的数据流量在多条网络链路上的负载均衡和均匀分布。以前采用的是等价多路径路由（Equal-Cost Multi-Path，ECMP），通过静态哈希算法来为一个数据流进行路径选择，这个数据流始终通过确定的路径进行传输，而不受流量状况的影响。当大量数据流出现时，带宽会受到控制，多个数据流在同一条链路上传输时就会出现拥塞、延迟增加、数据包丢失和重传。而基于端口的拥塞情况来自适应路由数据包以加速以太网，并充分利用链路网络带宽资源，可以有效降低网络延迟和提升数据包传输效率。

Spectrum-4 以太网交换机支持 NVIDIA NetQ 网络管理与操作平台，该平台用于监控整个集群的 EVPN VXLAN 控制平面，可以与 Spectrum 以太网交换机中内建的故障快照（What Just Happened，WJH）相配合。作为分析工具软件，NetQ 可以利用先进的遥测功能对来自 WJH 的数据进行收集，执行深度数据分析，并使用现代可视化工具为云运营人员提供可视化的、可行的分析结果，方便更加直观地发现和解决各类网络故障。WJH 是 NVIDIA 独有的硬件加速网络监控解决方案，它内建在交换机 ASIC 中，以线速监控每个数据流，其作用在于可对数据在网络转发过程中出现的各种事件（如：丢包、拥塞、路由循环或其他数据平面问题）进行精确的发现和定位，帮助网络使用者和维护者快速发现和定位网络中的故障和性能事件，从而提高对网络的监控水平，为故障排除和设计改进提供切实和量化的依据。

NVIDIA Air 是一个创建网络数字孪生的免费平台，可以帮助企业构建物理网络的 1:1 模拟环境。通过 NVIDIA Air，企业 IT 团队可以在 1:1 的模拟环境中进行无硬件测试或培训、生产部署的预演、新功能的测试与验证等各种操作。这可以带来诸多好处，比如缩短部署时间、减少网络停机时间、降低实验室成本、提高网络安全性，方便在硬件未到达之前对网络硬件进行构建和测试，并将通过自动安全策略验证的成功实践部署到自己的生产环境中。

10.2.2 Spectrum 以太网网络平台生态系统

由 Spectrum 以太网交换机、NVIDIA BlueField DPU 和 NVIDIA ConnectX 智能网卡

组成的 Spectrum 网络平台能够提高人工智能应用、数字孪生和云基础架构的性能和可扩展性，为现代数据中心带来极高的效率和可用性。凭借其在性能、安全性和功能方面的优势，Spectrum 网络平台已成为建立先进数据中心的理想选择，越来越多的合作伙伴都在选择使用 Spectrum 网络平台。

NVIDIA BlueField DPU 现在已可以卸载和加速 Red Hat OpenShift，其内置的端到端云原生架构可以在多租户环境下运行复杂容器化工作负载的自动化部署工具，并与基础设施集群集成。NVIDIA BlueField DPU 也是 VMware Project Monterey 的核心。VMware Project Monterey 是 VMware 和 NVIDIA 为提高数据中心性能、可管理性和安全性而开展的一个合作项目。部分企业客户现在可以通过 NVIDIA LaunchPad 上的 NVIDIA BlueField DPU 访问 VMware Project Monterey。通过 LaunchPad，IT 管理员能够部署数据驱动型应用，在同一个完整栈上快速测试整个工作流程并开发原型。通过集成 Palo Alto Networks VM 系列新一代虚拟防火墙和智能流量卸载服务，NVIDIA BlueField DPU 能够提供领先的安全创新功能，使企业和服务提供商网络中的虚拟防火墙性能提高 5 倍。

Spectrum 网络平台能够加速业内领先的客户和软件供应商的先进数据中心网络基础设施，这些客户和厂家包括 Akamai、百度、Canonical、Criteo、DDN、F5、快手、NetApp、Nutanix、OVHcloud、Pure Storage、Pluribus Networks、Red Hat、StackPath、VAST Data、VMware、WEKA 等。HPE、IBM、联想和超微等领先的服务器制造商已将 Spectrum 交换机集成到其系统中。华硕、Atos、戴尔、技嘉科技、新华三、IBM、联想、Nettrix、Pluribus Networks、Quanta/QCT 和超微等创新企业也将在其解决方案中包含 NVIDIA BlueField DPU。

如果想进一步了解 NVIDIA Spectrum 以太网网络平台，请访问 nvidia.cn/dpubook-40。

10.3　NVIDIA 融合加速器

在当前的边缘应用中，经常需要构建小型计算服务器，有两类需求较为常见：第一类是需要在本地完成数据的基础处理和分析，例如从原始数据生成结构化数据、分析数据并进行推理和实现本地的安全处理等；第二类是需要相对紧凑的处理单元设计，以在有限的空间内实现较强的应用处理能力。NVIDIA 的融合加速器通过 GPU 加 DPU 的组合形式完美地满足了上述两个需求。

10.3.1　融合加速器的架构

如图 10-6 所示，A30X/A100X 融合加速器搭载了 8 核 ARM A72 CPU 和 PCIe Gen 4 接口，并分别支持 4 个 MIG 的 NVIDIA A30 Tensor Core GPU 或 7 个 MIG 的 NVIDIA A100 Tensor Core GPU，还支持精准时间同步、带外 GE 管理口、板载 BMC、2 个 100Gbit/s 以太网或 InfiniBand HDR100。从安全角度来说，它支持基于硬件的 Root of Trust 和 TLS/IPsec 加解密卸载。

图 10-6　NVIDIA 融合加速器

（引用来源：NVIDIA 产品图片）

10.3.2　融合加速器的特点

NVIDIA 融合加速器结合了 NVIDIA Ampere 架构 GPU 的强大功能和 NVIDIA BlueField-2 DPU 的增强安全性和网络功能，并将这些功能封装在同一块 PCIe 加速卡中。这种先进的架构为 GPU 提供了前所未有的性能和强大的安全性，适用于边缘计算、电信和网络安全等工作负载。在需要多 GPU 和多 DPU 的系统中，融合加速器能够避免设备对服务器 PCIe 系统资源的争夺，因此性能会随着设备数量的增加而线性扩展。融合加速器在提供更可预测的性能之外，还可提高空间和能源利用效率，并显著简化部署和运维，更适用于安装大量服务器的大规模系统。

1. 更好的性能

因为 NVIDIA Ampere 架构 GPU 和 NVIDIA BlueField-2 DPU 是通过集成的 PCIe Gen 4 交换机连接的，有专用的路径用于 GPU 和网络之间的数据传输，这消除了通过主机传输数据的性能瓶颈。其性能的可预测性也更好，这对于 5G 信号处理等时间敏感型应用非常重要。NVIDIA 融合加速器为运行 5G 应用提供了性能强大的平台，数据不需要流经主机 PCIe 系统，从而处理延迟大幅降低，同时获得更高的吞吐量且使每台服务器实现更高的用户密度。

2. 增强的安全性

NVIDIA GPU 和 DPU 的融合创造了更安全的 AI 处理引擎，在边缘生成的数据可以通过网络加密发送，与数据处理 GPU 直接通信，而不经过服务器 PCIe 总线。这有助于更好地保护主机免受基于网络的攻击威胁。同时，融合加速器为基于 AI 的网络安全开辟了新的机遇。可以通过 NVIDIA Morpheus 应用框架对融合加速器上的 DPU 进行编程，以实现基于融合加速器上的 GPU 加速的高级网络功能。

3. 更智能的网络

NVIDIA 融合加速器的架构允许 GPU 直接处理流入和流出 DPU 的流量。这使得基于 AI 的网络和安全性应用程序变得易于开发和应用，例如数据泄漏检测、网络性能优化和预测等。借助于这种全新的架构，就可以不再依靠传统的以 CPU 为中心的计算网络架构。为应对人工智能时代的数据处理需求，NVIDIA 实现了以 GPU 为中心的智能数据包处理。借助于全新架构的融合加速器，用户可以实现更好的性能和规模，加速 AI 训练或推理，并使 CPU 能够专注于通用应用程序，降低其在基础架构管理上的开销。

4. 节约成本

由于 GPU、DPU 和 PCIe 交换集成在一个融合加速器上，用户可以利用主流服务器执行以前只能使用高端或专用系统才能执行的任务，甚至边缘服务器也可以从中受益，达到与使用专用 GPU 系统相同的性能提升。NVIDIA AI-on-5G 技术包含了 NVIDIA EGX 平台、面向软件定义 5G 虚拟 RAN（vRAN）的 NVIDIA Aerial SDK 和各种企业级 AI 框架，例如 NVIDIA Isaac 和 NVIDIA Metropolis 等 SDK。此平台使边缘设备（例如摄像头、工业传感器和机器人）能够使用 AI 并通过 5G 与数据中心进行通信。融合加速器能够在单个企业级服务器中提供所有这些功能，无须部署成本更高的专用系统。

10.3.3 融合加速器产品

NVIDIA 融合加速器有两种形式：A30X 和 A100X。

A30X 结合了 NVIDIA A30 Tensor Core GPU 与 NVIDIA BlueField-2 DPU。此卡的设计可支持 5G vRAN 功能实现、基于 AI 的数据处理计算、输入 / 输出（I/O）性能的良好平衡和网络安全。多个服务可以在 GPU 上运行，通过板载 PCIe 交换提供低延迟和可预测的性能。

A100X 结合了 NVIDIA A100 Tensor Core GPU 与 NVIDIA BlueField-2 DPU。它非常适合计算需求更大的工作负载，包括 5G、多输入输出（MIMO）功能、AI-on-5G 部署以及信号处理等专用工作负载处理和多节点训练。

10.3.4 开发者生态系统

NVIDIA 融合加速器扩展了 CUDA 和 NVIDIA DOCA 编程库的功能，可用于工作负载加速和卸载。 CUDA 应用程序可以在 x86 主机或 DPU 的 ARM 上运行，用于隔离 AI 和推理应用程序的 GPU 处理器。

1. 基于人工智能的网络安全

融合加速器为基于人工智能的网络安全开辟了一系列新的可能性。DPU 的 ARM 核心可以使用 NVIDIA Morpheus 应用程序框架进行编程，以执行 GPU 加速的高级网络功能，例如威胁检测、数据泄露预防和异常行为分析。GPU 可以直接处理数据速率较高的网络流量，并且数据在 GPU 和 DPU 之间的直接路径上传输，从而提供更好的隔离。

2. 平衡、优化的设计

将 GPU、DPU 和 PCIe 交换机集成到单个设备中可通过设计来创建平衡架构。在需要多个 GPU 和 DPU 的系统中，融合加速器可避免服务器 PCIe 系统的争用，因此性能随附加设备线性扩展。此外，融合加速器提供了更可预测的性能，将这些组件放在一张物理卡上还可以提高空间和能源效率。融合加速器大大简化了部署和后续维护，尤其是在大规模安装在数据中心服务器上时。

综上所述，融合加速器作为一款 GPU 和 DPU 的组合产品，能广泛应用于 5G 核心及边缘 AI 场景的数据安全通信，也尤其适合作为基于软件定义数据中心基础架构的 AI 系统平台。

如果想进一步了解 NVIDIA A100X 和 NVIDIA A30X 融合加速器，请访问 nvidia.cn/dpubook-41。

本章小结

本章介绍了 NVIDIA Quantum-2 InfiniBand 网络平台与 NVIDIA Spectrum-4 以太网网络平台，以及融合加速器产品。读者可以通过 NVIDIA 的高性能、低延时网络平台来加速数据中心基础设施，获得端到端的整体网络解决方案，并利用 NVIDIA 融合加速器在边缘计算、5G 和网络安全等应用领域中获得出色的性能和强大的安全性。

术　语　表

ACL（Access Control List）访问控制列表

Adaptive Routing 自适应路由

AI（Artificial Intelligence）人工智能

AOC（Active Optical Cable）有源光纤线缆

API（Application Programming Interface）应用程序编程接口

ASAP2（Accelerated Switching And Package Processing）加速的交换和包处理

ASIC（Application Specific Integrated Circuit）专用集成电路

BGP（Border Gateway Protocol）边界网关协议

BMC（Board Management Controller）基板管理控制器

CDN（Content Delivery Network）内容分发网络

CLI（Command Line Interface）命令行接口

COTS（Commercial-Off-The-Shelf）商务现货供应

CPU（Central Processing Unit）中央处理器

CT（Connection Tracking）连接跟踪

DAC（Direct Attach Copper）直连铜缆

DAS（Direct Attached Storage）直接附加存储

DDoS（Distributed Denial of Service）分布式拒绝服务攻击

DHCP（Dynamic Host Configuration Protocol）动态主机配置协议

DMA（Direct Memory Access）直接内存访问

DPA（Data Path Accelerator）数据路径加速器

DPDK（Data Plane Development Kit）数据平面开发套件

DPI（Deep Packet Inspection）深度数据包检测

DPU（Data Processing Unit）数据处理器

DSA（Domain Specific Architecture）领域专用架构

EAL（Environment Abstraction Layer）环境抽象层

ECMP（Equal-Cost Multi-Path）等价多路径路由

ESD（Electro Static Discharge）静电释放

EVPN（Ethernet Virtual Private Network）以太网虚拟专用网络

FPGA（Field-Programmable Gate Array）现场可编程门阵列

GPU（Graphics Processing Unit）图形处理器

GPGPU（General-Purpose GPU）通用图形处理器

GRO（Generic Receive Offload）通用接收卸载

GSO（Generic Segmentation Offload）通用分段卸载

GUI（Graphical User Interface）图形用户界面

HBN（Host-Based Networking）基于主机的网络

HCI（HyperConverged Infrastructure）超融合基础架构

HPC（High Performance Computing）高性能计算

ICM（Interface Configuration Memory）接口配置内存

IDS（Intrusion Detection System）入侵检测系统

IOC（Indicators Of Compromise）妥协指标

IOPS（Input/Output operation Per Second）每秒读写次数

IPC（Inter-Process Communication）进程间通信

IPS（Intrusion Prevention System）入侵防御系统

IPsec（Internet Protocol security）互联网协议安全

ITO（Intelligent Traffic Offload）智能流量卸载

LBA（Logical Block Addressing）逻辑块地址

LTS（Long-Term Support）长期支持版本

NAT（Network Address Translation）网络地址转换

NCSI（Network Controller Sideband Interface）网络控制器边带接口

NFV（Network Function Virtualization）网络功能虚拟化

NGFW（Next Generation FireWall）下一代防火墙

OOB（Out Of Band）带外管理接口

OVN（Open Virtual Network）开放虚拟网络

OVS（Open Virtual v Switch）开放虚拟交换机

PCI（Peripheral Component Interconnect）外围组件互连

PEX（Peer EXchange）节点信息交换

PF（Physical Function）物理网络设备

PKA（Public Key Acceleration）公钥加速器

PTP（Precision Time Protocol）精确时间协议

QoS（Quality of Service）服务质量

RDMA（Remote Direct Memory Access）远程直接内存访问

RegEX（Regular EXpression）正则表达式

RoCE（RDMA over Converged Ethernet）基于融合以太网的远程内存直接访问

RoT（Root of Trust）信任根

RTX（Ray Tracing Xtreme）光线追踪技术

SDI（Serial Digital Interface）串行数字接口

SDK（Software Development Kit）软件开发套件

SDS（Software-Defined Storage）软件定义存储

SerDes（Serializer/Deserializer）串行器和解串行器

SF（Scalable Function）可扩展网络设备

SHARP（Scalable Hierarchical Aggregation and Reduction Protocol）可扩展的分层聚合和归约协议

SmartNIC（Smart Network Interface Card）智能网卡

SMBus（System Management Bus）系统管理总线

SNAP（Software-defined Network Accelerated Processing）软件定义网络加速处理

SoC（System on Chip）片上系统

SPDK（Storage Performance Development Kit）存储性能开发套件

SR-IOV（Single Root IO Virtualization）单根 I/O 虚拟化

SSD（Solid-State Disk）固态硬盘

TC（Traffic Control）流量控制

TFTP（Trivial File Transfer Protocol）简单文件传输协议

TRNG（True Random Number Generator）真随机数生成器

TLS（Transport Layer Security）传输层安全

UART（Universal Asynchronous Receiver Transmitter）通用异步收发传输器

UCX（Unified Communication-X）统一多通信后端

VF（Virtual Function）虚拟网络设备

VM（Virtual Machine）虚拟机

VPI（Virtual Protocol Interconnect）虚拟协议互连

VPP（Vector Packet Processing）向量包处理

VXLAN（Virtual eXtensible Local Area Network）虚拟可扩展局域网

VXLANsec（VXLAN security）虚拟可扩展局域网安全